U0773035

大师作品分析

解读建筑

（三维动画版）

王小红 编著

中国建筑工业出版社

序一

中国建筑发展如此迅猛，以至于我们不得不思考在教学方式上有所变革。

在 20 年前，我们认识建筑大师只能通过历史教科书和老师的讲解，今天，来自世界各地的大师们已将他们的思想偕同他们的作品移植到了中国，他们的作品已不仅仅存在于各种出版媒介，还实实在地矗立在我们的周边。我们比历史上任何时期都要接近这些大师，但我们对他们又有多少了解？引导学生认识与了解大师们的思想及其创作历程，可以帮助他们在学习过程中准确地把握建筑发展过程中各种思潮的流变，建立独立的学术人格和价值判断标准，为他们的成长奠定思想基础。

"大师作品分析"课程的设立，正是希望达到这一目的。

课程要求学生从自己的观察视角入手并运用各种手段进行分析，把被分析的建筑从不同方面层层剥离，努力寻找建筑的思想核心和它形成的逻辑轨迹，找到建筑作品的发展脉络，而不是片面地理解建筑。这样的教学过程促使学生就如何认识"建筑"展开思考。

王小红老师留学欧洲多年并多次出国进修和访问交流，只要有时间，她总是不遗余力地考察世界各地的优秀建筑作品，积累了大量实地考察经验和感受及一手资料，这为她上好作品分析课程奠定了扎实的基础。她将课程成果整理出版，为我们的建筑教学提供了很好的借鉴。书中的作品分析，均出自学生的理解与思考，字里行间不免流露出学识与知识背景的限制，但他们基于建筑史实分析所作出的对建筑作品的判断，让我们意识到今天的学子已不再满足于教科书式的一般介绍，他们还希望用自己的眼光和方式来思考建筑问题。这是非常可贵的。从这个角度来说，这一课程的教学方向和实际效果值得肯定。

应该说，学会思考要比仅仅学会一些技能更重要。

吕品晶
中央美术学院建筑学院 教授

序二

王小红的《大师作品分析　解读建筑》，是她主持的中央美术学院建筑学院三年级课程"大师作品分析"的副产品。辛勤的教学的过程，从教案的制定、教学路线的确定、教学方法的选择、作业的跟踪指导，直至教学成果的形成，最终结晶并浓缩为一本精致的书本。读来让我分外地欣慰，并伴随着些微的感动。

用王小红的话来说，"大师作品分析"课程的宗旨是试图让参与的学生在历史框架中找寻建筑的本质。课程选取 17 个大师作品，都是小型建筑，让学生从建筑师的背景、建筑概况、场所与环境、平面与功能组织、形体特征与结构形式、空间布局特点、交通流线组织、立面处理、材料运用与细部构造等方面进行分析和解读。通过图解、计算机建模和实体模型制作的方式，使学生对建筑如何产生、建筑师如何运用建筑设计的各种手段进行建筑创作，如何采用具体的结构形式和材料构造实现建筑的建造，产生直接的认识和理解。

在过去的建筑教学中，建筑设计课程以培养学生建筑设计能力为主，而建筑历史理论课程则主要是介绍不同时期和地区的建筑风格流派，使学生了解各个时期和地区的重要建筑的特点。但是，我们从建筑历史和大师作品中能学到什么，能否指导我们观察建筑的角度，能否引起我们对建筑本质的思考，从而最终提高我们对建筑的认识，则只能从建筑设计和建筑历史的结合上去寻求答案。王小红主持的"大师作品分析"课程的意义恰恰就在于向这一方向的大胆探索。

现代主义建筑自 20 世纪初萌发以来演化至今，对于建筑学科的发展影响巨大。自从现代主义建筑被引进中国以来，我们实际上在很大程度上忽视了它的先锋思想产生的根源及其内涵，对于现代主义建筑的精髓、设计思想和方法存在某种误读。这种状况对于中国建筑的健康发展贻害匪浅。通过这一课程，让学生在学习期间，通过对现代主义的经典作品的多维分析，真正理解大师的思想深度、作品要旨、建筑特点和语言手法，一定会有利于帮助学生建立一个基本的建筑观。而这，或许对于学生一生的学术生涯都会产生深远的影响。

当前，我们真正是进入了一个信息时代，数字技术大大地改变了人们认识世界的方法和速度。充分地利用这一技术进步，而不是悲叹"手头功夫"的缺失，可能是建筑教育的必由之路。在学生的作业中，我们可以看到绘图技术和计算机技术的有机结合，两者的优势都能得到很好的发挥。学生们认识建筑、分析建筑、表达建筑的手段，有了极大的提高。过去，我们这一代人大脑和铅笔的天然联系，在今天一代人，从很大程度上已经被大脑和鼠标的有机联动所取代。我以为，这是一种进步，是任何人无法抗拒，也是无须抗拒的。

王小红早年毕业于东南大学，现在中央美术学院建筑学院任教，她严谨的治学态度、不懈的教学追求、求实的教学态度，继承并发扬了东南学风，给人留下深刻印象。愿王小红在建筑教育的征途上多有建树。

仲德崑
2008 年 7 月
于南京半山灯庐

目录

序一

序二

我们如何解读建筑

大师作品分析

我们如何解读建筑

王小红

一、课程背景

建筑专业本科教育基本以培养学生建筑设计能力为主，课程以建筑设计课为主线。建筑历史理论课程主要介绍不同时期及国家的建筑风格流派，使学生了解各个年代和国家的重要建筑的特点。但是我们怎样看待历史和历史人物，是否它们只代表过去，我们从中能学到什么，这些是否改变我们观察建筑的角度，并引起我们对建筑本质的思考，最终提高我们对建筑的认识，中央美术学院建筑学院三年级课程"大师作品分析"试图探索这些问题。

现代主义建筑发展至今，影响巨大，但有时我们会忽视它的一些先锋思想产生的根源及其内涵，只注意大师们的几个著名建筑作品。在现代主义建筑发展的近百年中，它的成败以及它对未来可能发生的作用、我们通过什么方法评价及判断一个建筑作品，这些问题是需要我们深入研究的。在这次"大师作品分析"作业中，我们选取现、当代建筑代表人物，从柯布西耶到哈蒂德，对他们的一系列的经典小型建筑作品展开分析，通过找寻他们的建筑思想和作品的发展轨迹，试图建立一个我们对建筑基本判断的平台。因为在建筑的学习和设计过程中，全面了解和把握建筑大师们的建筑思想和他们的作品、他们建筑的特点和语言手法，这些能帮助我们建立一个基本的建筑观。在课程中我们借助对大师们的具体作品进行历史纵线和横线的罗列，对大师作品进行图解式和深层次的分析比较，其目的在于使学生能够从建筑基本问题上入手，感受和理解大师们的代表性建筑。

课程安排让学生按一定方法图解分析研究建筑。建筑如何产生、建筑师如何在空间和深度范畴内运用形状、构成、明暗、平衡、色彩、运动、材料以及其表达方式也就是建筑艺术的具体化，同时制作模型，配合分析研究。最终让建筑作品像好电影一样留存在我们的记忆中，而不是在无生命的数码相机的记忆棒里。

萨伏伊别墅实景

消防站实景

作业分析包括以下 16 个小型建筑：

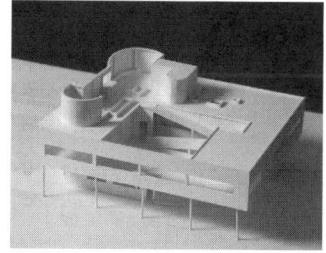
柯布西耶－萨伏伊别墅

卢斯—米勒别墅

密斯—吐根哈特别墅

特拉尼—柯默警察局办公楼

赖特—流水别墅

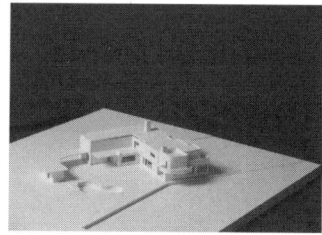
阿尔瓦·阿尔托—玛丽亚别墅

诺伊特拉—考夫曼沙漠别墅

路易斯·康—屈灵顿游泳池更衣室

巴拉干—自宅

安藤忠雄—光之教堂

卒姆托—奥地利伯瑞根茨美术馆

库哈斯—巴黎别墅

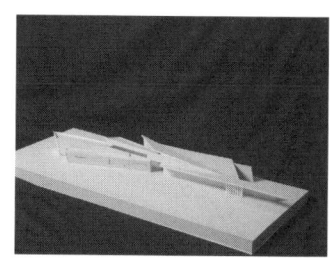
哈蒂德—维特拉家具工厂消防站

西扎－维埃拉·迪卡斯别墅

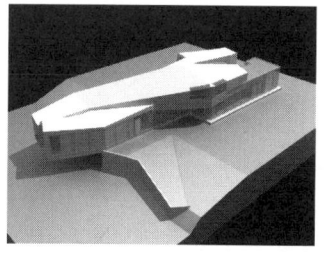
本·范·伯克尔－莫比乌斯住宅

坂本一成— Hut T 别墅

可以说我们试图在历史框架中找寻建筑的本质。首先是资料的找寻，上面提到的建筑师有的学生并不知晓，资料收集整理在学习中是很重要的，这是研究的第一步。从书中学生认识了建筑师及其作品；然后我们对建筑各个元素和布局进行深入认真研究，关注其内在规律，而不是它的表象，分析它的起因、形体、空间和建筑思想等，才能试图客观地看待现代主义建筑的发展，并逐步形成我们对建筑的正确认识。这也是现代主义与传统思维不同的地方，即抽象出组成物质的基本结构构成关系，并重建一个适当的新的形式。那么我们用什么方法和手段来解读建筑？

我们如何解读建筑，如何分析建筑，是否有途径让我们找到通往认识建筑的路，最终我们怎样理解一个建筑和建筑大师作品，它会怎样启发和影响我们，大师作品分析课题作业的目的不仅在于此。在当前数码时代人们已习惯于用数码相机拍一本本建筑书，但是我们是否习惯先坐下来读这些书，读建筑师，读平面图、剖面图、立面图……再对照照片想象体验一下这个建筑空间感觉和建筑师给我们讲的故事。课题作业要求学生在分析过程中具备独特观察视角和研究方法，把被分析的建筑从不同方面层层剥离，目的是找到建筑的内核和它形成的逻辑性，找到建筑作品

发展的脉络，而不是片断了解建筑，这也是我们认识建筑的开始，进而深刻体会和理解建筑最有特点的地方，展开深入分析。分析首先涵盖以下建筑的基本问题，它们是我们学习建筑时需要一直面对的，但不同的建筑项目传达出其内在的本质，我们是否可以理解把握，这样我们在作业中需把这些问题分解开来并进行逐项分析：

1）建筑师的背景；

2）建筑的概况；

3）建筑与场所；

4）建筑平面分析与功能组织；

5）建筑形体特征；

6）建筑结构形式；

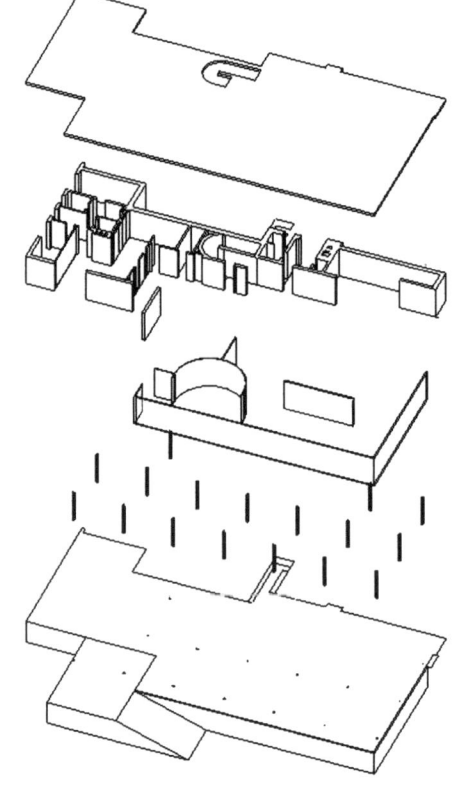

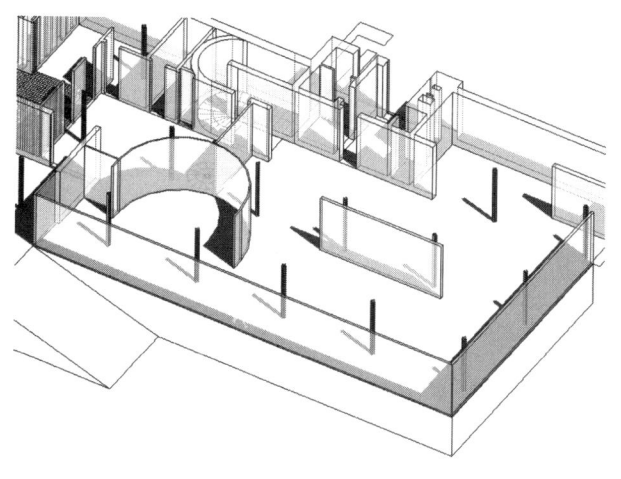

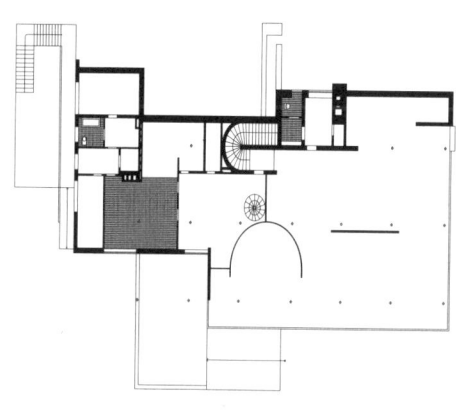

7）建筑空间布局特点；

8）建筑交通流线组织；

9）建筑立面分析；

10）建筑材料的运用与细部处理。

分析过程中，学生们分离出以上涉及的不同建筑基本问题，分别从各个层面展开工作，并寻找它们的特征，最终自己评价建筑作品，形成自己对建筑的看法。对于不同建筑，从看图纸开始试图读懂它们，是需要一个过程的，在作业的开始，学生并不都是知道如何开展分析工作，我们首先要求在以上的要素中，用抽象图解的方式分离出我们感兴趣的地方，加以分步展开研究比较，最终到真正理解和正确判断它们。在课题中要求制作建筑模型，模型与分析图解相结合，同学们可以多方面感受和体验建筑空间。大家往往在模型制作之中，已被分析的建筑和建筑师倾注的个人情感感动，感动于其美妙的建筑空间，感动于建筑师营造的丰富的建筑氛围。反过来再通过图解来深入分析建筑，找出被分析的建筑的精髓，即建筑打动人们的地方，只有建筑师把情感赋予建筑之中，建筑才能具有生命力和表现力。我想这些感受和经历最终影响着同学们今后做建筑设计时对建筑的联想及记忆，它可以作为一个样板或者参照系为我们今后的工作和学习服务。

课程结束时，学生们在交换各自被分析的建筑的信息和感受，分享大师们设计的建筑空间给我们带来的愉悦感，分享对大师们的热爱，分享对建筑有一个重新的认识，分享对建筑与生活的关系有进一步的理解。

二、建筑基本问题考量

1. 建筑师的背景

大师离我们很久远，但又很近，大师的作品已成为标签，印在我们脑中，但我们是否真正了解大师及其作品，以及他们的年代影响他们的又是什么？在我们的大学几年中，近现代历史理论课程让我们已经了解了大师，但我们自己试图解读过他们，理解他们真正的思想吗？而建筑师本身的思想发展也是需要积累总结的，正如阿尔瓦·阿尔托曾经说过："正像一粒鱼卵长成一条成年的鱼需要时间一样，我们也需要时间使思想发展和定型。建筑比其他创造性的工作更需要时间。"

柯布西耶是谁，当我们站在他的建筑前面并随之在空间行走体验建筑时，不禁惊叹他的超人的想象力，但究其发展过程及其早期思维影响，我们很少有所探究。弗兰姆普敦在他的著名书籍《现代建筑：一部批判的历史》中指出的"他的卡尔文教派家庭所接受的遥远的阿尔比派的影响，以及那种已几乎被人忘却的但始终潜在的摩尼教世界观，后者很可能是他"辩证"思维习惯的根源，我指的是那种无所不在的对比手法 – 实与虚、亮与暗、阿波罗（Apollo）与默杜萨（Medusa）……"[1] 在柯布西耶的建筑中，我们看到光在空间中起的重要作用，特别是朗香教堂里充满的神秘气氛，从上面的阐述中我们可以试图找到其中的内在因由。同时柯布西耶以其革命先锋的姿态屹立于现代主义建筑的中

心，房屋是居住的机器的口号已深入人心，机器美学原则成为现代主义建筑的基石，尽管如此，我们分析柯布西耶平面构图，很容易找到帕拉第奥的古典平面类型。柯布西耶对宏伟的帕提农神庙崇拜，导致他的建筑充满古希腊的立体感与力量。

另外一个现代建筑大师密斯出生于德国西部城市一个石匠家庭，这个在理论历史书籍里多次提到，而他获得的构造概念是在波尔拉赫设计阿姆斯特丹证券交易所砖建筑中，但他并满足于此，他要把它上升为一种结构。密斯建筑给人感觉现代、形式感极强，其纯粹的形式是受申克尔新古典主义学派的影响，密斯20世纪60年代设计的柏林新国家美术馆与申克尔设计的老美术馆遥遥相望，归结二者的构图类型均是古典主义。

密斯与柯布西耶是那么的不同，前者是理想主义及德国浪漫古典主义的追宠者，后者是地中海的激情与神秘主义的结合。大师不是一个标签品牌，他们的生平及思想启迪我们对建筑有进一步认识，如果我们没有深入到其中，我们就很难把握其建筑关键的地方，很难理解他们建筑是什么原因下形成的。

试想一下，我们看到阿尔瓦·阿尔托玛丽亚别墅时，如果对建筑师背景毫不所知，那我们能够理解他的建筑的真谛有多少，是否能够深刻体验他创造的富有人性化的建筑空间。可以说建筑是个综合产物，不是数学、物理那样纯推理性的学科，其中蕴涵着人文精神，而不同建筑师设计的千变万化的建筑，也是我们人类的文明发展长河的精华，是建筑师个性化及人情化的创造，为人类生活提供了和谐，使物质与自然有机地结合在一起。

注释

[1] 参见（美）肯尼斯·弗兰姆普墩《现代建筑：一部批判的历史》P161，三联书店

2. 建筑概况

我们想了解一个建筑，要从它产生的背景开始。在这次课题中我们分析的建筑大部分是别墅或者小型建筑，建筑的主人或者业主在什么情况下邀请建筑师为他设计，他们之间的关系是什么，建筑首先有多大，建在什么地方，其基本用途是什么，建造年代，建造形式和材料等等这些需要我们逐一来展开。其结果是让我们从最基本上了解到建筑概况，这样能够保证我们能够与其他建筑进行概括类比比较，找到每个建筑的特点，从而更好地理解建筑。例如西扎设计的维埃拉·迪卡斯

（Vieira de Castro）别墅建造长达 14 年，建筑空间设计一直处于微调状态，从这点我们能够理解西扎的建筑空间微妙变化的由来。而路易斯·康的屈灵顿游泳池更衣室（Trenton Bathhouse）只建了一部分，其余的并没有完成，作为有功能的建筑可以说它没有完成它本身的使命，如果人们真正到了那里，会感到失望，但它建筑设计中本身的思想，宗教空间与秩序联系在一起，主空间与辅助空间的截然区别，其严格的几何构图保证了建筑成为一个整体，由于这些原因使建筑并未因为它的荒

废而失去其真正价值。哈蒂德设计的维特拉家具工厂消防站，很多来访者想踏入建筑体验其中，这不符合消防规范的要求，最终成为家具公司椅子陈列馆，建筑不因为它的功能的改变，而丧失其本身价值，反而这个建筑得到更好的利用，这也是建筑师和业主当时没有想到的。如果我们忽略这些，我们在解读建筑时就相对不完整。建筑的产生并不是在建筑师设计时有了构思，在图纸上建成的，其建造建成到使用或者改建我们都需了解，因为建筑并不只是艺术品，其基本在于提供给人们生活和使用的空间。

3. 建筑与场所

西方建筑师设计建筑时，首先会绘制场地的图底关系图，目的是使建筑场所背景空间结构组成清晰化，这对于建筑师比较新设计的建筑与周围城市空间环境的关系，可以说是一个有效的手段。当新建筑置入环境时，空间关系产生变化，而图底关系图可以比较研究新建筑在背景中与城市空间产生的新层次、新的空间关系。如何考量和分析场所是建筑师设计建筑的首要任务。

另外一方面，建筑与场所的关系即文脉，并不是后现代建筑所表现的建筑传统符号在建筑运用上的文脉联系。它涵盖建筑与自然的关系、与山地地形的关系、与背景的关系、与气候的关系、与建筑材料的关系、与周围建筑的关系，与非物质形式的关系。当我们与低年级建筑学生谈到建筑与场所的关系时，他们对"文脉关系"所表达的意义非常困惑。从根本上看，新的建筑在建成后会对原有的场所背景产生影响，而这个变化也就是我们上面提到的建筑与场所的关系。建筑与场所的关系表现出建筑师如何观察建筑场地背景环境，如何置入自己的设计，其意图是新建筑与原有背景产生一定文脉关系，使新的建筑在场所中形成其相应的地位。建筑师设计建筑时需要考虑的有以下方面：建筑与城市的关系，与地形的关系，与材料的关系，建造方式，文化和社会及象征性。

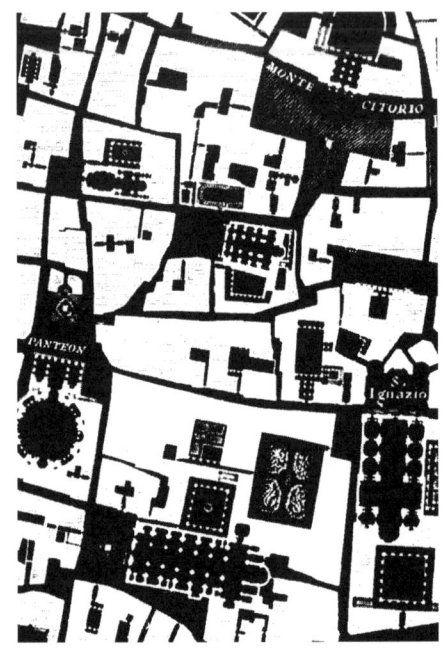

我们从特拉尼设计的柯默警察局办公楼中看到，建筑在意大利传统城市中以完全新的形象与周围城市建筑产生对话。他的透明建筑学原则，使建筑首层与城市可以连为一体，即把街道引入建筑之内；但建筑以现代主义建筑先驱的姿态与历史环境背景产生对比，该建筑的纪念性至今在城市广场空间中令人惊叹。

我们也可以通过场地模型来研究建筑与环境的关系。诺依特拉设计的考夫曼沙漠别墅考虑到建筑与自然的亲密关系，形成开放式的内外沟通关系，建筑平面呈风车形发散式展开。这也是现代主义建筑的最大特点之一，建筑内外关系界限直接，大量阳光与空气引入室内，建筑为开放式。

相反巴拉干自宅考虑当地南美洲炎热气候，厚厚的墙体，建筑临街一面封闭，外立面与其他相邻建筑基本相似，态度相对含蓄，但空间的层次是逐渐从外至内，内部围合的建筑内院开放并成为宜人的建筑空间。

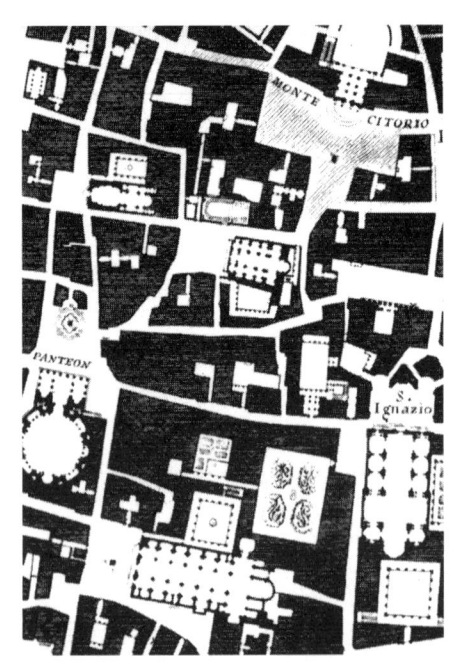

本·范·伯克尔设计的莫比乌斯住宅，基地自然环境景色优美，是一片森林地带，占地 $2hm^2$，建筑与自然环境直接对话和对空间新的认识成为设计的主题。建筑与环境的关系是通过人们在建筑内部行走之中的空间体验得到的：室内—室

外—餐厅—花园，莫比乌斯路径的设计结合立面大玻璃开窗，使人们的空间体验加上时间因素成为四维度的，外部的自然环境在这里成为建筑的一个部分；相反在室外，人们看到多变的水平建筑形体，呼应基地的不同特质，唤醒人们对环境的认知。

从上面的介绍可以看到，不同建筑师在场所中，首先要表明自己对场所的一种明确的建筑态度，这也是建筑设计的一个基本出发点，而这个态度也是建筑师在设计中需坚持的。赖特设计的流水别墅尊重自然山地环境，出挑的平台与建筑错落有致安放在场地上，建筑宛如从石头上长出来的，有机建筑在这里不仅是代表建筑与自然相呼应，同时外部自然环境与内部空间融为一体，建筑与场所在这里是相辅相成的关系。自然与人，自然与空间，水与建筑展开对话。

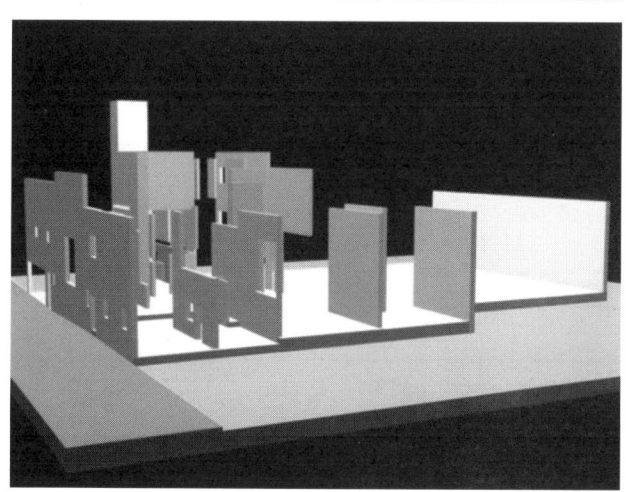

4. 建筑功能组织

建筑就在人们的要求中，人们的需求决定建筑功能组织。人们的基本需求包括生理和心理的，社会学家 Maslow 列出以下方面：1）生理（氧气、营养、性）；2）安全（保护、安静、自由和害怕）；3）隶属关系（爱慕、爱情、约束）；4）价值确认（自信、威望）；5）认知（新事物、思想、知识）；6）审美（秩序，美）；7）自我发展（潜在能力）；8）形而上（精神，意识）。

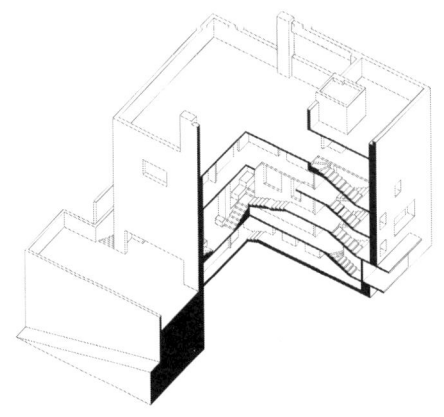

建筑功能组织的出发点正是满足人们的需求，首先找到需求的内在组织关系和秩序，如何组合和融合不同的需求，同时也要预见到随着人们需求的变化，给予空间一定的灵活性，组织功能时建筑的外部形象和内部空间的特征也是需要考虑的。为使用者提供建筑的使用要求，建筑师的任务是通过设计把客观的使用要求转化成具有造型基础的建筑。建筑需要考虑使用者在其中的活动内容和他们的生活习惯，一方面建筑在满足生理、物理以上要求时，创造的三维空间尺度适意，朝向良好，开窗合适这些同时保证了建筑空间舒适；另一方面，建筑心理要求的满足，很难像上面生理要求那样按数据可以判断，空间窄与宽，是否符合个人的审美要求，人们体验空间的感觉是什么，这些方面只能因人而论，没有确切的衡量标准。那么住宅的需求首先是安静，人们能够在那里修身养性。人们按自己的需求组织安排空间，从而形成一种内部的秩序。而这个空间也能够表达出居住者的本人特点，同时也赋有一定的意义。建筑师的任务不仅是满足业

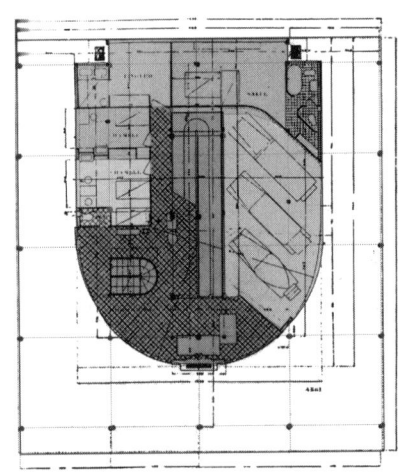

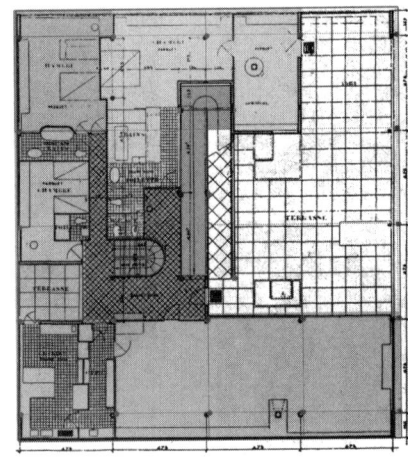

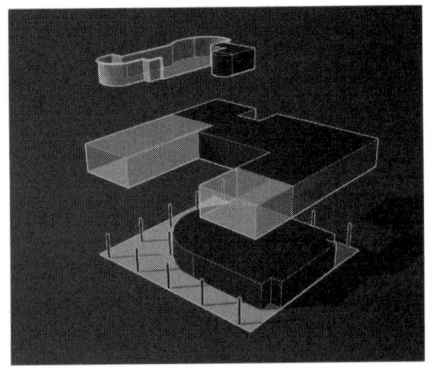

主的要求，还要善于挖掘出业主一般的具体要求下的有意思之处，首先对建筑任务书的仔细研究解释成为建筑设计的开始，怎样积极影响业主，使设计能够深入到建筑师构想把握之中。

现代主义建筑有时被称为现代功能主义建筑，是因为沙利文提出"形式追随功能"。建筑应从内至外，先平面、剖面，取决于功能使用需要，最后设计立面，但究其根本是从空间上入手的。20世纪20年代卢斯"体积规划"理论构想了新的空间理念，在米勒住宅设计中，建筑每层平面均有错层，这不仅在竖向空间上产生了

流动感，同时满足不同功能房间需要不同竖向高度的要求，有效地利用空间。车库和储藏室等不需要高的空间，那些房间上面设计高大空间的起居室，自然同其他普通房间产生高度不同，错层就是这样产生的。体积规划可以理解为是从三维空间上设计平面，对功能的阐释是从水平方向和竖向空间上同时完成的，打破了功能布局只从平面上考虑的传统思维方式，现代主义建筑的空间理念可以说是从这里开始的。

柯布西耶在萨伏伊别墅中可以说基本是从平面开始设计，功能决定建筑的空间布局，正如他的口号"房屋是居住的机器"，首层是入口，车库、工人间；二层为主要功能性房间：起居室、餐厅、厨房、卧室、卫生间、书房；三层是屋顶花园。这些功能被安置在方形平面中，在剖面设计上通过竖向交通组织来丰富空间，继承发展了卢斯"体积规划"的理论。

阿尔瓦·阿尔托设计玛丽亚别墅之前已同业主建立多年友谊，对他们的生活习惯和审美取向有很多了解，正是在这一基础上，建筑设计充满人情味，各个功能空间安排舒适恰当，起居室起到连接各个空间的作用，餐厅、书房、画室围绕其布置，空间连续有节奏，建筑在这里是为功能服务，为人的生活需求服务的，而建筑造型也恰恰反应出功能的布局。

相反西扎反对功能形式以线性方式结合，在维埃拉·迪卡斯（Vieira de Castro）别墅中形体成不规则形，功能与形式呈非线性，空间变化微妙，但其建筑却有一种不可言状的整体感。

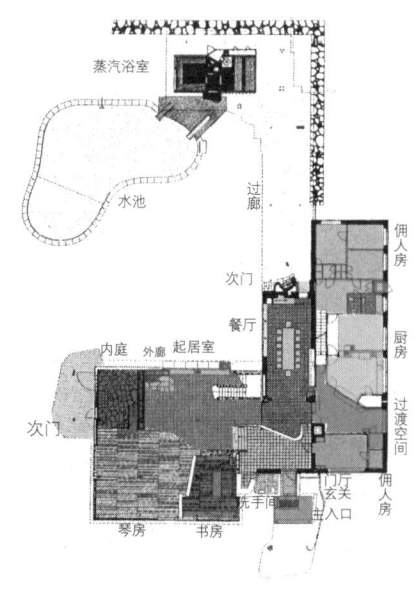

5. 建筑形体特征

"我们眼睛的作用就是在阳光下感受形体。"——柯布西耶

形产生于组织和建造方式。所谓物质形体就是由多个面围合组成的,从外部看,人们看到的面的组合就是形体,从内部看面的组合就是空间。形体根据它的大小和它的形态位于一个地点来决定它的存在,由形体得出它的表面。形体从类型来讲,一种是几何形体,一种是自然形态的有机体。

建筑形体与功能和空间是紧密联系的,现代主义建筑原则之一就是内外一致,形式与内容统一。现代主义建筑受立体主义影响,推崇几何体,平屋顶,白色粉刷墙面。1927年德意志制造联盟在斯图加特威森豪夫住宅区举办了建筑博览会,邀请当时17名先锋建筑师参与设计,目的是向世界展现新生活下的新建筑,绝大部分建筑是平屋顶几何立方体,柯布西耶设计了两幢建筑,其中一个称为双建筑,这里含有柯布西耶对现代建筑总结的5点要素,后来的萨伏伊别墅可以说是柯布西耶的成熟之作。在斯图加特威森豪夫住宅区另外一个著名建筑是德国有机建筑师夏隆设计的,建筑形体是结合地形的产物,玻璃圆弧形起居室使空间变得开阔,室内外空间交流通畅,阳台的设置也是为了取得向远眺望城市的空间,楼梯间按空间大小设计成向上弧线,建筑活泼,可以说是二战后形成有机建筑的最早尝试。当时因为建筑的先锋姿态引起保守分子的大量攻

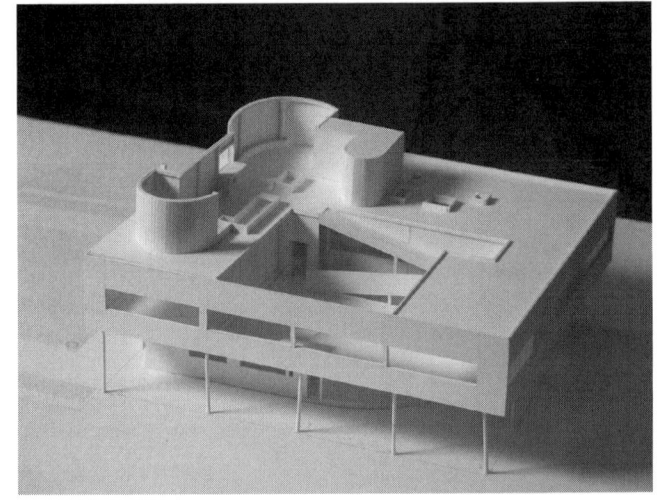

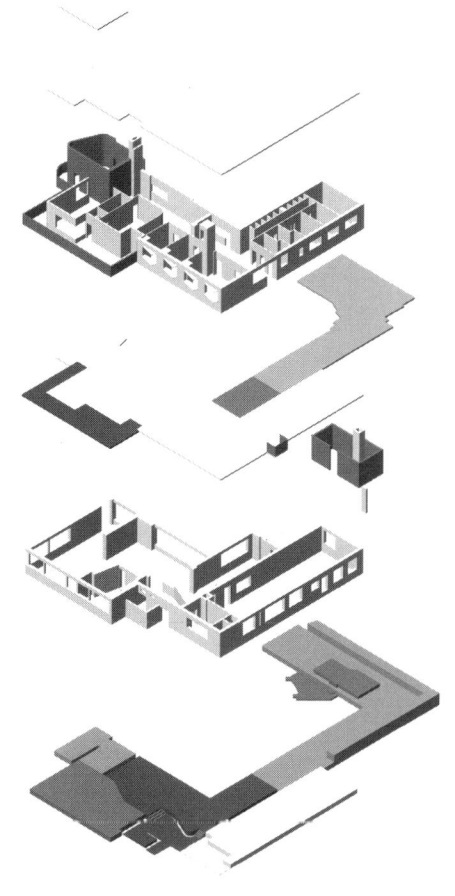

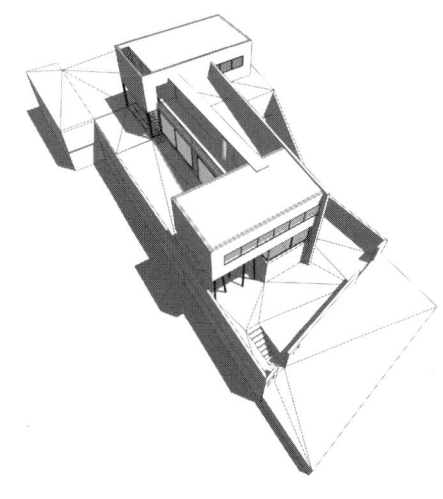

击，有一张图片是阿拉伯人牵着骆驼在威森豪夫住宅区，讽刺威森豪夫住宅区是阿拉伯平屋顶房子。千年以来人们已熟悉双坡顶民居住宅形式，可以说在威森豪夫住宅区平屋顶的抽象几何形体成为现代主义建筑的标志。

现代建筑大师柯布西耶是几何形的推崇者，在萨伏伊别墅我们看到几何立方体形成建筑的秩序，他利用控制线，控制建筑形体和比例关系，同时在平面上减去一些部分，形成丰富的建筑空间，建筑通过几何关系强化整体与局部的统一。

另外一个有别于现代主义建筑的芬兰建筑师阿尔瓦·阿尔托，他的建筑形体相对与场所和功能组织关系紧密，他设计玛丽亚别墅，其形体 L 形布置完全是由上面两者要素决定的，形体的局部有机自然形

活跃了相对直线条的几何形体，丰富了建筑语言。

单纯几何建筑形体已不能满足当代社会复杂状况的新需要。库哈斯设计的巴黎别墅，建筑形体完全是从功能和地形出发，建筑上面分成两个部分，满足两代人生活在一起的功能，功能叠加结果是建筑呈 Z 字形，中间为公用部分。

在当前建筑领域中，建筑表皮的作用日益重要，往往建筑形体相对简单为纯粹几何体，但其表面材料的特殊处理，使建筑不再是一个完全实体的感觉。辛姆托设计的伯瑞根兹艺术博物馆美术馆，其形体更为简单，一个纯粹的立方体，但其围合的表面材料是半透明的磨砂玻璃，建筑表面反射与半透明感觉决定建筑形体另外一种复杂的变化。

6. 结构形式

对结构，我们有一种哲学观念，结构是一种从上到下乃至最微小的细节全部都服从于同一概念的整体。这就是我们所谓的结构。——密斯·凡·德·罗，彼得·卡特的引述[2]。

柯布西耶在他的多米诺体系中，把现代主义建筑的结构体系归纳为梁板柱钢筋混凝土框架体系，其作用是使建筑平面、立面自由布置。路易斯·康曾说过建筑的历史是石头的历史，西方传统建筑在雅典卫城神庙中，我们可以看到石头塑造出建筑的宏伟壮观，演变到罗马时砖拱券的采用，试图使建筑空间增大；哥特教堂尖拱结构形式，使西方建筑结构与空间艺术的高度结合达到统一，其结构扮演的角色也到达顶峰。建筑结构与空间因时代、技术、文化、地域等因素产生了不同的关系。而建筑师对待结构各有不同。密斯认为结构提供一种有机次序存在于建筑中，在他的吐根哈特别墅中，十字不锈钢柱子在底层起居室空间中，起到一种秩序感；而后来密斯到达美国后设计的建筑，柱子在大一统空间里建立了空间秩序，决定空间的特征。

另一个现代主义建筑师柯布西耶设计的萨伏伊别墅，钢筋混凝土框架结构在建筑中起了决定的作用，承重柱立于网格交点上，平面、立面从承重结构中解放出来，这也是现代主义建筑的一个基本点。

特拉尼作为理性主义建筑师把结构认为是符合理性逻辑的有秩序的基本元素，柯默警察局办公楼平面按方形网格布置，现代框架体系暴露无遗，同萨伏伊别墅一样，结构给予自由平面、立面，导致在这个方形盒子里空间可以做得极其丰富。

可以说现代框架体系至今我们还在普遍应用，但有时我们会忘掉结构体系与建筑空间的关系，只是有了方案后，把结构放进平面中，已偏离现代主

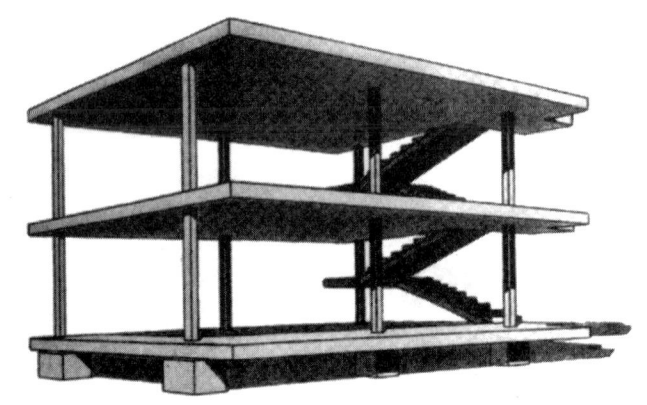

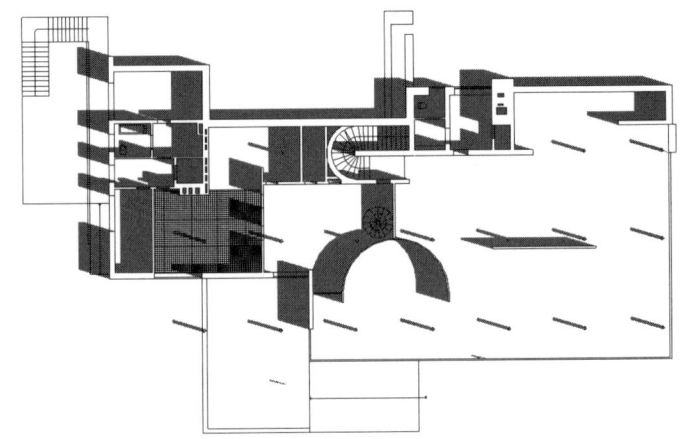

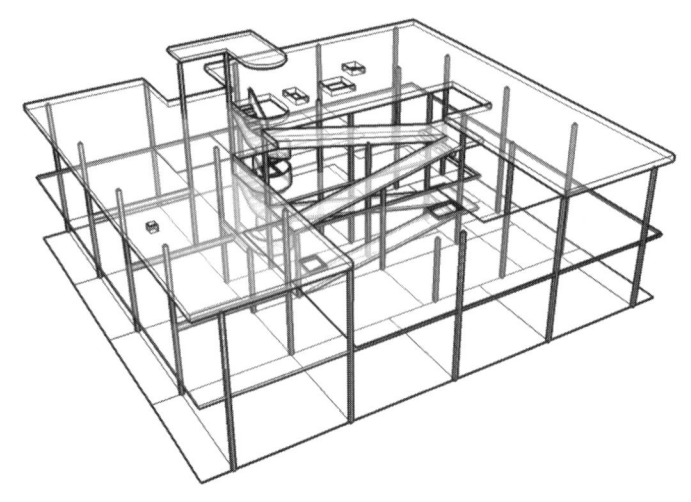

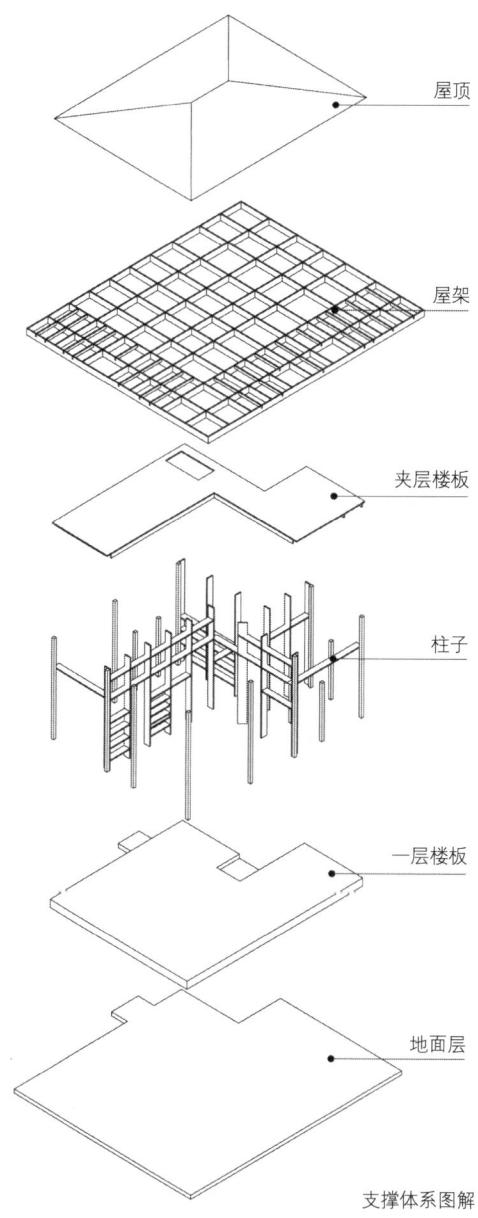

屋顶

屋架

夹层楼板

柱子

一层楼板

地面层

支撑体系图解

末度假别墅，采用木结构，显示出建筑的轻盈，符合度假住宅的特征，木结构主要构件断面为 38mm×235mm 的条状木板，组合成木格栅形式，形成竖向的承重体系和横向的屋架结构体系，进而建构起整个建筑。结构体系整体的设置同时是为空间服务的，木格栅的竖向承重体系平面呈 T字形，划分出主次空间，与一般均匀网格柱网布置的结构体系极为不同。在这里结构和空间融为一体，建构逻辑关系清晰明确，无柱的空间更显开放，与外界环境交流毫无障碍，在这个小的住宅中，可以理解为日本建筑师对传统建筑的现代演绎。

库哈斯的巴黎别墅中结构根据空间布置，地面层的交错的柱子表现出与建筑不规则形成一致处理手法，也是表现出结构不只是建筑的承重作用，它可以成为建筑师造型工具。

作为建筑师，结构与建筑空间的关系处理可以有不同的手法，结构不应成为束缚建筑设计的障碍，而是需要我们对结构有一个正确的认识和态度。

注释

[2] 参见 [美] 肯尼斯·弗兰姆普敦《现代建筑：一部批判的历史》P175，三联书店

义建筑对结构的认识。结构与空间的关系不应是被动的，而应是主动与建筑空间布局结合，与建筑成为一个整体。在阿尔瓦·阿尔托的玛丽亚别墅中，虽然结构是在平面之后置入考虑的，但建筑师把承重的圆柱作为一个空间造型元素，在表皮材料上特殊处理，与室内空间楼梯栏杆相呼应，与建筑外的森林树木产生对话，可以说结构在这里被转换成造型元素。

相反，坂本一成设计的 Hut T 是周

7. 建筑空间

走入一个教堂体验空间时，有时我会联想到人降临世界，纷繁的生活让我们不知所措，但总有一天我们想找到自己，找到在什么地方存在着自己的一块安静的花园，但这不是单纯的花园，而是我们心灵休息的地方。也许有一天某个建筑会打动我们，正是这种东西使得人类一直给予建筑很高的地位，它可以说是人类身体和心灵的双重庇护所。建筑的最终目的是创造空间，是这些奇妙的被限定的空间能给我们心灵以需要的慰藉，这就是建筑的空间。

20世纪20年代以来，建筑的变革符合时代的发展，建筑要轻、流动。建筑不仅是空间概念的改变，机器时代的到来，汽车普遍使用，火车、轮船、飞机已置入人们的生活，工业化批量生产使产品与以前大有不同，这一切导致生活方式随之而改变，厨房、卫生间、家具等都需重新设计，都是为了符合新建筑空间。

西方古典建筑主要让人体会空间的容积感，而现代主义建筑空间以构成形式出现。现代主义建筑的"体积规划"理论是由奥地利建筑师卢斯提出的，柯布西耶在建筑设计中实施了这个新的空间概念。而现代主义建筑空间最大特点是空间加上时间的要素，产生四维时空体验感觉，打破传统建筑相对静止的状态。怎样使空间流动起来，成为建筑设计的关键。

萨伏伊别墅中柯布西耶运用坡道，使空间体验成为建筑的主角，室外—室内—半室外—室外，空间多层次的变化使得建筑活跃起来，空间也不再是一个静止的容器。另外建筑的家具在柯布西耶看来是与空间融为一体的，家具固定于室内空间，节省空间，厨房成为整体厨房。

卢斯设计的米勒住宅，极好地说明了

他的"体积规划"理论，即是一种内部组织复杂的建筑。各层平面均有错层，在剖面空间上产生了一种复杂的动态构图，"体积规划"造成空间上的戏剧性。

密斯在空间体验上采用自由平面手法，在吐根哈特别墅中，空间流动感极强，

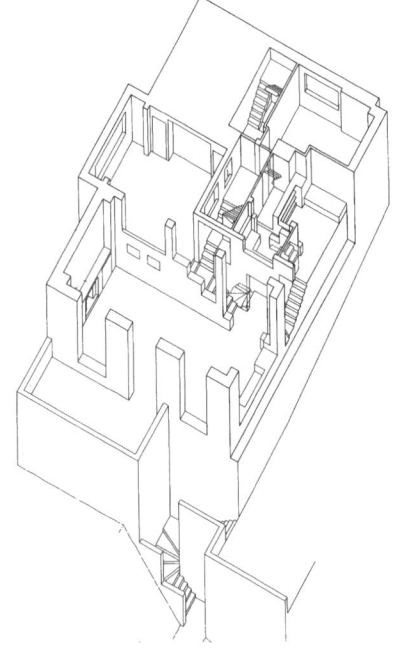

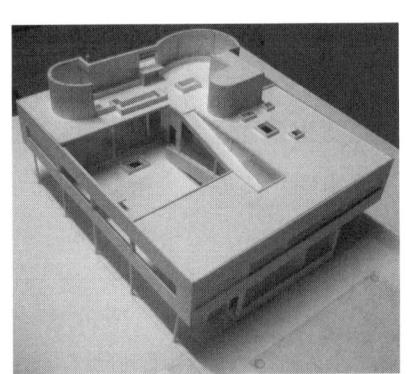

起居室墙面的通高大玻璃，导致室内外无界限，内外空间融为一体。密斯在吐根哈特别墅设计了符合工业生产的家具，钢管沙发椅子布置在室内空间中的位置也是在平面设计中必须考虑的。

　　赖特设计的流水别墅，可谓开敞空间的典范，交错的墙体划分出不同功能空间，室外的平台使得空间更加连续与流动，内外空间浑然一体，空间反透视的观念得以成立，人们在客厅里观看体验，宛如360度全景拍摄，空间被无限化，这种处理手法对当今建筑师都有影响。

　　路易斯·康的浴室，主辅空间明确，形成严格的空间秩序。他认为每个空间需要为特定的需求服务，不可能有多余的功能。他认为密斯把结构的秩序引入建筑空间，但这并没有包括那些被服侍的辅空间。

　　而在哈蒂德维特拉家具工厂消防站，动态的建筑产生复杂的内部交错穿插的空间，空间的图像已不是简单的长宽高三维围合的几何空间形态，建筑从外形感觉像飘浮的无规则的物体，空间失重且充满张力。这也是当今先锋派建筑师推崇的新的空间表达，现代主义建筑的空间形式已不能满足当今信息社会快速发展的趋势。

　　可以说每个建筑师对空间的理解不同，设计出的建筑也各有千秋，其精髓是建筑的灵魂所在，这也是建筑最吸引人的地方。

8. 路线组织

在一张艺术摄影作品里，三个人顺着长长的木栈桥走向一个终点，栈桥路线弯曲，在自然景观中形成一个特殊轨迹，而这个栈桥的终点只是一个稍大的方形空间，对面也没有什么特殊引人之处，但从栈桥的轨迹中，我们在感受艺术家想表现的自然空间的微妙变化。建筑路线组织的目的也在于此。

从外部环境到建筑内部，从入口到内部公共空间，再过渡到半公共半私密空间，最后进入私密空间，这个路线不仅是为了到达最终目的地而设计的，同时它也起到组织空间和形成空间序列的作用。路线很少是独立存在的，它的功能可以分为交通分流、体现工具、交流空间、方向指向和疏散通道。最终如何组织路线，决定使用者在路线上如何体验空间和建筑，这个基础只有通过一步步在路线上行走连贯刺激积累，路线是组织空间关系的前提。行走路线包括组织外部空间和组织内部空间。建筑内部空间路线组织可分为水平路线、垂直路线。传统建筑路线组织通过走廊连接各个功能房间，随着现代主义建筑空间概念的发展，发散性开放空间在住宅平面中体现出来，荷兰风格派建筑师瑞德菲尔德设计的施罗德住宅成为一个典型例子，流动发散空间成为建筑平面设计的关键，同时建筑师还试图打破室内外空间的界限。

萨伏伊别墅坡道的采用，使建筑空间的体验完全改变。入口到二层，通过坡道感受空间逐步展开，看到二层花园，进入明亮的起居室，而后卧室、书房，再到二层花园，空间、景色随着行走在变换，如同苏州园林般移步换景；再次通过坡道上到屋顶花园，通过一个小景框，感受建筑外风景，往下看建筑就在你的视野里，柯布西耶在这里创造了一个空间的故事。

在巴拉干的自宅中，通过楼梯间组织各个空间的联系，空间过渡有序，光在这里起到引导作用，指引人通向各处。交通路线组织是以一个中心点分散到不同地方的。

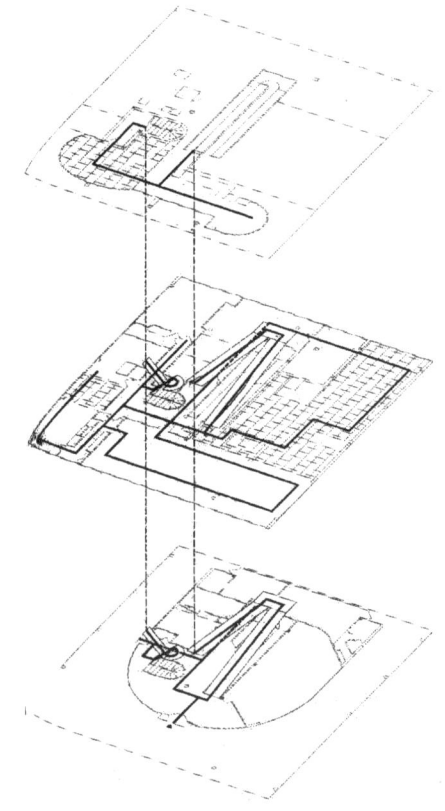

相反在诺依特拉设计的考夫曼沙漠别墅中，建筑布局是发散性的，功能房间如同计算机终端一样各自独立，路线组织通过开放的走廊连接，并做到互不干扰，建筑十字形平面导致交通路线同时成为体验室内外空间的手段。

库哈斯的巴黎别墅中也运用了坡道，但这同萨伏伊别墅相比时间已经过了半个

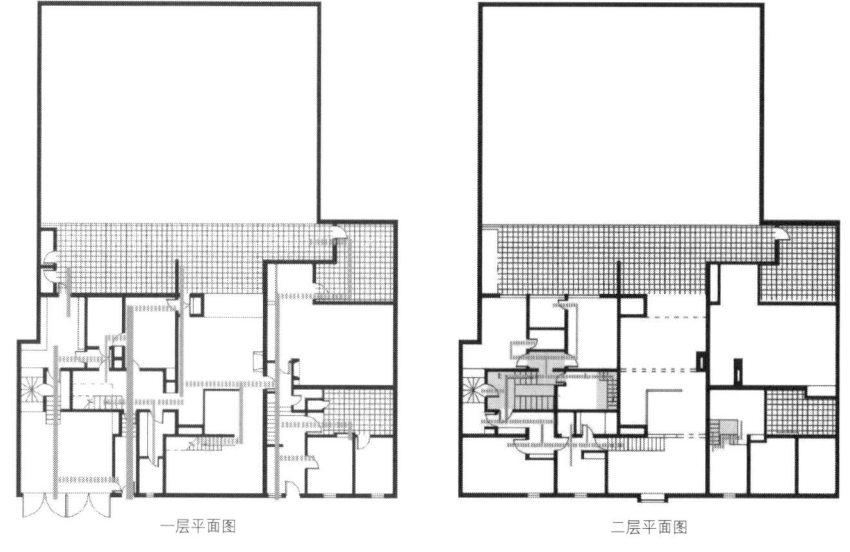

一层平面图　　　　　　　　　　　二层平面图

多世纪，空间体验更加丰富，随着地形的变化，不规则形体建筑的变化空间的展开相对更为丰富。别墅中间部分是共用的起居和餐厅、厨房部分，隐私的卧室分布在两端，中间坡道既起到连接两端空间的作用，同时起到体验交流共用空间和室外空间的作用。

在莫比乌斯住宅中，人们在建筑内部行走之中不仅体会建筑的内部空间，同时建筑与环境的关系也是移步换景逐步展开的，建筑就像颐和园长廊，建筑师以一天中人的活动路线、位移为线索，将"莫比乌斯环"作为设计的概念图式（diagram），在电脑中模拟生成模型，成为转换建筑设计的一个手段，建成后的莫比乌斯住宅整体沿水平方向延伸，形体相互穿插和扭结，从建筑师画的展开立面图可以看出，最终建筑暗示了游走的概念。

路线组织应如同电影的摄影镜头，一会儿带你进入近景—房间，一会儿又是中景，让你感受建筑，一会儿又推到远景，可以远眺室外景色。

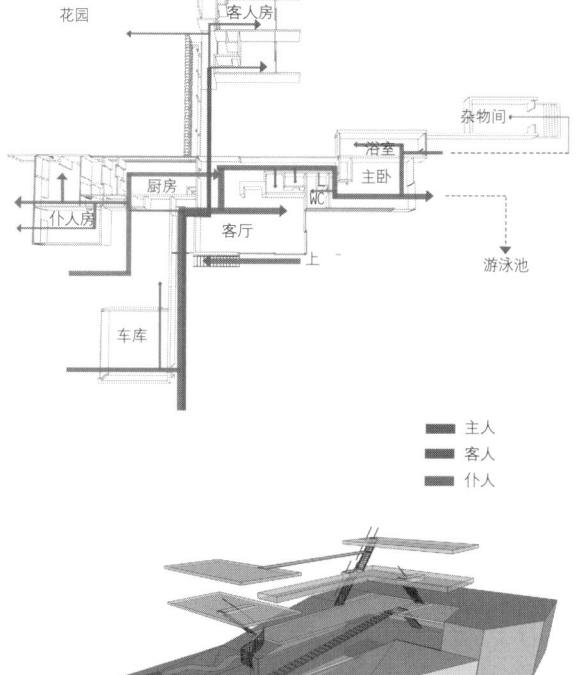

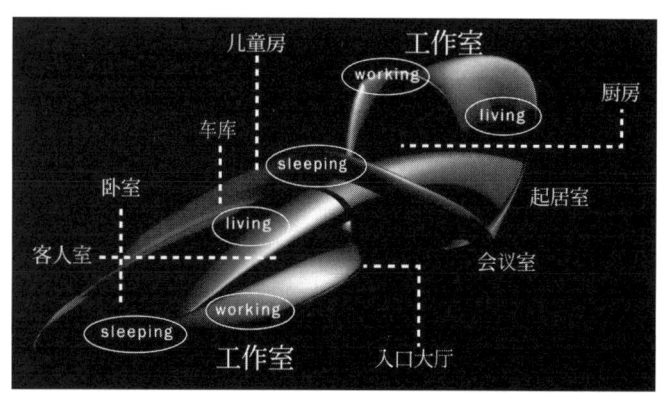

9. 建筑立面

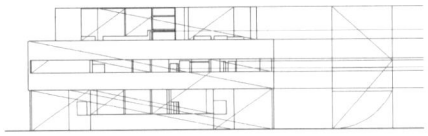

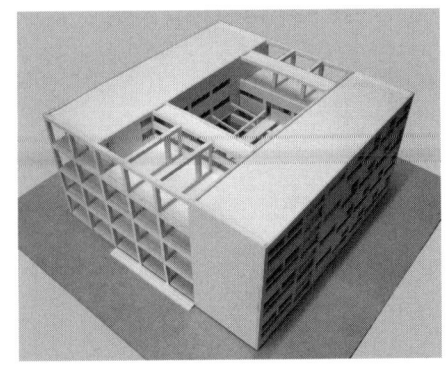

现代主义建筑不仅空间上与传统建筑不同，在立面上也强调自由立面，因为新的建筑结构形式，钢筋混凝土框架结构决定承重建筑的可以不再是建筑的墙体，而是柱子、梁、板形成的框架，平面布局从厚重的墙体解放出来，立面同样也可以不受墙体限制。柯布西耶现代建筑五点要素之一的带形窗，在萨伏伊别墅中，得到充分发挥，承重的柱子退后到墙的内侧，立面可以成为连续的带形窗，大量阳光可以引入室内，同时立面是按照黄金分割比例设计的立面，使建筑局部与整体关系统一。

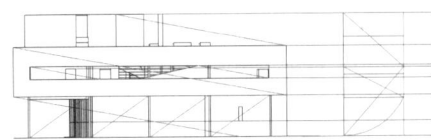

按功能主义建筑来说，建筑立面可以表现出建筑内部功能。在理性主义建筑中，特拉尼柯默警察局办公楼立面墙面局部露空，表现出框架结构逻辑要素：柱、梁、板体系。其立面按照理性主义手法，参照黄金分割，强调几何关系，比例适当。柯默警察局办公楼可以说是现代主义建筑立面的标志。而在特拉尼设计的湖畔别墅中，四个建筑立面表现了不同功能需求，是"形式追随功能"的体现，立面设计不是没有深度的平面，使建筑在空间上有方向感，同时表现了内部空间的层层关系和建筑的结构体系，避免了混凝土建筑的体积感。

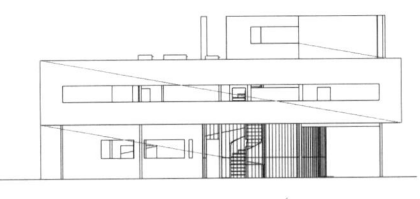

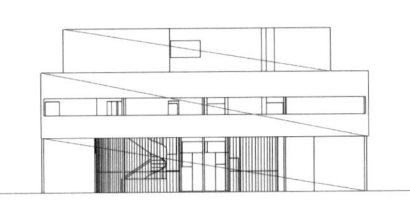

相似的是阿尔瓦·阿尔托设计的玛丽亚别墅，其立面完全是按内部功能设计的，波形面的设计与内部画室功能相符，造型感极强，立面开窗参差不齐，呼应建筑外部自然森林环境，建筑立面的虚实变化也是根据房间具体功能而定的。

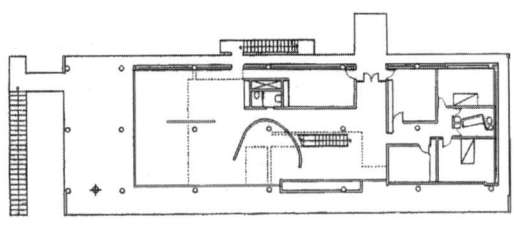

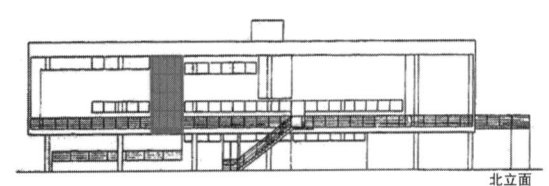

北立面

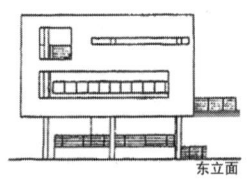

东立面

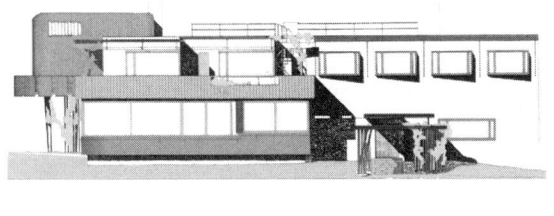

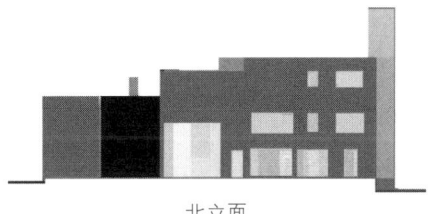

北立面

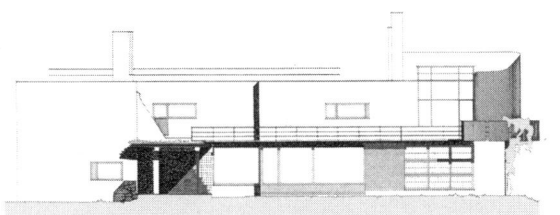

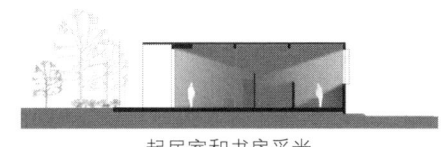

起居室和书房采光

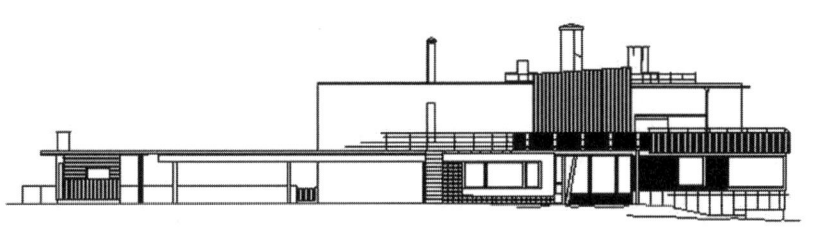

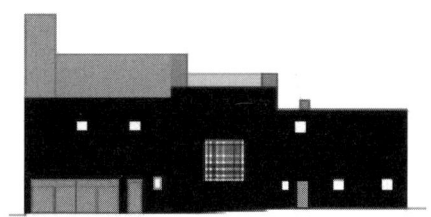

　　巴拉干自宅中，面对街道一面立面基本不开窗，但在花园一侧，开大窗，把花园景致和阳光引入室内。巴拉干是用光大师，立面开窗非常吝啬，只有他认为在应该有光的空间才考虑开窗，那时也许会整体墙面是玻璃，阳光射入房间，漫射在墙面，室内外得到一种静寂的交融，这时我们会体会到开窗的目的对于空间意味着什么。

　　当代建筑已不满足于直角方盒子的建筑，解构主义建筑在 20 世纪末期活跃于建筑舞台，最突出的莫过于哈蒂德设计的消防站。建筑形体穿插，无一直角，为保证动感建筑形体，建筑主立面基本不开窗，只有局部小窗，而在建筑的侧面和后部，开大窗，使建筑内外有所交流。其开窗形式也是不规则形，符合建筑形体动感的造型规律。

10. 建筑材料的运用

建筑是由物质组成的，材料是建筑建造的基础。脱离材料我们无法想象建筑是什么样子。人类几千年的文明发展，从古希腊石头庙宇到罗马砖拱券形成的空间，再到 20 世纪，随着新材料的普遍使用，混凝土、钢材、玻璃、塑料等等都可以成为建筑材料，这些为建筑的发展提供了极大的可能性，而建造方式也随之改变。代替以往传统的砌体建筑形式，现代框架结构钢、混凝土成为现代建筑的主要材料，空间的想象不再受限制，柯布西耶在萨伏伊别墅中，框架结构作为承重体系，建筑外墙围护结构是填充墙的空心砖，墙面为白色粉刷。这种白色建筑成为现代主义建筑的标志。

密斯充分运用现代材料——玻璃和钢，建筑构造处理完全是新的方式，在吐根哈特别墅中大玻璃窗可以通过电动控制下降到一层墙内，虽然当时建筑建造技术并不成熟，建筑在建成后暴露了很多问题，但是现在看来，要求新建筑的愿望不能因为构造处理不成熟而放弃探索。建筑师的愿望是设计并建出符合新时代即机器时代的建筑。密斯认为恰恰混凝土、钢、玻璃能够代表这些。

白色墙面的表现力满足不了阿尔瓦·阿尔托，他设计的建筑充满人情味，传统自然建筑材料如木、砖是他喜欢采用的，可以说是和当时现代主义建筑有所不同，充满了人性化的设计。他不仅在立面上运用木材，同时建筑内部空间楼梯栏杆等部分也运用了木材，与外部产生呼应。

现代主义建筑发展到 20 世纪中末期，人们对单调的白色方盒子感到厌倦，很多建筑师充分发挥建筑材料本身的特性。库哈斯在巴黎别墅运用彩色波纹铝板和清水混凝土，建筑立面形式看似还是条形窗，

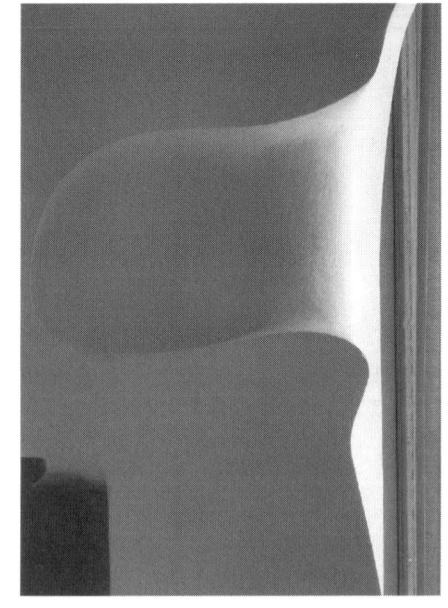

但因为运用了丰富的材料而表现出西方后工业时代的感觉。

安藤忠雄的建筑识别性很强，单纯的材料——清水混凝土创造了丰富的空间，人们的注意力会被纯净的空间与光的组合所吸引，感受到光在建筑中的造型能力，这也是建筑师想带给人们的感受。精致的清水混凝土在光的作用下产生的细微变化，仿佛日本的枯山水。

莫比乌斯住宅材料主要是混凝土和玻璃，两种材料的结合不是单纯覆盖和连接建筑某个面，而是穿插于形体之间，宛如设想的莫比乌斯环，建筑构件也呈室内化和家具化。给人印象深的是座椅、吧台和

卫生间洗手盆均采用混凝土材料，其造型形态与动感的建筑空间互为统一。

赖特曾说过："在我们这块土地上，新老材料都是世界上最丰富的。建筑师必须锻炼自己有素养的想象力，必须在每种材料之中去寻求它的固有风格，无论是天然的还是合成的。所有材料都是美丽的，然而这种美的取得基本上甚至完全取决于建筑师运用它们的水平高低。"体现材料的本性并创造性地运用到建筑设计上，是建筑师最基本的职业素养，而建筑最终被成功的建造出来，也是依赖于建筑师对材料艺术感悟与建造逻辑高度统一的结果。

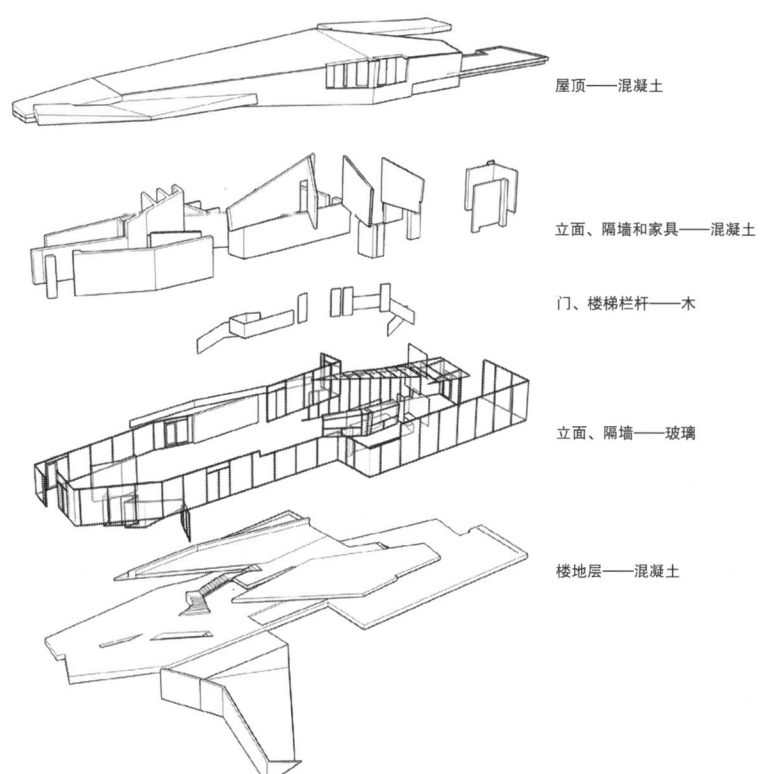

屋顶——混凝土

立面、隔墙和家具——混凝土

门、楼梯栏杆——木

立面、隔墙——玻璃

楼地层——混凝土

大师作品分析

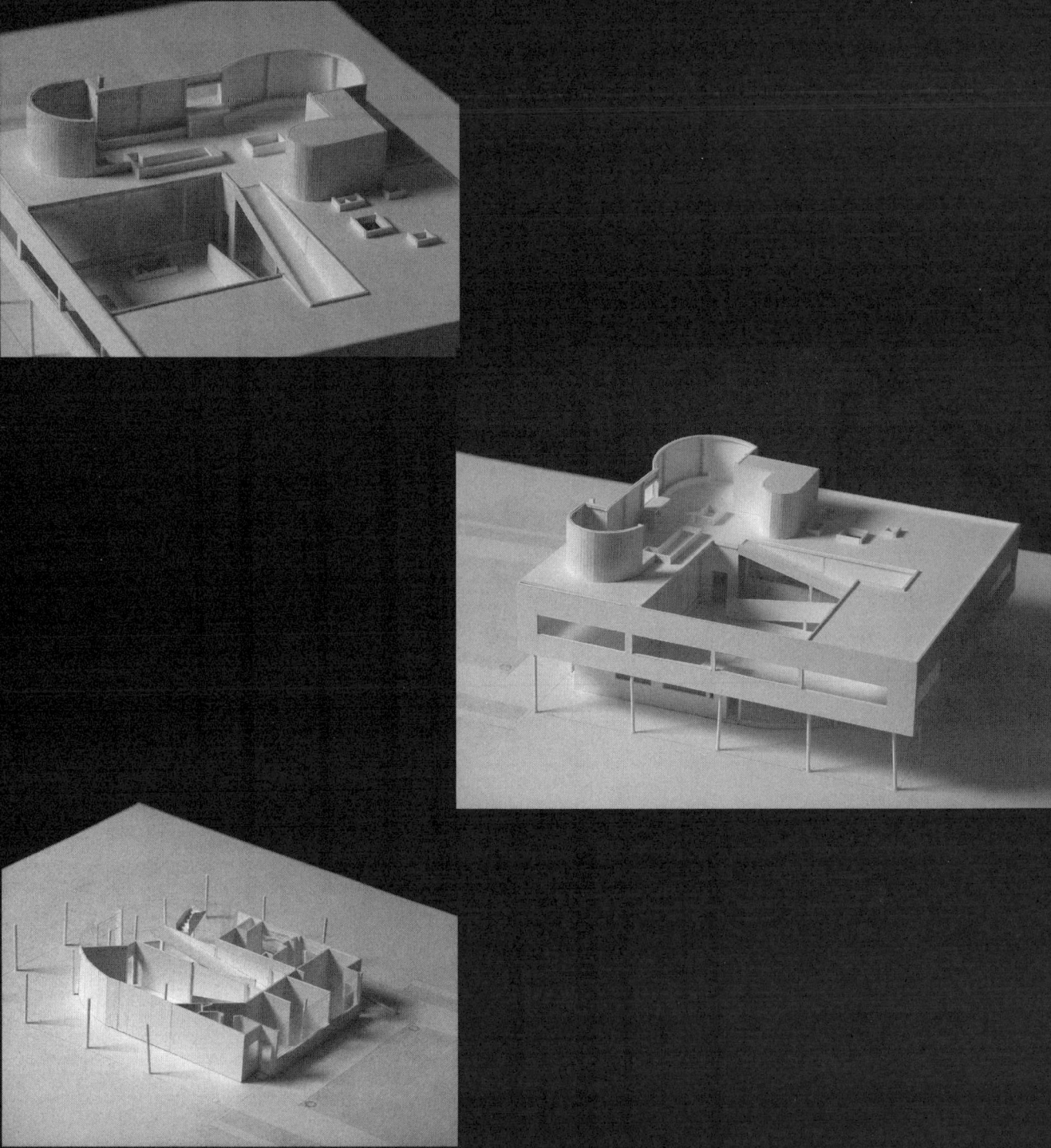

1
柯布西耶－萨伏伊别墅

（资源编码：101，201）

学生：董丽娜　罗琼菲

对于这个众所周知的 20 世纪伟大的建筑师 Le Corbusier，不论是画册、杂志，还是老师的讲义里，他的作品是我们最为熟悉的。也不知道是因为经典而出现的频率太高，还是因为看多了就会产生不屑，好像似乎没有怎么研究那些被认作完美的作品，更多的是认识其表面而不知道它的精要所在。大有最常见的、最容易得到，也是最不在意的，却往往都是最有价值的讽刺。

这一次的课题我们把它称作一次游历：对大师作品的纸面上模型中和头脑想象中的游历，也是除自我之外的新的或旧的设计方法、思考途径的学习和借鉴。对于刚有了行走能力的本专业小学生来说，这无疑会对我们（至少是我本人）有不很庞大，但也不容忽视的作用。

关于 Le Corbusier，仔细地了解了他的作品，也浅显地知道了相关理论之后，与其说柯布不论在思想上、还是作品中都赋予时代的新的东西，倒不如说时代造就了柯布。时代的变化，对一切的需求也在变化。柯布的出现是偶然，柯布这样的一个人出现是必然的。

关于大师，我们学识尚浅，在他面前不敢高谈阔论。三周的匍匐前进，我所明白体会到的是柯布对空间的控制和塑造能力和他那个时候的思想在作品中淋漓尽致的表现。

Le Corbusier 生平 经历

1887 年出生于瑞士

1907 年维也纳之行

会晤托尼 – 贾尼尔

这个人知道一种来自于社会现象

的新建筑行将诞生。

柯布西耶人生的转折点

1908 年在巴黎

为奥古斯特 – 佩雷工作

了解 20 世纪钢筋混凝土的具

体做法。

1910 年德国之行

接触德意志联盟

贝伦斯，泰西诺

意识到现代工业产品工程学的成就

也是模数的意念产生的时期

巴尔干小亚细亚旅行

奥托曼建筑艺术潜移默化的影响

1915 年，和迈克斯、杜布瓦合作

提出两项贯穿于柯布西耶 20 世纪 20 年代所有创作活动的观

点：

"多米诺住宅"成为他 1935 年以前多数住宅的结构基础

"托柱式城镇"

1916 年，施沃德别墅

首次运用"基准线"（一种对建筑立面维持比例控制的古典手法）

"住宅 – 皇宫"的两种不同主题的尺度：

1 独立式的帕拉第奥式的资产阶级个人别墅

2 集合式住宅，具有共产团体的意识内涵

与画家阿米迪·奥桑方提出——无所不包的纯洁主义的机器美学

1922 年与堂兄皮尔·让纳雷在巴黎开设建筑事务所

1922 年秋季沙龙

展出"雪铁龙住宅"，（多米诺）及"当代城市"（托柱式城镇）

"雪铁龙住宅"受巴黎比伦大街一家工人咖啡馆的启发

其剖面及基本布局构思：光源简化，每端一个开间，两面横向

承重墙

一个平屋顶，一个可用作住房的真正的方盒子

1923 年《走向新建筑》构思双重性：语言形式与抽象要素

1926 年"现代建筑五要点"

1927 年与俄国合作

1929 年"构图四则"

1929 年访问南美

飞行经历，考察热带景观

受里约城——自然线性城市的启发

1933 年后

柯布西耶开始反对住人机器

柯布西耶 30 年代对权威的追求

反映了他对工业化的根深蒂固的模棱两可的态度

20 世纪 40 年代与纯粹主义美学决裂

开始放弃机器时代文明必然会产生良好结果的信念

20 世纪 50 年代

柯布西耶始终关注的两种主要类型建筑：神圣及隐居建筑

相关作品

1905 年法雷别墅

1909 年 "Artists' studios" (柯布西耶母校)

1912 年父亲让纳雷别墅

1916 年施沃德别墅

1925 年新精神展览馆

1926 年库克别墅

1927 年迈耶别墅

1927 年加尔西别墅

1929 年萨伏伊别墅

1931 年苏维埃宫方案

1932 ~ 1933 年

　　救世军大厦

　　莫利托门公寓

　　日内瓦克拉尔蒂公寓

　　巴黎大学城瑞士学生宿舍

1930 ~ 1933 年

　　阿尔及尔市 "奥伯斯" (OBUS)

规划

1936 年周末住宅

1937 年巴黎国际博览会

1946 ~ 1952 年

　　马赛公寓

1950 年开始设计朗香教堂

1951 年昌迪加尔规划

1960 年拉 – 图勒特修道院

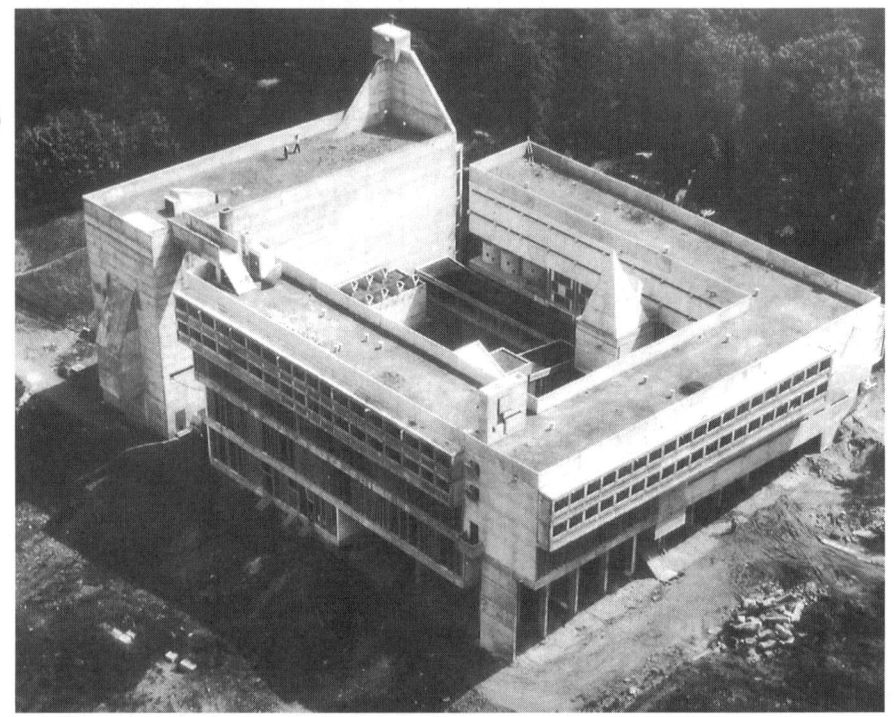

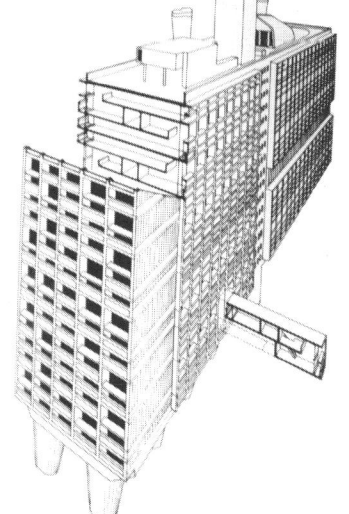

参考书目

1. [法]勒·柯布西耶著，陈志华译．走向新建筑．
   西安：陕西师范大学出版社，2004

2. [美]肯尼斯·弗兰姆普敦著，张钦楠译．现
   代建筑——一部批判的历史．北京：三联书店，
   2004

相关理论

柯布西耶强调机械的美，高度赞扬飞机、汽车和轮船等新科技的结晶，认为这些产品的外形设计不受任何传统式样的约束，完全是按照新的功能要求而设计成的，它们只是受到经济因素的约束，因而更加具有合理性。

通过强调机械的重要，柯布西耶成为机械美学理论的奠基人，他认为：住宅是供人居住的机器，书是供人们阅读的机器，在当代社会中，一件新设计出来为现代人服务的产品都是某种意义上的机器。它们的美学原则是独特的，并不跟随古典主义的美学原则，只有面对这种新的社会状态，我们才能把握新的美学立场和美学原则，那就是代表20世纪新时代的机械美学。在具体设计上，柯布西耶强调以数学计算和几何计算为设计的出发点，一方面使建筑具有更高的科学性和理性特征，同时也体现了技术的原则。它是第一个提倡把立体主义艺术形式引入设计的人。

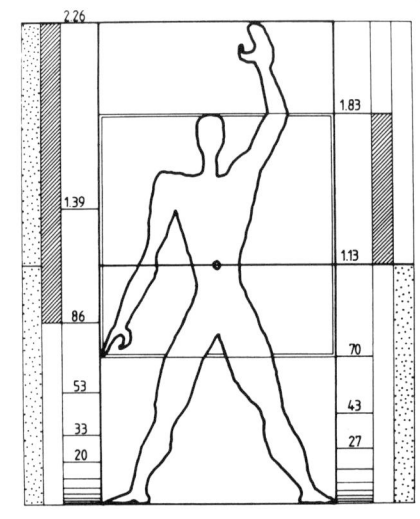

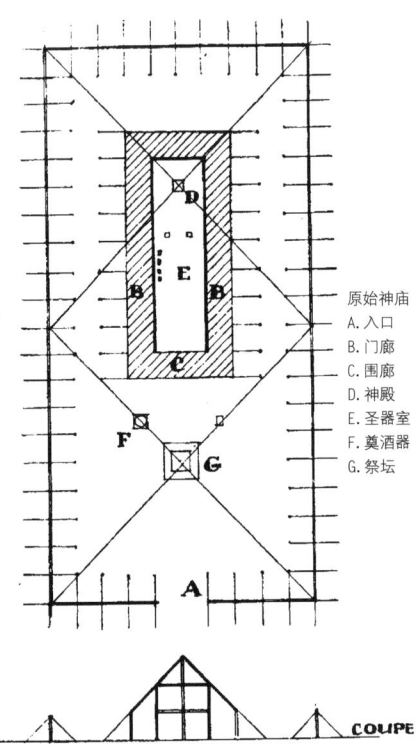

原始神庙
A. 入口
B. 门廊
C. 围廊
D. 神殿
E. 圣器室
F. 奠酒器
G. 祭坛

1882 年从彼烈发掘出来的大理石板上的图

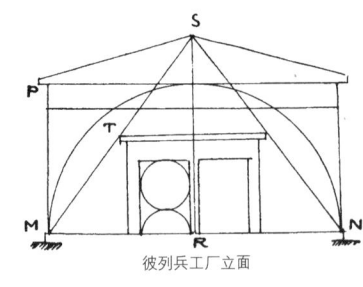

彼列兵工厂立面

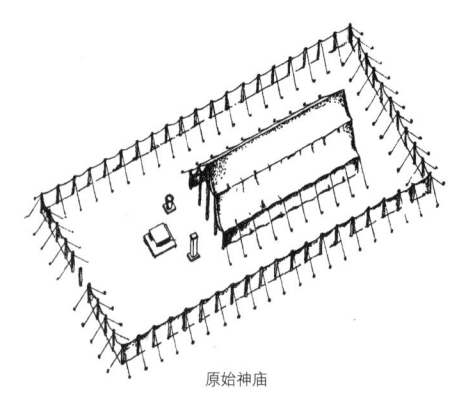

原始神庙

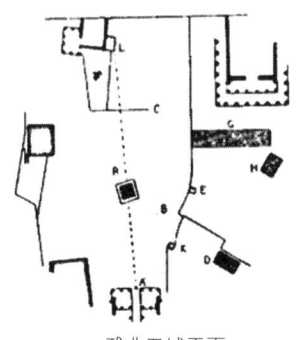

雅典卫城平面

柯布西耶的建筑思想可以分为两个阶段：20 世纪 50 年代以前的是合理主义、功能主义和国家样式的主要领袖，以 1929 年的萨伏伊别墅和 1946 年的马赛公寓为代表，许多建筑结构承重墙被钢筋水泥取代，而且建筑往往腾空于地面之上；50 年代以后，柯布西耶转向表现主义、后现代，郎香小教堂以其富有表现力的雕塑感和它独特的形式使建筑界为之震惊，完全背离了早期古典的语汇，这是现代人所建造的最令人难忘的建筑之一。在家具设计中，柯布西耶则以豪华而舒适的钢管构架躺椅著称于世，几乎成为 50 年代优雅生活的象征。

用离地 1.7m 的眼睛来看建筑物，人们只能用眼睛看得见的目标来衡量，用由建筑的元素证明的实际意图来衡量。由于观念的错误或者癖好浮华，你就会违反平面的规则。柯布西耶强调有序的布局，他认为轴线是建筑中的秩序维持者，有序的布局是把轴线按等级、意图和感觉分类。

《走向新建筑》中，他举例说：雅典卫城的轴线从彼列港直达潘特里克山，从海到山，山门垂直于轴线远处的水平线就是海，水平线总是跟你感觉到的你所在的建筑物的朝向正交，高处的建筑；卫城遗址影响到远处的地平线，山门在另一个方向，雅典娜的巨像在轴线上，潘特里克山是背景。因为帕提农和伊瑞克提翁不在这强有力的轴线上，一个在右，一个在左，我们才能有机会看到它们总体面貌的四分之三。切不可把所有的建筑物全都放在轴线上，那样它们就会像抢着说话的一些人。

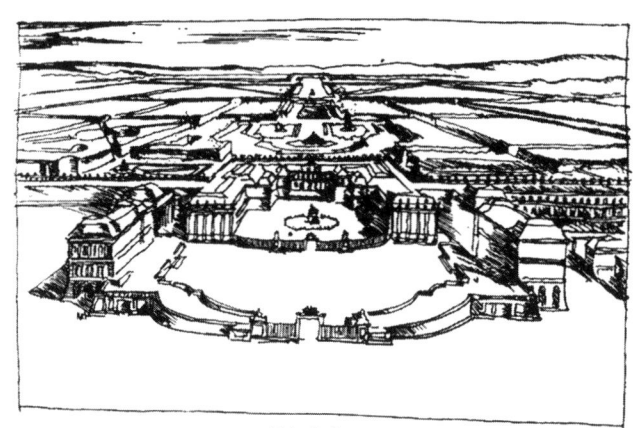

凡尔赛宫

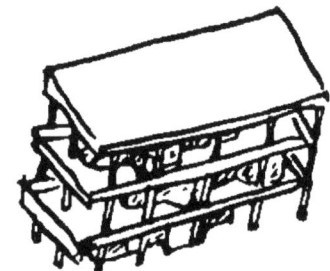

相反，他举了反例进一步说明。凡尔赛宫，大水池和绣花式花坛不能收入一个视野之中，那些建筑物我们只能看到片断，走，才能看全。

在《走向新建筑》中，柯布西耶提出基准线的概念。

他说：基准线的表达，反任意性的一个保证……他用一个原始神庙的例子来说明。

没有原始人，只有原始工具。思想是不变的，从一开始就潜在的。他提出了建筑的基础是确定的。

平面用基本的数学支配着，建造者选取最简单的、最常见的和最不容易丢失的工具作为量尺：他们的步幅、脚、铅笔和手指。建筑物的各个部分都来自合理的依据，没有也不同意随意和牵强。

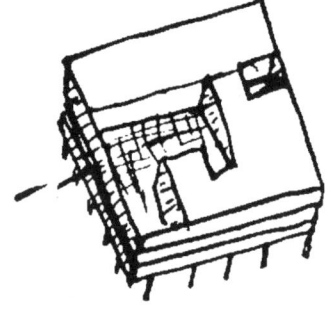

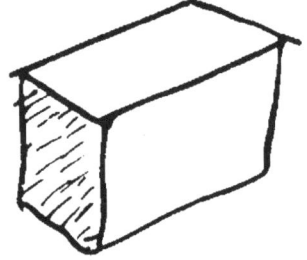

在度量时就建立了秩序，创造了控制整个建筑物的模数，因此建筑物就合于他的尺度，对他方便舒适，合于他本身的量度。他合于人的尺度，这是主要之点。这表明柯布西耶是站在功能的一边。

形状的选择：直角、轴线、正方形、圆形，是眼睛能量度和认识的印象，不是偶然、不正常、任意的。柯布西耶沉醉于几何形式的满足。

模数进行度量和统一，基准线进行建造并使人满意。

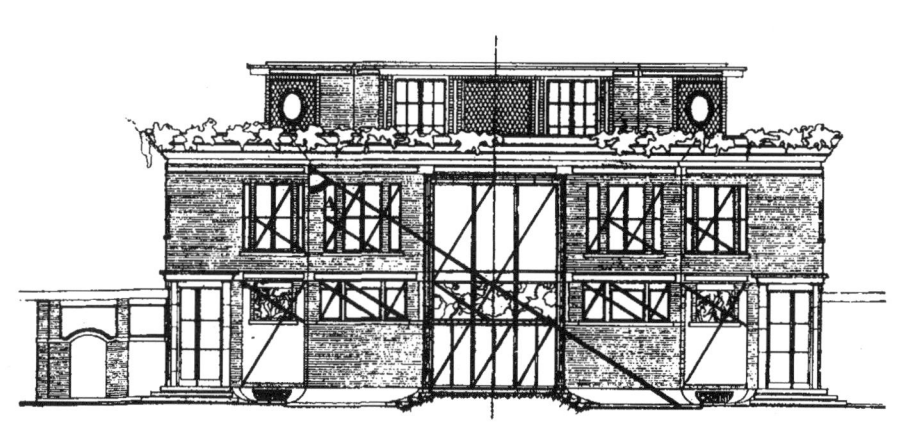

环境

　　一个白色的方盒子被柱子架空在草地上，被草地和蓝天包围着，"花园"被转到了屋顶之上，就像是放置在一个向天空敞开的房间中，与建筑形体毫无关联的周围景观成为室内与屋顶的视觉对象。

　　"如果人站在草坪上，就不可能看得很远。而且草地潮湿又不卫生，并不适于在其间生活。因此真正的家庭花园应该在距地 3.5m 处，这样的屋顶花园，土壤干燥而卫生，同是又能看到比地面上更美的乡野风光"。不管周围的环境如何，住户都可以在屋顶花园中"享受普照大地的阳光和广阔的天空"。这样就使别墅独立于周围的环境，适用于一切基地。

　　柯布当时对建筑的追求，极度的工业化来寻求更高的舒适感，似乎是弃自然于不顾。其实是另外一种方式来利用自然，他不懈努力制造出来的环境不自觉地与自然环境联系在一起。

　　而且也并非像他那样坚定的表明与地面脱离。建筑入口还是规划出很理性的集合草坪。

平面

　　柯布西耶坚定不渝坚持他的基准线理论，不光是立面，平面始终被理性控制着。说到模数，不管它是古典的延续，还是满足功能的基本，柯布西耶的理论，在今人看来还是很精密、细致的；像他一直所坚持的：萨伏伊布置着简洁合理的女仆卧房，独立的卫生间、厨房、浴室、车库和主人卧房开敞的起居室。整个平面基准线控制，被模数提醒着，同时也表现了它很功能的一面。没有什么空间浪费，一切的安排都有它共同的意义：就是满足人正常愉悦的生活的需要。

　　空间过渡，在我理解所表现的就是空间的控制能力，这也是这三周混沌之后我惊叹之处。

　　室外——半室外——室内——半室内——室外——完全室外。

　　所有的一切发生得那么自然，在一个20m×20m的有限空间里所经历的是比20m更大的流动，它的表现不光是墙板围出来的体积，更多的是墙、光线、影子产生的完美演出。

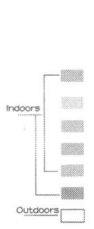
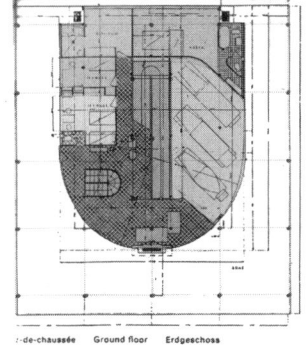
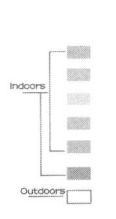
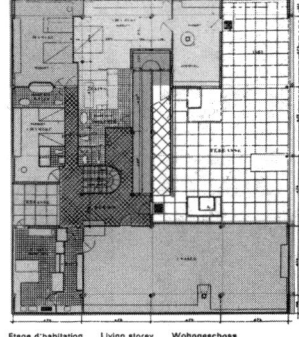

:-de-chaussée　Ground floor　Erdgeschoss

Etage d'habitation　Living storey　Wohngeschoss

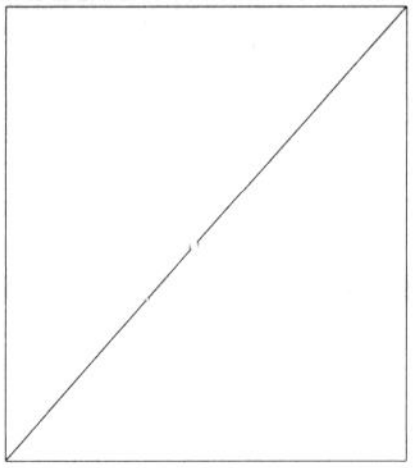

确定一个正方形

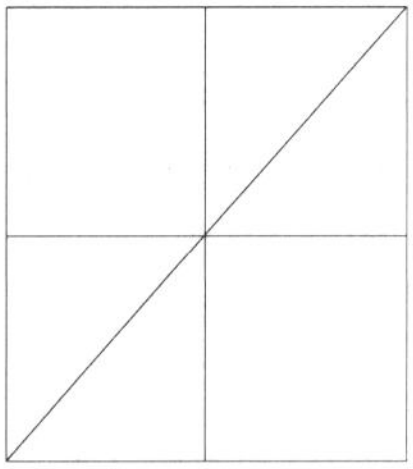

连接对角线和对边中线

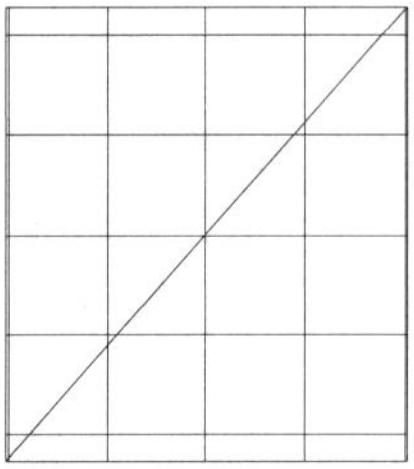

将正方形等分为 16 个小正方形

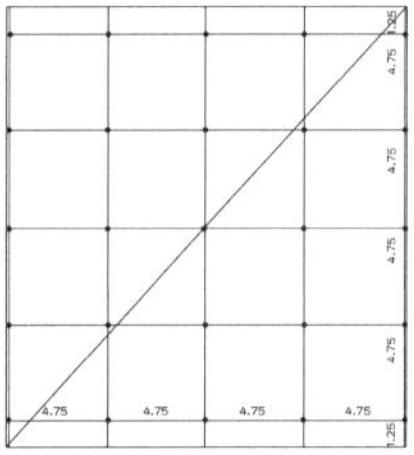

正方形前后退出一段距离

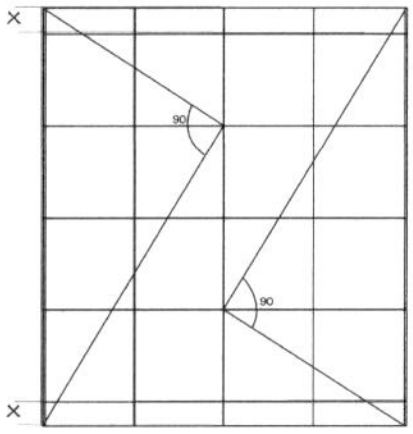

这个距离 × 有两个直角三角形确定

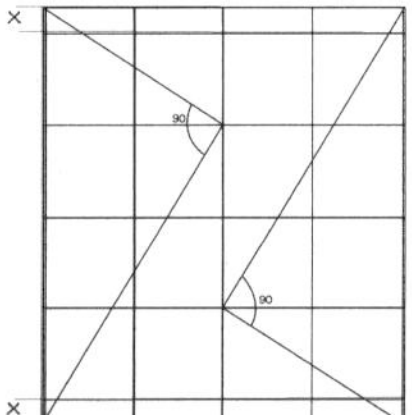

得到最后模数
4.75m × 4.75m 的网格和前后各退出 1.25m

中心坡道位置和宽度的确立同样是 1.25
的模数

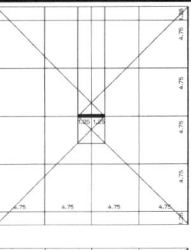

坡道长度的确立
是网格的二分之一
休息平台是网格的四分之一

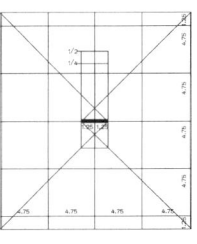

一层的形状确定
两条线的交点网格中心点的距离为半径
平行于经线作半弧点的延长线

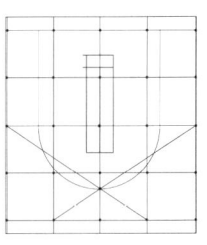

交与网格最终确定一层

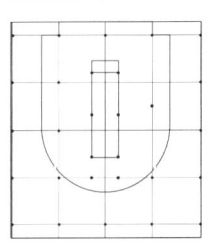

确定旋转楼梯的位置

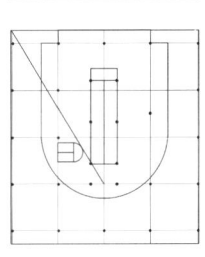

确定入口

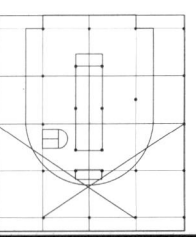

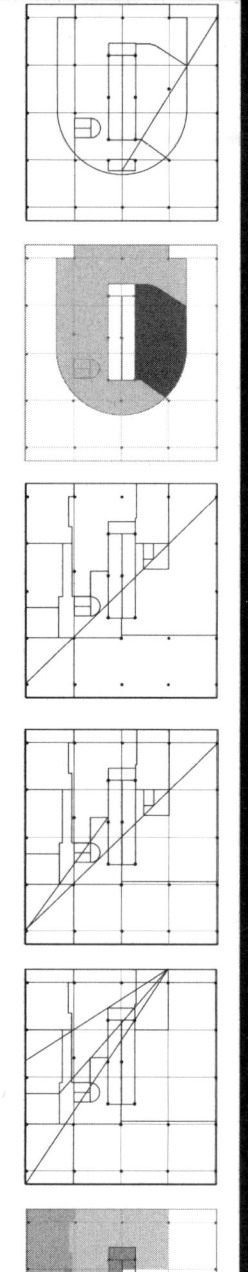

车库位置的确立

一层基本平面布置

二层平面基准线分析

平面的分割的焦点都在一条线上

大多成对角安排

二层基本平面布置

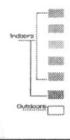

结构体系

正像他提出的"多米诺"住宅，梁、板、柱的结构让柯布西耶有了极大的发挥余地，这也是现代建筑五要素的根本，也正是这样的结构，才会有底层的架空，自由分割墙，以及自由开启的采光窗的出现。

建筑的改变，一定是本质上发生的变化，我不敢坚定说结构一定是关系到建筑生死攸关的因素，但是这样简单的"梁、板、柱"决定了柯布西耶的一生。

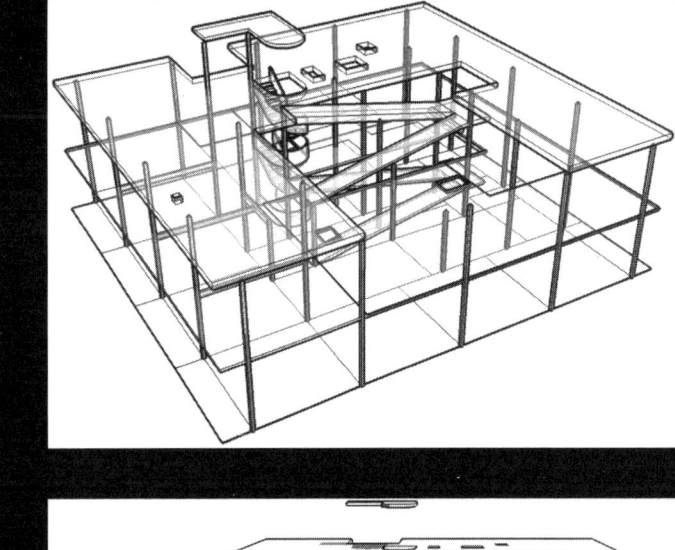

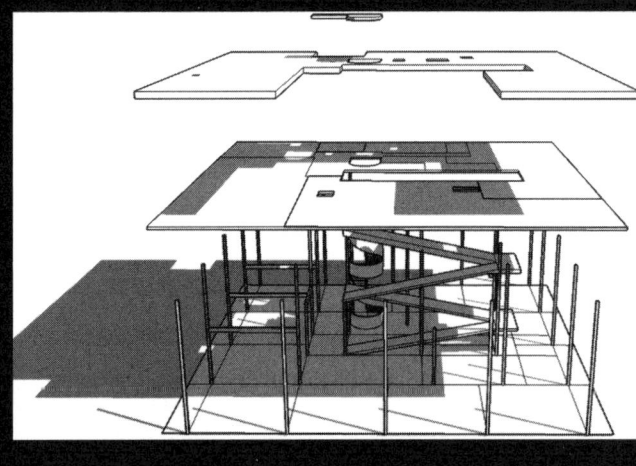

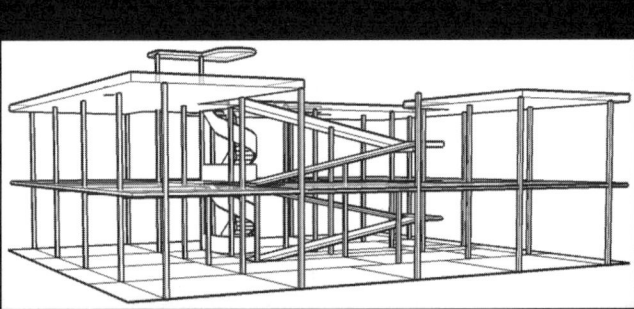

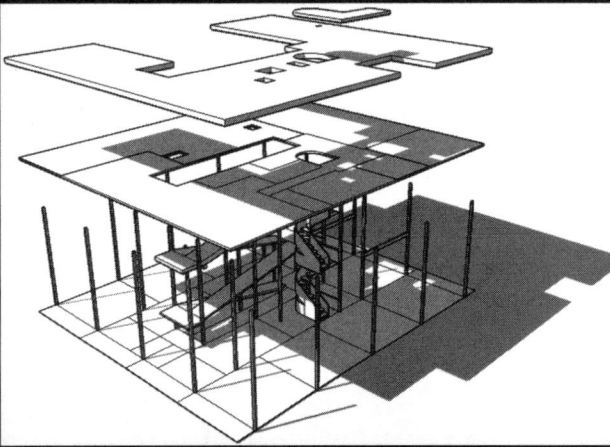

平面 过渡

这样的平面产生，最后的结果就是：
一层处在完全封闭的室内，但是因为进
到里面之前退后的入口，头上二层的楼
板，不得不让人们在包围之后有提前的
心理准备。

室内坡道又减弱了一层和二层之间的
分割感。

到了二层所不同的是，你从一个封闭
的空间渐渐走向明亮，到最后感觉到开敞，
平面又把人们引向室外，感受阳光空气。

并没有结果，二层并不完美，三层的
豁然开朗再一次把自己释放出来。

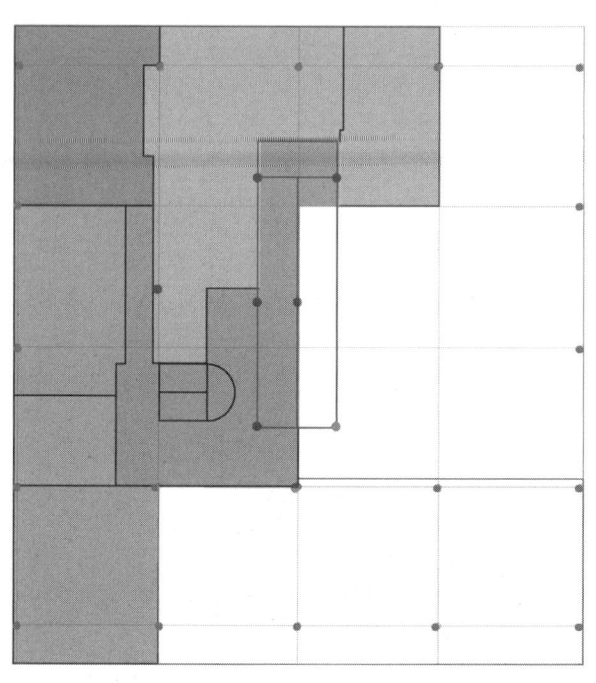

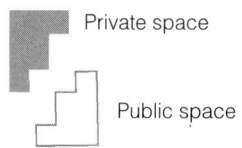

Private space

Public space

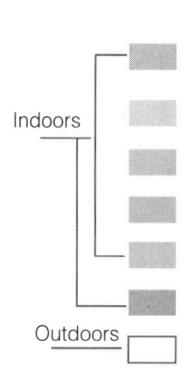

Indoors

Outdoors

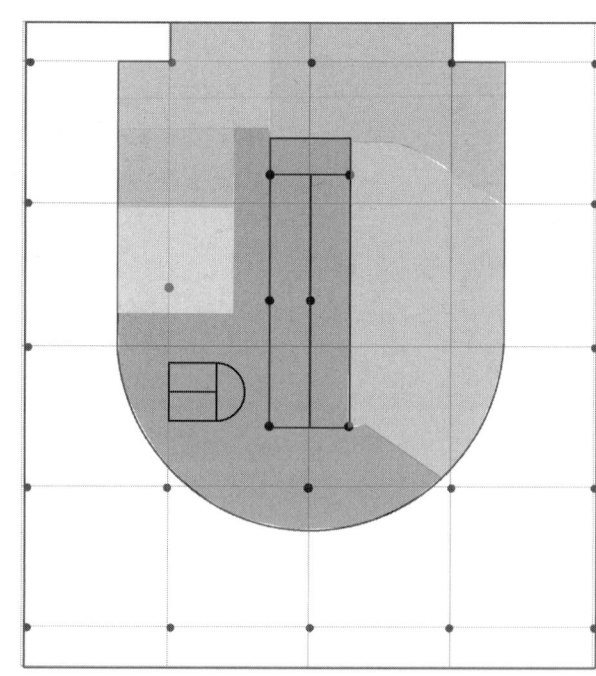

三个平面上的连接室内外的过渡空间，都有某种意义上的特殊之处：一层的有顶无墙；二层的既有有顶无墙，也有有墙无顶的；三层有墙无顶。

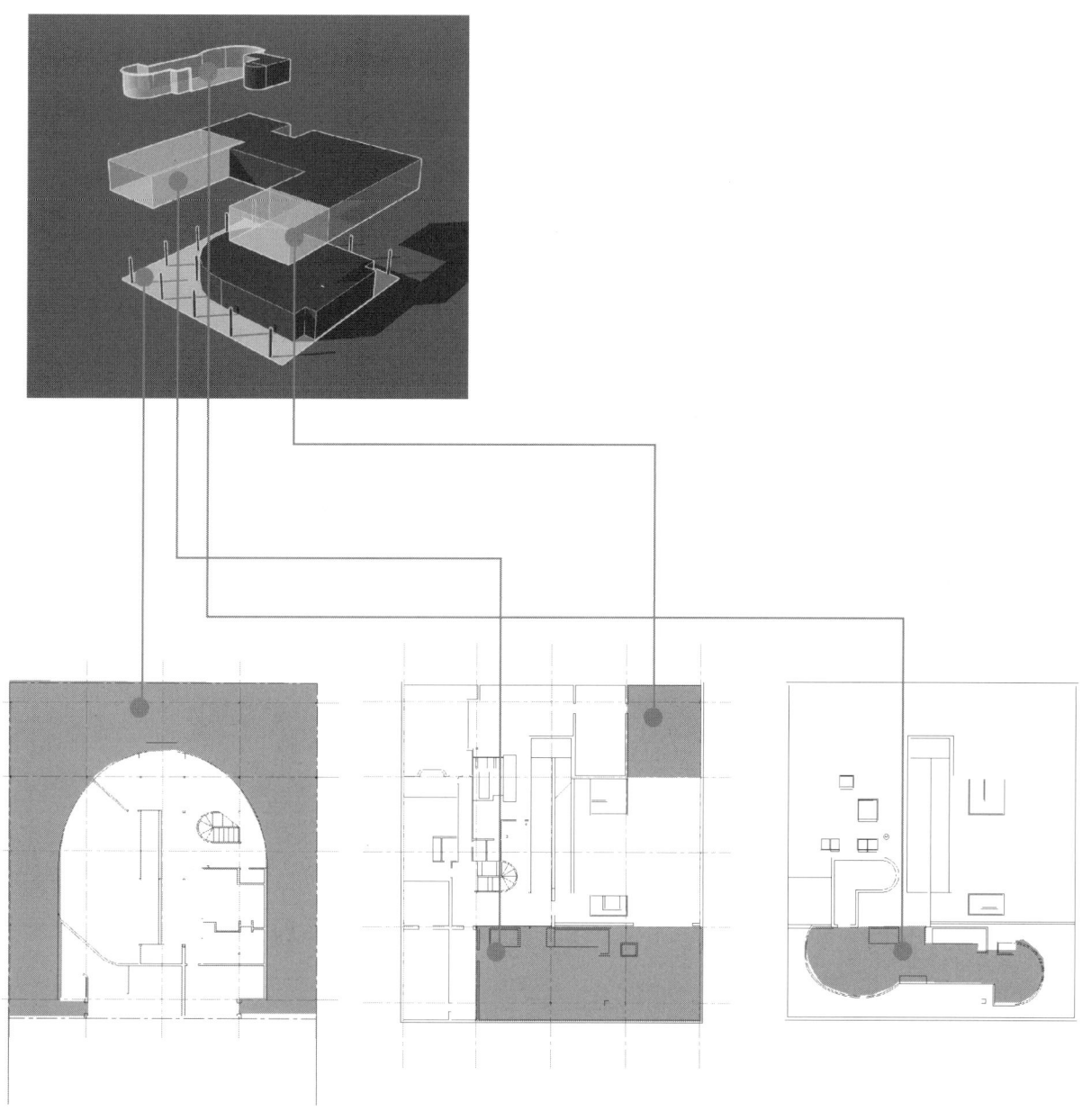

交通流线

一个建筑，必须能被"通过"，被"游历"。我们有两只眼睛，在头的前部，站立离地 6ft（约 1.8m），并且目视前方，他来回走动，变换位置，运用他自己的意识，在一系列建筑场景之中移动。

建筑的生死，取决于运动。空间的流通，似分似合，隐约互见。阳光在中间流淌，形成丰富的层次。游弋其中，看不尽的风景。

交通流线不做捷径直趋，在曲折的流线中反复体验到那移动的连续所产生的强烈感受。

流线虽曲折但很简洁，依然随心所欲地可以到达任何地方。

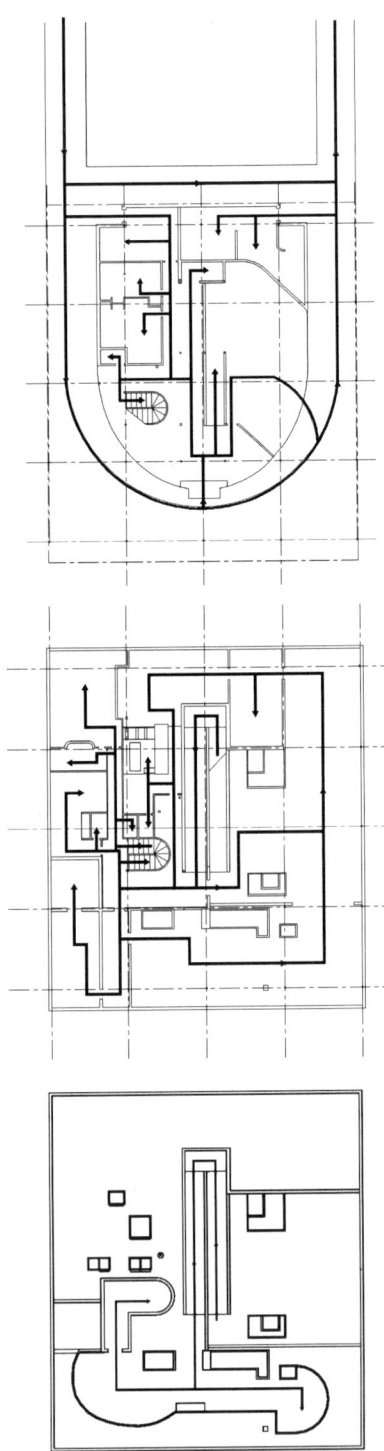

交通流线 行走的诗意

穿过宁静的小树林，顿时眼前一片豁然开朗，白色的建筑物矗立眼前，两旁是草地的小路把我们引到底层架空的建筑中，顺着巨大的落地窗一拐，便到了建筑的主要入口。从入口的方向朝外望，透过佣人卧室的窗可以看见来时经过的草地。在左手边是旋转楼梯，洗手池的方向是厨房和佣人房间；右手边是车库，有小门进入。

沿着中央坡道向上走，光线越发明亮起来，空间也变得透明。坡道的右边是旋转楼梯，正对坡道的是起居室的门，对着起居室的走道一直通向主要的卧室。走进起居室，窗外的小树林跳入眼帘，温暖舒适的气息充满整个房间——暖暖的壁炉，整面落地玻璃窗，阳光倾泻下来，落在柔软的沙发上。玻璃窗外是屋顶花园，起居室与之产生直接的联系，它处在新鲜的空气当中，远离街道的尘嚣，全部沐浴在阳光之下。从起居室里走出来到了花园之中，这是一个可以举行小型聚会的场所。土地在这里是自由的，可以连续步行。条形窗把外面的景色引进来，让人觉得依然在大自然的怀抱中。横穿花园就到达另外的卧室，这是有齐全设备的房间——安静的书房、舒适的卫生间和洗浴室。

沿着室外坡道到达三层的屋顶花园，这是一个真正意义上的阳光浴场。半围合的曲面墙上，一个窗洞成为绝佳的取景框。顶层为一封闭的空间是旋转楼梯的所在地，从这里可以到达任何想去的地方。

立面

比例，建筑的钥匙，上帝的语言。

基准线带来了可感知的数学。选择一条基准线，就决定了一件作品的几何性质，也因此决定了基本印象之一。12°的基准线，它决定了控制楼层和主要部分的大划分的原则，这原则也控制中央坡道的坡度、条形窗的位置、窗格子的大小、车行道的宽度等等。外立面的黄金比例分割，建筑以近乎完美的姿态呈现于世人眼前，给人视觉的愉悦享受。

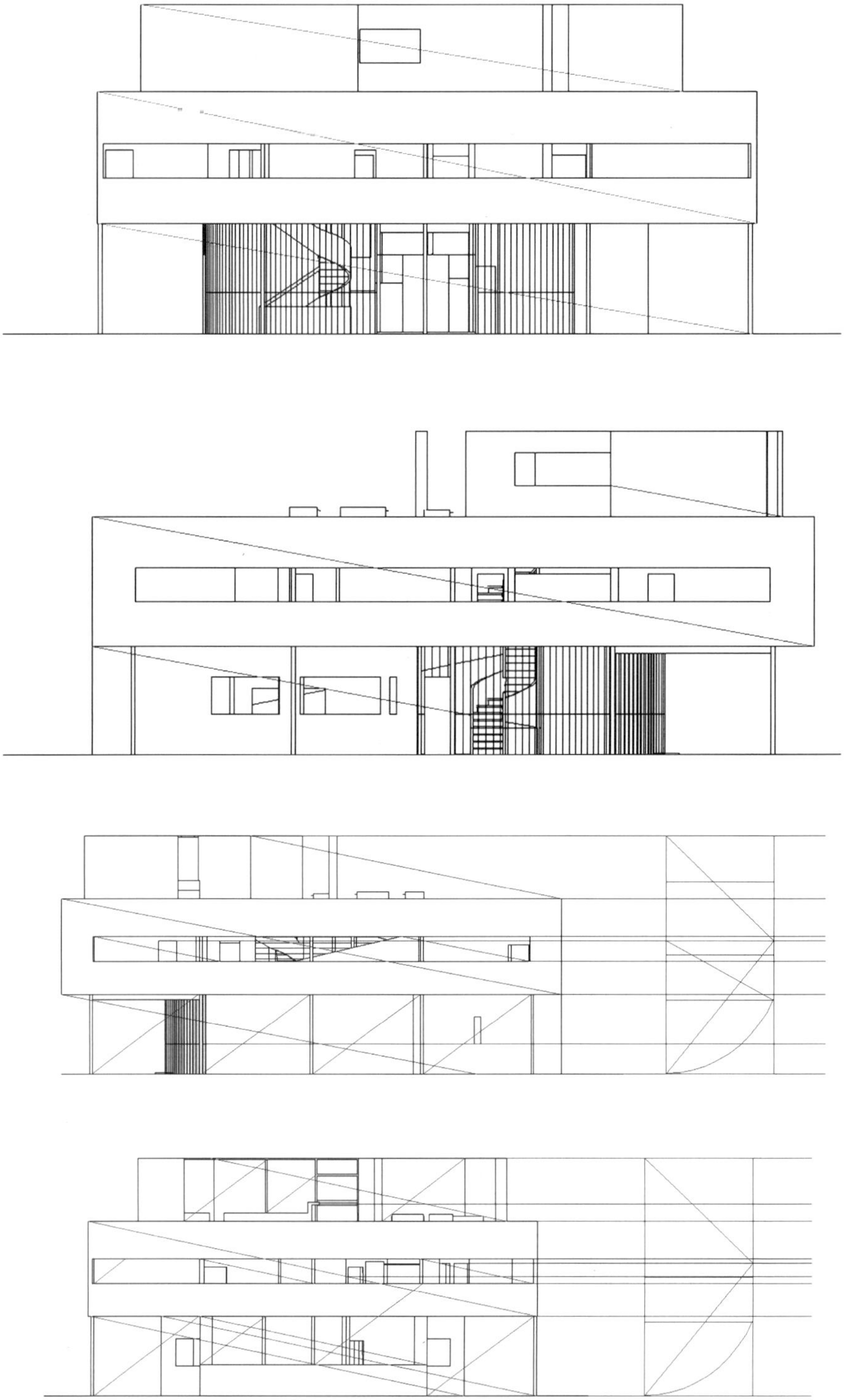

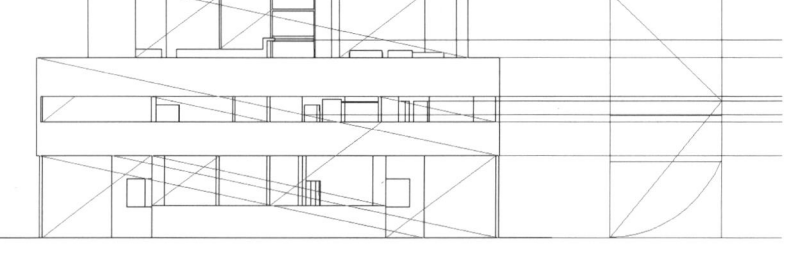

感悟 评价

两周是短暂的，这一点时间把一个伟大的人物彻底了解是不现实的。柯布的建筑像他的精神一样影响着我们，他对建筑的理解也是他对时代的理解，时代的变化赋予了思想的变化，他又把这种变化赋予了行动，可以说柯布是一个历史唯物主义的建筑师，他对空间的控制能力是让我们不得不惊的。对他来说，前期的是他的建筑的实践，后期就是纯粹的艺术创作，用空间、光线、材质作为表现的元素，致使他后期建筑作品的表现力非同一般，上升到除人生理使用的满足之外的心理充实的位置上。也许这就是一个建筑师在经历功能实践到精神影响的一个过程。

生在 20 世纪的我们，没有了解建筑史，对于萨伏伊开始没有觉得它的经典。现代建筑的五要素在萨伏伊是完美的，更重要的是空间的流动，每一个虚实的衔接都是那么自然。建筑似乎没有与环境在形式上选择什么和谐或对比，但是它与环境又是密切的，托柱的架空，屋顶花园的引入，都是柯布对自然的留恋，虽然他在强调着机器美学，但又从另外的途径去亲近自然。在我理解，无论是基准线的运用，还是一直追求的机器美学，或者是后期的神圣隐居建筑，都是他对美在不同时代的表述，之所以会有不同还是受到历史的变化而变化的。柯布改变了建筑的时代，也是时代创造了柯布。

"让我们来制服混乱！"

不管是对当局，或是对建筑，我想这是柯布一直呼吁和坚持的。在那个社会混乱的国家里，物质进步与精神生活已经分离，心失去了方向。法国对技术革命的镇压导致新意识形态革命的到来，淹没了这片已是混乱的国土。他对这种混乱的痛斥，转化为对制服混乱的信心。他的超前意识，对以后的建筑师产生了很大的影响，这股力量不断壮大，最终成为制服混乱的强大武器。

柯布的建筑和他的思想一样，清晰，勇敢，坚强。他坚持一种真实的对建筑的尊重。这种真实的事实是高贵、纯粹、智慧的感知，可塑性之美，以及比例的永恒品质。在客观现实的基础上，他对方案进行控制的敏锐感觉，没有偏见的判断感觉，给我强烈的震撼。

真正阅读柯布，从做萨沃伊别墅开始。每一个门洞，每一扇窗，甚至是每一个窗台，都有它存在的理由，并且是以一种绝对的姿态存在着，正如那机器加工出来的产品。每层平面模型做出来，都像一件完整的艺术品。建筑的空间逻辑，交通流线的组织，都呈现一种极其个人化的理性主义思想观点，纯粹，有效，健康，忠实，如水晶般清澈。建筑立面基准线的控制力，黄金比例的分割关系，给人美好的视觉印象。

在这个建筑中，贯穿着他"辩证"的思维：对比手法，空间的虚与实，光线的亮与暗，色彩的纯白与明丽，逻辑的理性与感性。

2

卢斯 – 米勒别墅

（资源编码：102，202）

学生：刘蕴涵　黄天驹

卢斯生平

卢斯 1870 年 12 月 10 日出生在当时奥匈帝国的摩拉维亚的布尔诺市（现属捷克），从小跟父亲学过园艺和雕塑。9 岁时父亲去世，12 岁时听力开始下降，直到临终前完全失聪。卢斯于 1884 年进入高中学习，辍学后进入手工艺学校，为参加一个建造技术的项目很快离开。1889 年完成另一个机械建造项目。从那时起决定学习建筑。同年进入德国德累斯顿的高级技术学校，完成兵役后到维也纳的 Academy of Beaux Arts 学习。最后回到德累斯顿却没能完成学业。卢斯学习成绩平庸，但在手工艺学校当学徒的经历让他与众不同。他的成长经历让他非常重视在实地考察和具体实践中了解，把握建筑。他认为建筑师应该是一个"学习过拉丁文的泥瓦匠"，并推崇帕拉第奥和维特鲁威。

1912 年他办了自己的学校。

1896 年从美国回到维也纳后，开始为维也纳媒体撰写大量批评文章。他和哲学家维特根斯坦、画家 Oscar Kokosch-

ka、文学家 Karl Kraus 以及音乐家 Arnold Sch onberg 常常聚会进行讨论和辩论。

1922 年参加了芝加哥论坛报大厦的国际竞赛并递交了一个巨大的多立克柱子般的摩天楼方案，未被采纳。

1923 年应邀前往巴黎，一个早已深受卢斯影响的城市。在那里遇到了柯布西耶，蒙德里安，查拉等人。

1925 年参观了"艺术与装饰运动展览会"（柯布展示他的新精神馆）在巴黎，卢斯虽然总处在先锋群体中，但他还是有意识的保持了自己的独特性。期间只有两个建成项目：香榭丽舍大街上的克尼泽男性运动用品商店和达达主义诗人特里斯坦·查拉德住宅。

1928 年回到维也纳。

1933 年 8 月 23 日，卢斯因病逝于维也纳附近的疗养院。

25 年后，维也纳政府为卢斯树立了一块墓碑。它依照卢斯于 1931 年为自己墓碑设计的草图而建造。

　　能让我把你领到一个山湖的岸边吗？这儿蓝天蔚蓝，湖水清绿，一切都显得格外和平与宁静。山岭和云彩反映在湖面上，还有房屋，农场，庭院和教堂。它们不像是工人的创造，而更像上帝作坊里的产品，就像山岭，树木，云彩和蓝天一样。所有这一切都洋溢着美丽和平静。

　　啊，这是什么？和谐中的一个错误休止音符，就像一条不受欢迎的小溪。在那些不是人造而是上帝创作的农舍之间出现了一座别墅。这是否是一名高超的建筑师的作品呢？我不知道，只知道那和平、宁静和美丽都不复存在了。

　　于是我要再问：为什么无论高超或蹩脚的建筑师都要侵犯湖泊呢？就像几乎所有城市市民一样，建筑师也没有文化。它们没有农民的保障，对于农民，这种文化是天赋的，而城市居民则是暴发户。

　　我所谓的文化，是指人的内心与外形的平衡，只有它才能保证合理的思想和行动。

Adolf Loos

建筑概况

米勒别墅（villa Müller）1930 年建于布拉格。

在这一年前后还建成了勒·柯布西耶（Le Corbusier）在巴黎近郊的萨伏伊别墅和密斯（Mies van der Rohe）在捷克布尔诺的吐根哈特别墅。在当时那两所别墅已经成为现代建筑的焦点，而卢斯的米勒别墅只是它的方方正正的立方体形体和高低错落，大小不一的立面开洞，引起了外界的一些关注。而内部的空间形式在当时没有被理解，甚至不被认为是"现代主义建筑的空间"。

1930 年卢斯 58 岁，密斯 44 岁，柯布西耶 42 岁。

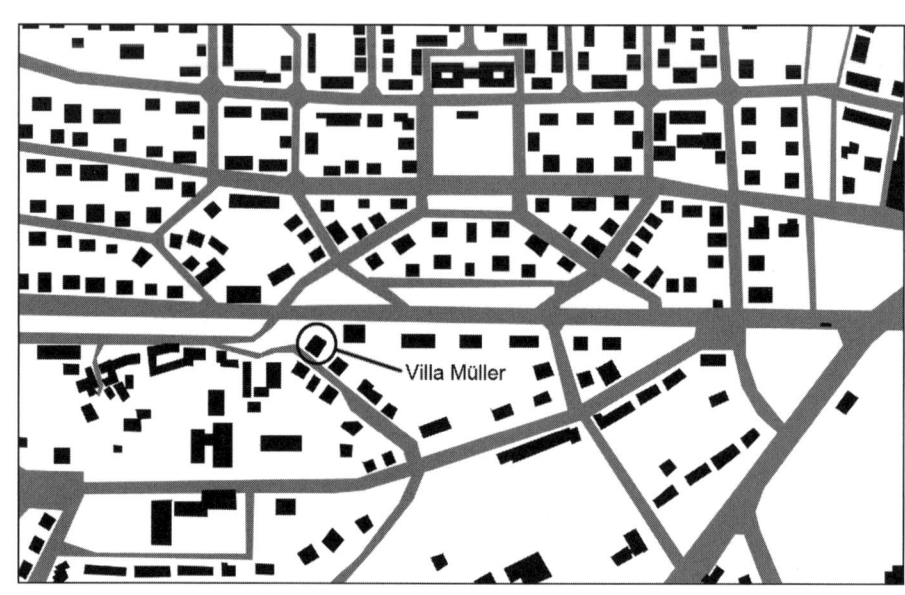

场地关系

米勒别墅位于布拉格，沿街的一面，建筑的立面简洁，大方。开窗的洞率也较少，呈现出一种与世隔绝的态度。相反的一侧，则有室外楼梯，室外平台，大面积的开窗面向后花园。卢斯认为一个舒适的住宅，应该是一个明确的区分外界与内部，室内与室外，公共与私密空间的房子。"匿名与隐藏是在现代世界中栖居所必需的"。

建筑平面

-2.70

+0.00

+3.40

+6.50

平面分析

米勒别墅总面积在 600m² 左右，分为三层和屋顶平台。

建筑有两个不同标高的入口，分别供主人和仆人使用。在平面上，明确地区分了主人生活区和仆人活动区。每个区域又都有自己完整的到达每一个角落的交通系统，这样保证了主仆生活的互相不打扰。这种空间布置，一方面使得人们觉得空间是被明确的定义了的，另一方面会让人觉得被其他空间里的某一个人所注视。整个建筑空间宛如一场舞台剧，它们规定了男女间、主客间、主仆间的微妙关系。

建筑的主入口很小，甚至显得有点压抑，穿过这个小小的入口之后，客人们必须右转上六步台阶到达衣帽间。继续前行，又上了一段台阶之后，到达这个屋子的中心——中厅。中厅的层高要高于其他功能的房间。在位置上其他的房间也是围绕着中厅而设立的，这样更突出了整个屋子的主体空间。与中厅相连接的是妇女休闲室（Damenzimmer），而与中厅的连接也是通过几步踏步实现的。音乐厅与餐厅同样围绕着中厅。

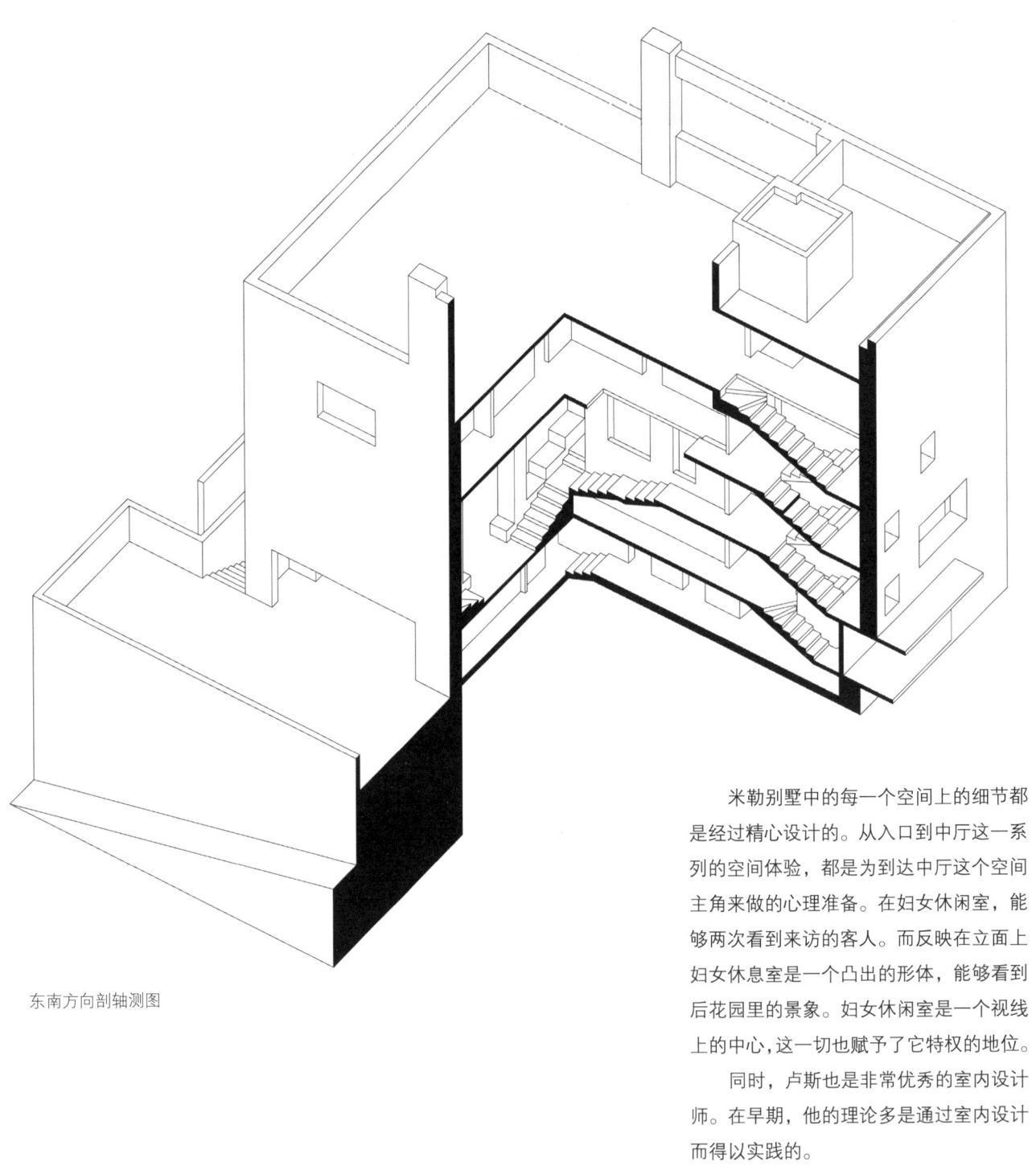

东南方向剖轴测图

米勒别墅中的每一个空间上的细节都是经过精心设计的。从入口到中厅这一系列的空间体验，都是为到达中厅这个空间主角来做的心理准备。在妇女休闲室，能够两次看到来访的客人。而反映在立面上妇女休息室是一个凸出的形体，能够看到后花园里的景象。妇女休闲室是一个视线上的中心，这一切也赋予了它特权的地位。

同时，卢斯也是非常优秀的室内设计师。在早期，他的理论多是通过室内设计而得以实践的。

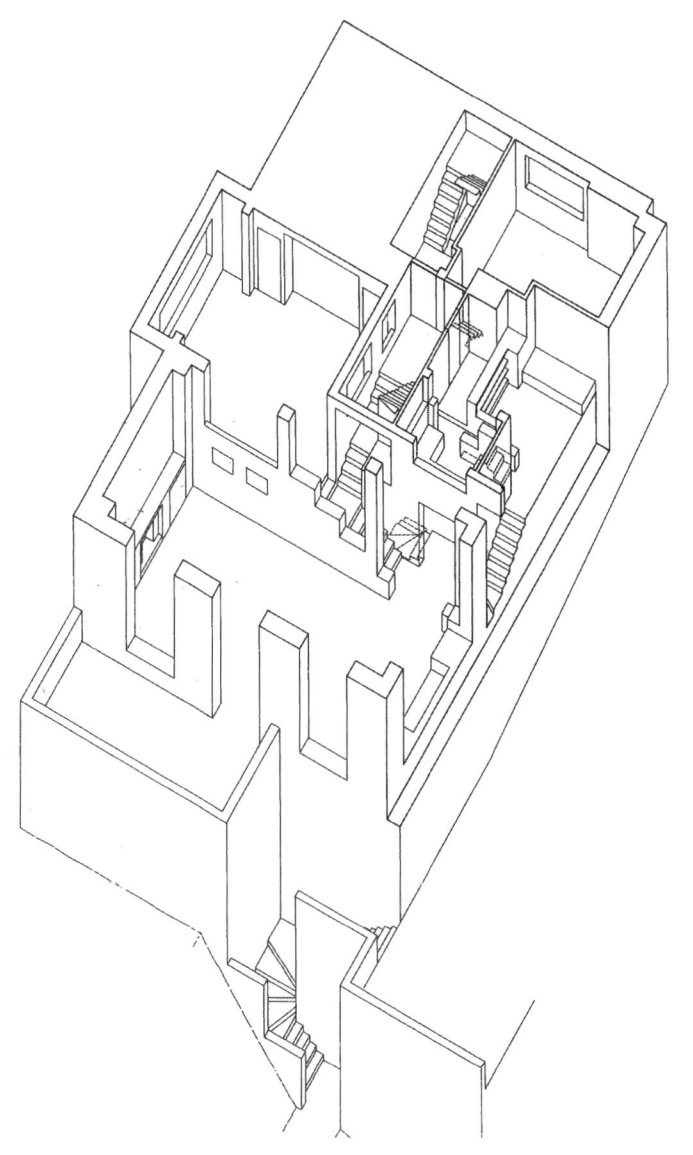

结构分析

　　卢斯的绝大多数住宅都被一圈承重墙包围，早期设计中常常以一道承重墙作为辅助，来搭建他的三维空间。而在后期的设计中，承重墙则换成了柱子或柱子与矮墙相结合的结构，从而使得内部空间有更多的变化可能性。外围的一圈承重墙，加上位居中心的四颗柱子以及横梁，组成了一个复杂的体系，共同承担起不同标高的楼板。每个独立的三维立体单元的结构形式完全服务于空间与视线，而不是纯粹的结构要求。在这一点上，卢斯继承了森佩尔的观点，即空间围护的表面是第一位的，而结构处于从属地位。

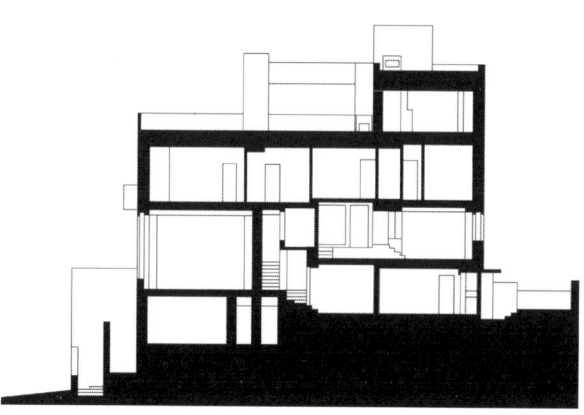

西南方向剖面图

交通分析

　　尽管整个建筑一共有 11 个不同高度的高差。功能性质不同的空间它们的形式要求也是不同的。每个单位空间都有不同的大小，不同的高度，应处于的位置也不相同，米勒别墅在空间很复杂，"就像一个有着不同高度的空间单元的七巧板拼图"。

　　虽然建筑的功能空间很独立，但他们又统一在一个整体之中。将这些空间单体串联起来的是两组主干式的楼梯。一组楼梯连接了沙龙—餐厅—主人梳妆间—书房—卧室等等。另一组楼梯连接了几个仆人房间—司机房间—保姆房间—厨房—家政室—储藏室等等。两组不同的交通流线将主仆生活分开来。如果需要的话，主人与仆人同在一所房子里面，可以一整天都碰不到面。

　　排除观念上的局限性，这种错层式住宅对后来的住宅建筑影响深远。

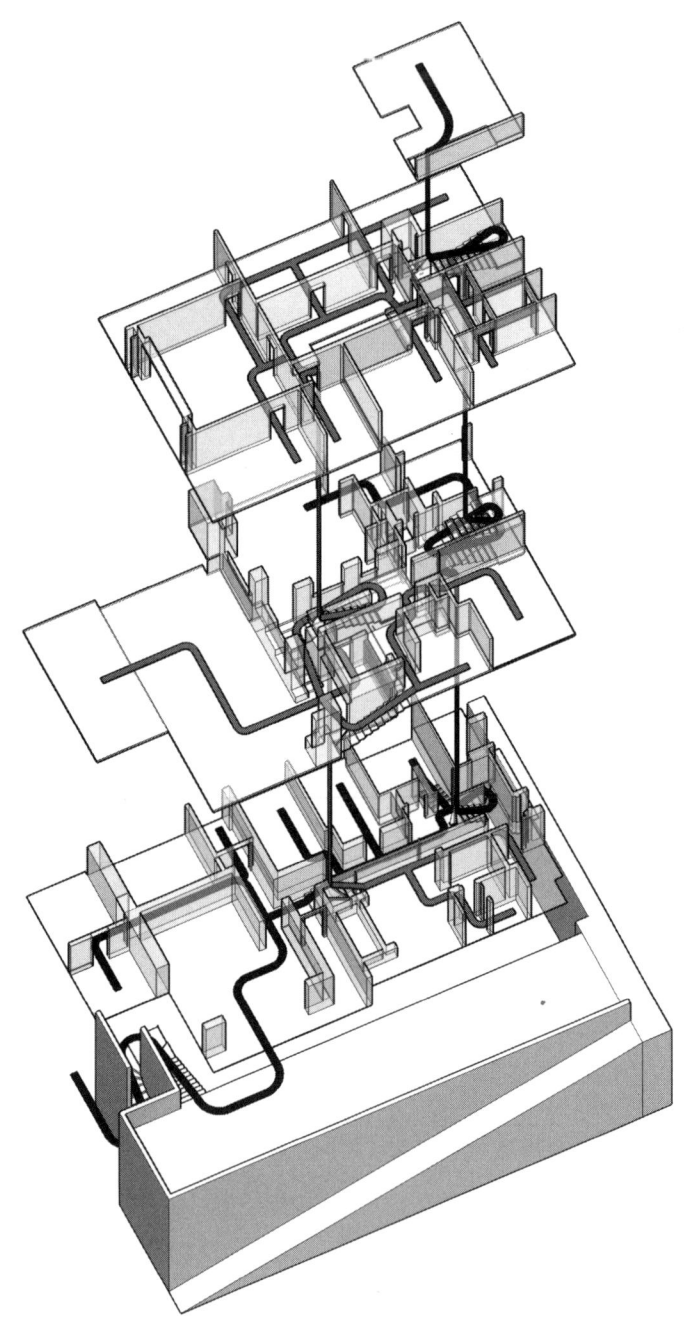

交通流线示意图

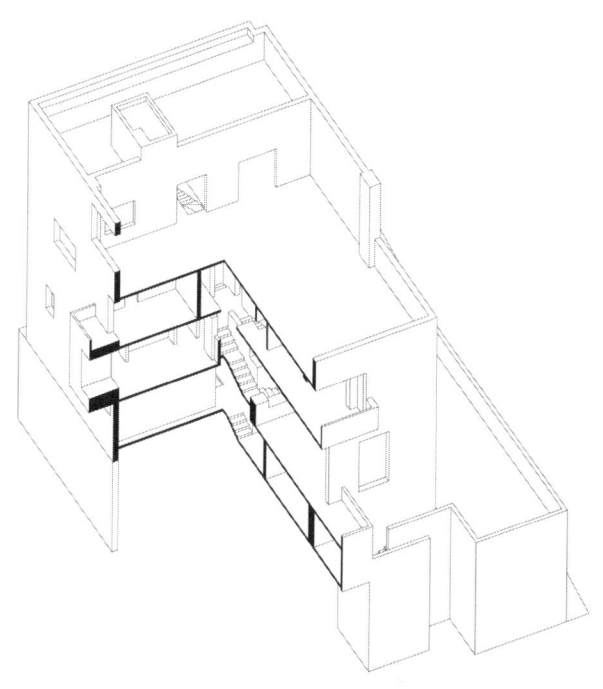

西北方向剖轴测图

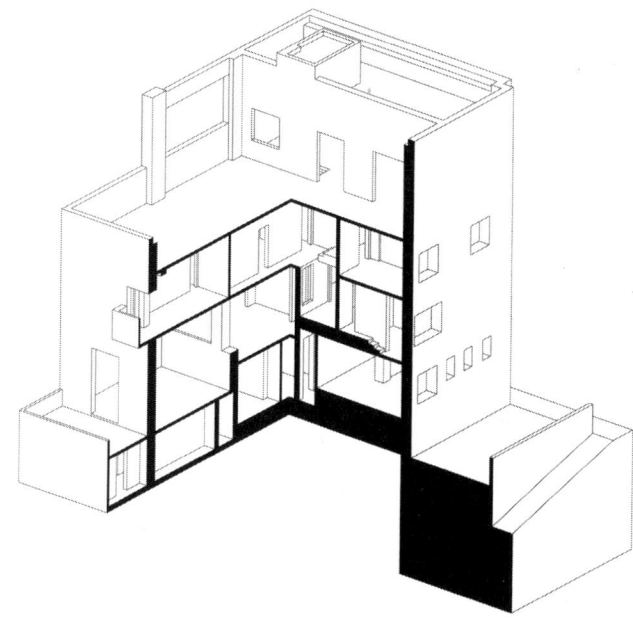

西南方向剖轴测图

体积规划（Raumplan）

卢斯曾经这样描述他的设计方法："我既不设计平面，也不设计立面和剖面，我只设计空间。事实上在我的设计中既没有底层平面，也没有二层平面或是地下室平面，有的只是整合到一起的房间，前厅和平台。每一个房间都需要一个独特的高度，因此不同房间的顶棚必然不在同一个高度上。"这段话的精神实质不成为体积规划。他的学生库尔卡作了这样一个简明的解释："把空间看作一个自由的，并且在不同高度上来进行空间的布局，而非局限于某一单独的楼层，这种方法把互相之间有所联系的房间组织成一个和谐的不可分割的整体，因此也是对于空间最为经济的利用。根据房间的不同用途及其重要性，它们不仅大小长短不同，而且高度也有变化。"

"体积规划"是一种内部组织的复杂形体。各层平面在层次上又有所错动，这不仅产生了空间的流动感，也区分了不同的生活区域。在剖面上产生了一种变换多样的动态构图。体积规划创造了空间上的戏剧性。

米勒别墅最为完整而充分地体现了卢斯的"体积规划"的思想与方法。通常来说，墙体及其他一些空间分隔是在平面的基础上划分的。但是米勒别墅，从剖面上看，空间限定与楼层平面上的分割并非一一对应，而是在三维上的相互咬合。

"体积规划"的核心在于它的空间上的三维性，在于它的每一个空间都是在三维层面上的思考得来的。

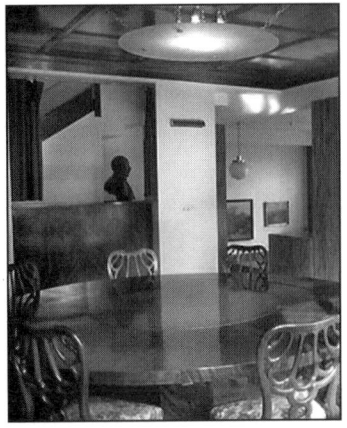

"饰面律令"与"体积规划"

　　"整合的多样性是任何关于论述'体积规划'的起点。"空间的变化多样性，进一步的区分则依靠饰面材料。根据空间的要求不同，空间的界面也会改变材料。卢斯用不同的材料来围合不同的空间。材料不仅区分空间，也加强了空间。"饰面律令"与"体积规划"有着密切的内部联系。"'饰面律令'内含了饰面的必要性与独立性，这种必要性暗示了'体积规划'中空间的'包裹'性质——依赖于构建表面的围合，而非那种由线性构建而来的对于空间的暗示。而饰面的独立性则使得材料的区分得以与空间的区分相一致，而与结构区分相脱离。这样'饰面律令'就同时还暗示了空间与结构的矛盾，饰面正是对于这种矛盾的协调。"

　　卢斯关注的是真正意义上的空间，他认为更重要的是墙体，地板，顶棚与空间相接触的最外面一层表面，而非其背后其结构支撑作用的结构体。卢斯创造了一个个独立的空间，又用饰面作了这些空间的过渡。

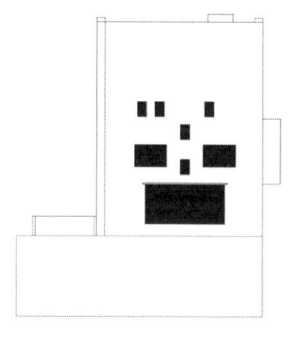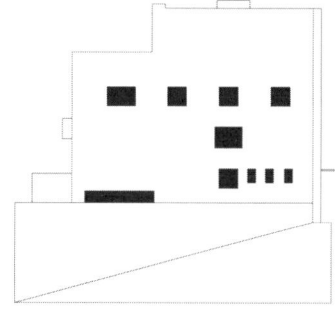

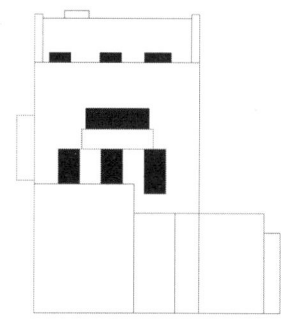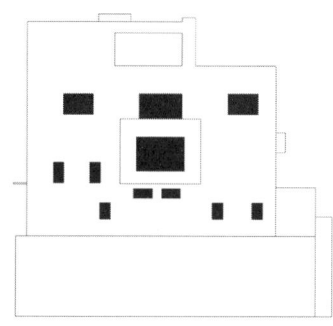

立面分析

　　米勒别墅的整个形体是简洁的白色立方体。"立方体"，"白色建筑"也成为现代主义建筑的两大特点。另外引起关注的是立面上对称的、大小不同、高高低低的开窗方式。这种看似"凌乱"的开窗，实际上它的窗大小是严格遵循了内部的空间形式和功能要求而设定的，而上下位置的错动是由内部不断变化的高差所决定。这种立面开窗完全按照内部空间的自然位置设置的手法是比风格派更早的立面对位手法。值得一提的是，立面的开窗方式虽然变化丰富，可是每个立面的开窗基本上都是对称的。这样既保证了立面的整体性，又体现了内部功能布置的严谨。这也成为卢斯建筑的一大特色。

理论著作

1900 年，卢斯出版了《反总体艺术》（anti-Gesamtkunstwerk）一文，在文章中他与维也纳分离派艺术家产生了争论。

维也纳分离派（Vienna Secession）（1897～1915），是 19 世纪末，20 世纪初活跃在奥地利首都维也纳的艺术家组织。他们的口号是"为时代的艺术——艺术应得的自由"。他们重视功能的思想、几何形式与有机相结合的造型和装饰设计。

卢斯的《反总体艺术》是寓言的形式写的，取名为《一个贫困富人的故事》。描述了一个有钱商人，他委托一位分离派建筑师为他设计"总体"房屋。不但包括家具陈设还包括住户的服饰。卢斯以夸张和幽默的口吻，对分离派总体艺术进行了嘲笑和抨击。

1908 年，卢斯又发表了著名的《装饰与罪恶》（Ornament is Crime）。卢斯在言论上以原始民族的纹身来证明：装饰是一种文化上的退化。装饰不再跟我们的文化有机的联系，这种装饰就不再是对于文化的表现，也因此这种装饰就是负面的。他把现代装饰看作群众生产的，群众消耗的垃圾。外加装饰是不经济且不实用的，所以装饰是不必要的。

"装饰就是罪恶"这一嘹亮的声音，像是在战争中吹响的号角。但是与"纯粹主义"纯白色的光光的墙面不同，卢斯反对的是繁杂的"手工艺式"的装饰，但对于材料的理解与应用，卢斯却是更为深刻的。卢斯钟爱那些具有固有美的自然材料，而装饰掩盖了材料的自然美，呈现出一种"虚伪的"状态，对于装饰的摒弃使得一切以自然的真实状态存在，这才是"装饰就是罪恶"的真正含义。

在森佩尔的象征和空间角度的"饰面的原则"之后，卢斯又提出了进一步的观点——"饰面律令"。这一律令只有一条，即"我们必须采取这样一种方式进行设计和工作，在这种方式下，饰面本身与被饰面物之间将不可能造成混淆。"卢斯的主旨在于两点：1. 饰面常常是必要的。2. 饰面之作为饰面的性质要得到清晰的表达。可以说前者是对于森佩尔的"饰面的原则"的肯定，后者才是卢斯提出的"饰面律令"的实质。

塞尚 1839 ~ 1906 年

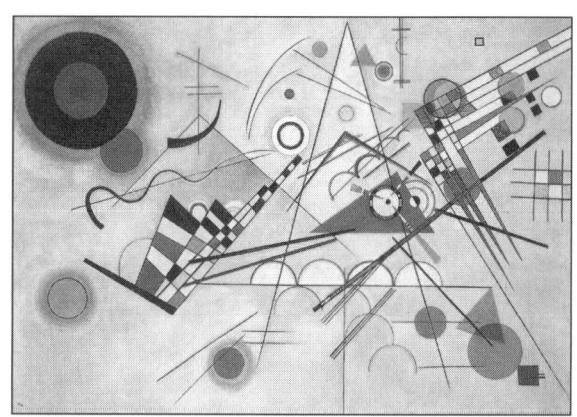

康定斯基 1866 ~ 1944 年

蒙德里安 1872 ~ 1944 年

卢斯与同时代的艺术

从现代主义之父塞尚开始，物体的形象已经不再在画面中占有绝对性的地位。也是由于摄影技术的发展。绘画开始考虑绘画本质的问题。

立体主义画面中经常会出现一些直线、曲线、锐角、钝角、块面之类的几何形体，其形式已经走到了抽象的边缘。到了康定斯基，蒙德里安等人，画面已经没有了"故事"，只存在着点，线，面，以及"节奏"。

在建筑上，借鉴了立体派绘画的观察方法，摒弃古典主义复杂的装饰的象征意义，开始关注建筑学最为本质的东西。直墙，方窗，简洁的外表，使用舒适的内部空间正是现代主义基于理性和秩序的新精神。

卢斯　米勒别墅 1930 年

柯布西耶　萨伏伊别墅 1928 ~ 1930 年

密斯　范斯沃斯别墅 1945 年

小结

许多文明和文化都经历过这样的现象。当一个文化即将进入繁荣时期或成熟时期时，人类就会试图去掉某些繁琐的东西，以一个更纯粹、更单纯的形象出现。人们将更多精力投入到创造中去（如中国文化中的唐宋繁荣期）。相反的如果一个文明正处于衰落期，那么反映在艺术上，往往会用厚重、堂皇的装饰将自己伪装起来。逃避一些艺术上更本质，更具有前进推动性的问题（如中国文化中的明清文化期），在建筑、绘画、音乐、工艺技术上都能看到这种现象。伟大的意大利画家法安吉利科（Fra Angelico）曾说过："真正的财富包括怎样用很少的东西来获得快乐。"路得维·魏根斯坦（Ludwig Wittgenstein）写道："好的建筑师与不好的建筑师的不同在于，不好的建筑师总是屈服于诱惑而那些好的则会拒绝。"

卢斯的时代，是一个大时代的前奏。它预示了一个繁荣成熟的文化时期的到来。他对于后世的贡献是具有导向性的。

极简主义（minimalism）出现并流行于20世纪50~60年代。极简主义推崇采用先进的技术，尽可能地接近材料的本质，崇尚一切回到构建的本质意义上去。这种艺术形态在这个时期充斥了美术、时装、建筑等各种艺术形式。

极简主义建筑是以空间作为主导而存在的。建筑师谨慎并彻底地去掉了复杂的装饰，使空间形态达到它的最佳效果。极简主义对世界的影响是巨大的，从此以后使得我们更多地从本质进行思考，更注重创造和概念。但是这种极其纯粹的语言，导致了"世界语言"的产生，掩盖了地域色彩。有的评论家说：极简主义就是用上帝的语言创造世界。雨果在《巴黎圣母院》中隐约地对印刷机和纸张将改变整个世界有所预言。他预言沉重的西方传统建筑将会消失，轻薄的纸张和高效率的印刷术将改变整个石头般沉重的建筑。他还预言将会出现一位伟大的建筑师来改变这一切，很多人认为这位伟大的建筑师就是柯布西耶。柯布西耶的确创造了历史，而历史也创造了柯布西耶。

卢斯与柯布西耶、密斯都是同时代的大师。他们正处于一个机器时代将要到来的时期。柯布西耶定义建筑是"在光照下饶有趣味地摆弄块体"，在他的建筑五原则里，他主要强调了："自由，让空间和形式摆脱那些阻碍人们真正欣赏它们的干扰，而表现出它们自己的本来面貌。"密斯·凡·德·罗提出了"少就是多"的名言。卢斯以激进的方式，呼喊出："装饰就是罪恶"。这也是正在兴起的机器美学的先声。

3

密斯 – 吐根哈特别墅

（资源编码：103，203）

学生：张兴　权旭

生平简介

路德维希·密斯·凡·德·罗（Ludwig Mies van der Rohe）1886年3月27日出生在德国的亚琛古城，从未受过任何正规的建筑学训练而从他父亲那里熟悉了一整套石结构的各种可能性与极限性的知识。此外，还有三个人对他影响很深，那就是彼得·贝伦斯、辛克尔和贝尔拉格。

一战后，密斯完全背离了辛克尔的新古典学派，开始探索现代建筑方向。他的这种急剧变化，在某种程度上是受到外界影响的缘故。

1919～1924年，他提出了五个建筑方案，其中有现代建筑的尝试——玻璃摩天楼；有受赖特影响的乡村别墅；还有采用立体主义构图的李卜克内西和卢森堡的纪念碑。此时的密斯认为创新时代的建筑不能一味地模仿过去，而是要与时代紧密相连。他甚至说："我们不考虑形式问题。形式不是我们工作的目的，它只是结果。"

1928年，密斯提出了"少就是多"。1929年，密斯设计的巴塞罗那馆使之原则得到充分体现。1930年他用同样的建筑手法设计了吐根哈特住宅，1930年被任命为包豪斯学校的校长。

1937年，密斯被聘为阿尔莫理工学院建筑系主任。1944年，密斯加入美国籍。

在美国他发现了钢材，对美国来说，钢与玻璃的结构体现着现代技术的威力。而技术对于密斯，不仅有物质意义，还有精神价值，它是时代精神的宣言。密斯在美国对结构的献身，并不意味着放弃对空间的探索，相反，结构的非物质化构思使他更为自由地创造出超感觉意义上的空间。以严格的对称秩序来进行布局，从各个方面渗透进去，形成了只有柱子和玻璃的空间。此外密斯在美国，也抽空研究家具。

此时密斯多采用工字型钢以加强建筑物的垂直感，而他原本的目的不是出于结构而是出于美观，这说明密斯已经把技术手段升华为建筑艺术了。因此得知密斯"精神"的最根本要素是美观、艺术而不是理性。其中范斯沃斯住宅已经变成为最高法则，同时也标志着其设计的转折点——全神贯注于结构形式，而工字型钢框架内设玻璃幕墙成为后人效仿的范本。

从20世纪60年代开始，密斯的作品基本分为两类：棱柱式的塔楼和单层大空间的厅堂式建筑。至此，他已把现代派的纯净主义发展到了极端的地步。1969年密斯去世，享年83岁。

建筑概况

吐根哈特别墅是密斯在欧洲的作品中最具权威的作品之一。他的革命化的观念不仅改变了住宅内部的传统安排而且还引领了外部简单设置的潮流。朝南的斜坡上，通过一层的落地大玻璃窗能观赏到城市美丽的外景。从街道的高处看，这栋房子就像是个低陷着的标准的矩形；从地面看，便会在二层看到它经过简化的空间入口。吐根哈特别墅最初的设计观念是"自由移动的空间"。所谓的自由可以假设为这房子面向花园而没有室内外之分，让立面成为虚体，使室内空间并不仅仅只局限在大约230m² 的建筑物内。为了达到这个目的，该住宅的南北两个立面，沿街道的入口立面，采用紧密的线条进行划分；而朝向花园的立面，则开着规则的大玻璃窗，并且使起居部分向外的87ft（26.52m）长的落地窗可以全部拉通——外表通透和里面成为一体。建筑的承重构件主要是位于地面规则的网格铺砖的交叉点上的十字形钢柱，它们的表面附有一层铬，从而隐藏了结合处的接口。没有方向性的十字形钢柱同时也是密斯自由平面的需要。

吐根哈特先生和夫人来自犹太人的家庭，是纺织品工业的企业家，他们只在这别墅中居住了八年时间。1938 年他们去了委内瑞拉，从此永远离开了这栋别墅。1939 年 10 月 这栋别墅被盖世太保接管。在 1944 年别墅被爆炸在花园的炸弹毁坏了。这栋炸毁的房子直到战争末期仍保留在那里，被破坏的家具是再也无法挽回的了。1945 年 4 月底，红军部队来到这里，后来这里被当作了体育场。在 1985 年 9 月别墅开始开放，但是没有面向大众，而是一直被作为"布尔诺城市的唯一标志"。

场地分析

　　吐根哈特住宅位于捷克第二大城市布尔诺,坐落在面朝南的绿草如茵的坡地上。建筑主体共有两层,另有一个半地下室,而住宅朝向南的一面,也就是住宅的正立面的前面是一个大花园。因此大部分的私密性活动空间——卧室等均放在二楼,它的周围是露天活动平台。一楼则因地形而营造了一个通透空间,使人们可以从中欣赏美丽的室外景色,视野开阔,心情舒畅,并有融入大自然的冲动,平台和踏步可以直接通向花园,这也是吐根哈特住宅最出名的地方。

　　因为地处公路旁的坡地上,所以吐根哈特住宅的主入口和车库入口均在二楼,也就是朝向北临街的立面。人们进出或穿越住宅时会产生一种有趣的层次感,这是地形造成的,密斯也正是利用了这点让建筑空间不只停留在平面上。

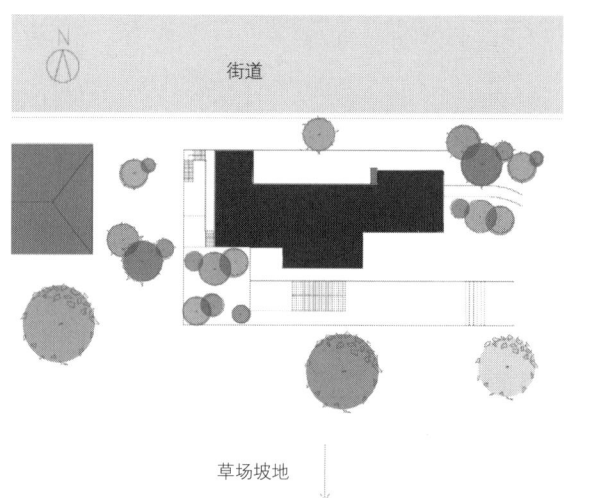

街道

草场坡地

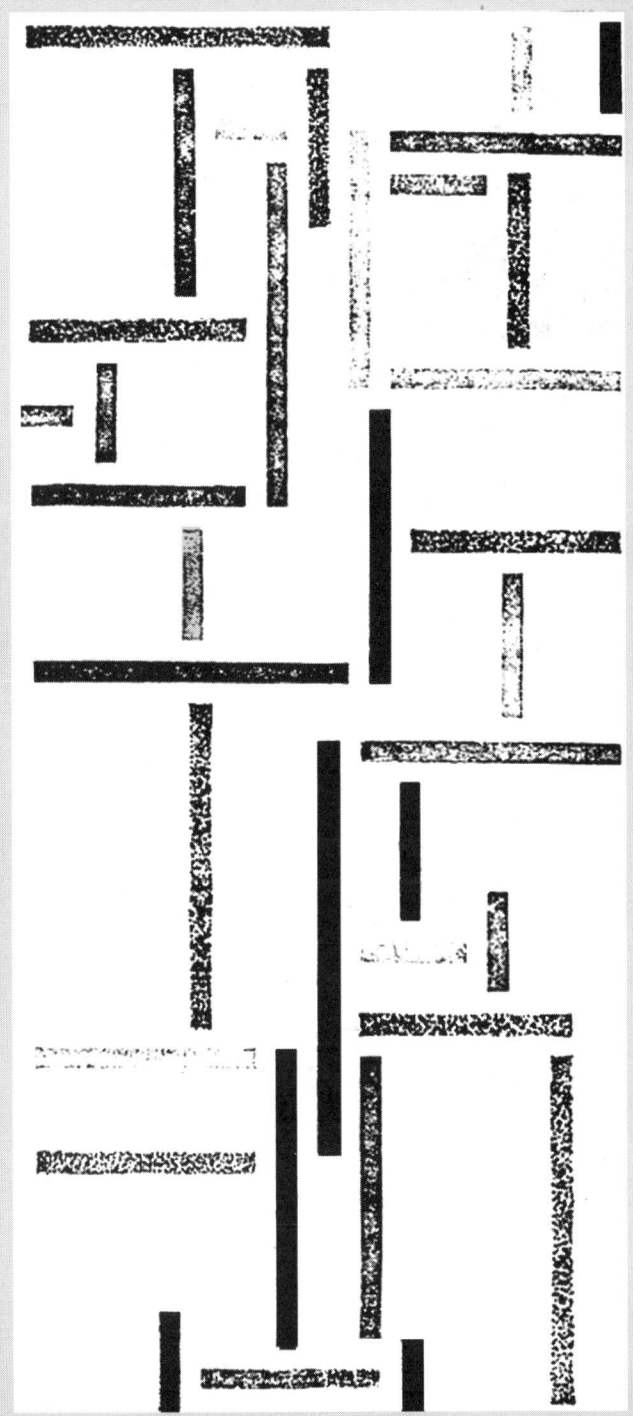

陶爱斯保——俄罗斯舞蹈的韵律

风格派

平面分析

左边这幅画是风格派画家陶爱斯堡的名作——"俄罗斯舞蹈的韵律"。此画完成于1918年，在画面中，横竖的色条，同样宽度，长短与颜色不同，组成了一幅不对称的动态构图，这不仅表现在画面的空间中，而且以错综复杂的构图形式表现了它们在不停地流动。

在密斯的作品中，乡村砖别墅的平面是最有吸引力的，其原因之一就是它具有图画般的效果。而他在很大程度上就是受了"俄罗斯舞蹈的韵律"的影响。

平面分析

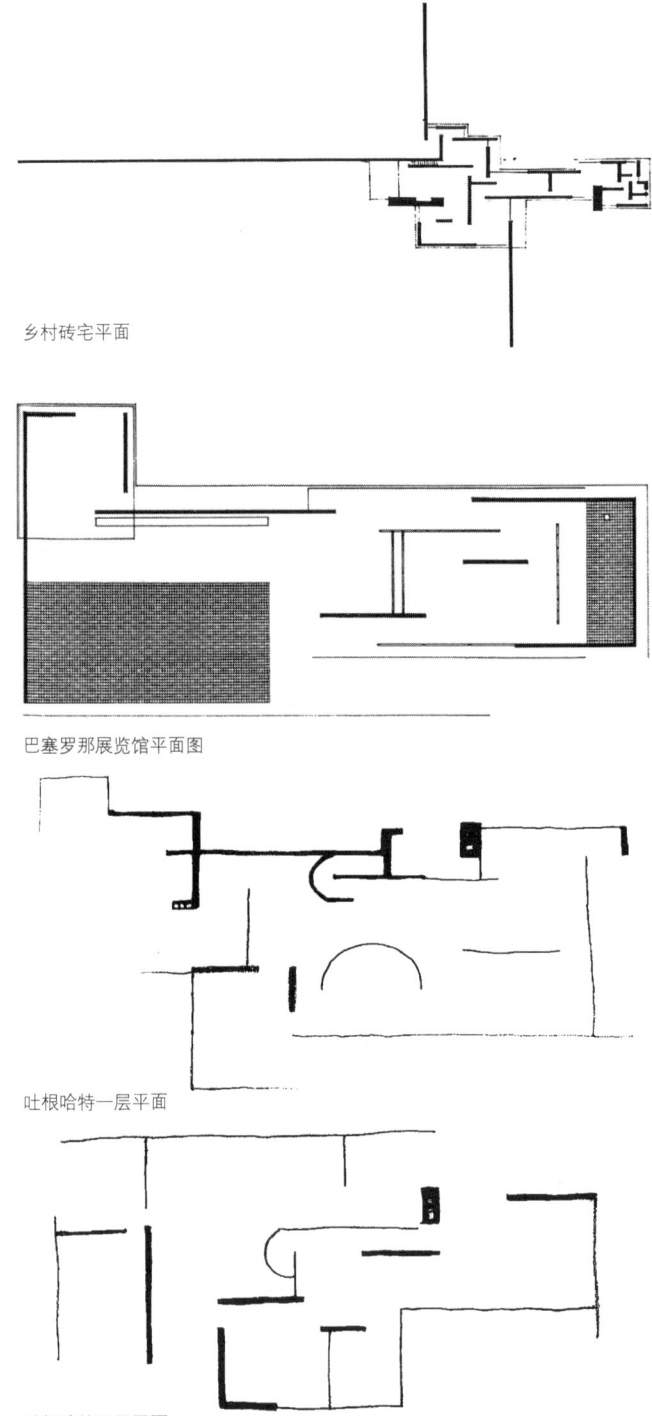

乡村砖宅平面

巴塞罗那展览馆平面图

吐根哈特一层平面

吐根哈特二层平面

第一张图为乡村砖宅平面；第二张为巴塞罗那展览馆平面；第三张为吐根哈特一层平面；第四张为吐根哈特二层平面。它们虽然为密斯不同时期的作品，但是我们从中可以很明显地感觉到风格派在这些平面图上的体现。

在乡村住宅中，密斯既不封闭房间，也不暗示房间的面积，而只是在空间中指示动态，是室内转变为动态的空间统一体。

在巴塞罗那馆中，密斯使流动空间得到充分的体现。长长短短的自由墙体，即暗示了空间的流通性，又暗示了方向的指引性，同时又产生了一种韵律，并起到了一定的承重作用。

吐根哈特是密斯的流动空间的继续。它的特点主要是在起居部分的空间处理和室内材料的应用。

我们通过对它们平面的简化、抽象、提炼，从中可以很明显地看到横竖的线条，不同的的宽度、长度，形成了一幅不对称的动态构图。这也是风格派的基本特征。

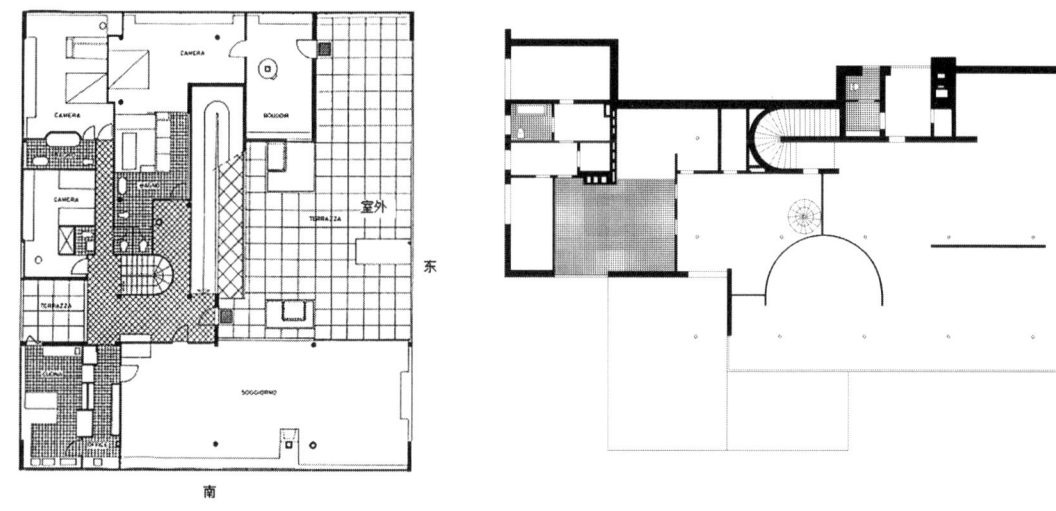

萨伏伊别墅平面　　　　　　　　　　　　吐根哈特别墅平面

　　柯布西耶和密斯属于同时代的人，但他们的作品却有如此的不同。柯布西耶注重建筑艺术与工业时代的关系，密斯则继承与发展了严谨而有规律的手法。从平面图上可以很明显地看出，萨伏伊别墅与吐根哈特别墅营造的是两种完全不同的室内空间。柯布通过条形的窗户把室外的景色作为像框中的图画而镶于墙上，密斯呢，更想营造一种流通的空间，通过使用落地玻璃窗使墙的概念更为模糊，从而产生不同的室内感受。

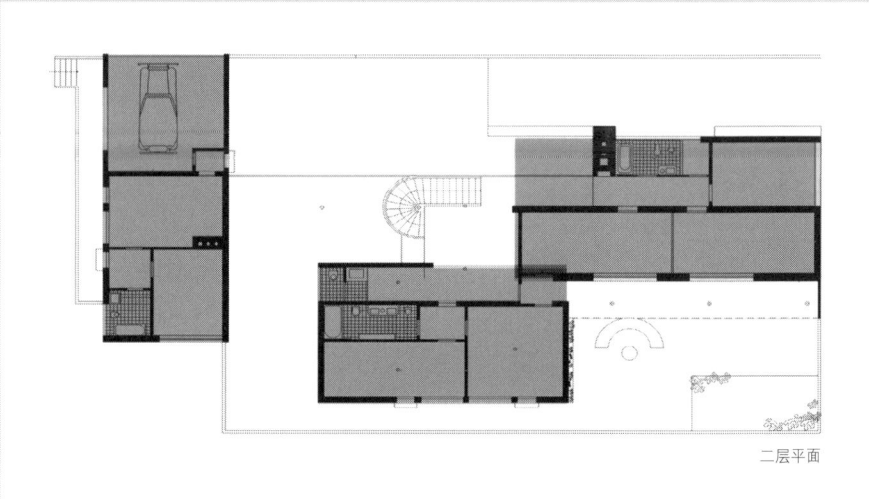

二层平面

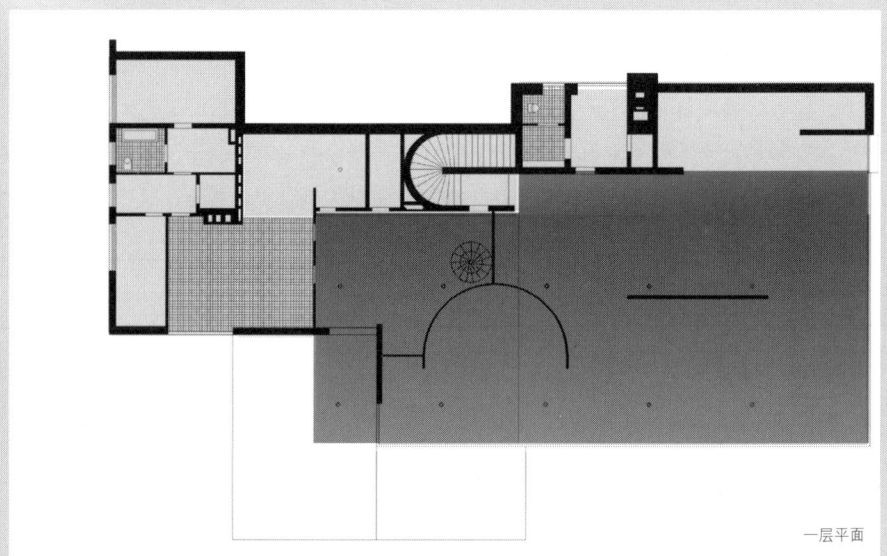

一层平面

功能空间

流通空间

　　通过对吐根哈特住宅的一层、二层平面图的对比及分析，我们可以看到住宅的功能空间，也就是黄色区域大多集中在一层后部和二层。密斯在它的底层设计，特别是在 50ft×80ft 的起居部分，将它设计成一个开敞的大空间。在客厅与书房的分界处用一块独立的墙体分割。当然作为一个住宅，密斯考虑到了作为实际使用的功能以及所派生出来的问题，所以他减少了巴塞罗那德国馆平面中一些阻碍交流的空间，并在不影响必要的使用空间的前提下，做了一个以前住宅从没有的开敞空间，这也是吐根哈特名声之大的原因之一，以至被后来的一些住宅纷纷效仿。

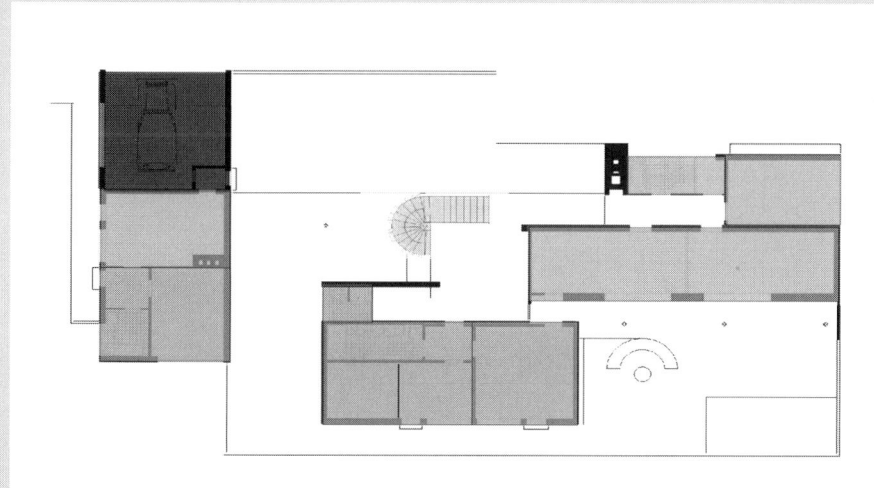

我们对建筑的平面进行进一步的细致分析，从中可以很明显地看到：放在一层的后部和二层的私密空间让位给一层的流动空间，通过大型的落地窗我们仿佛置身在大自然之中，给沉浮的心得以平静。

交通空间放在建筑的四周，既不破坏空间的流通性，同时又给人一种跳跃感。

由于坡地的原因，建筑的二层坐落在公路上，从这我们可以直接出去。所以密斯把停车房放在二层，这样更方便使用者的出行。

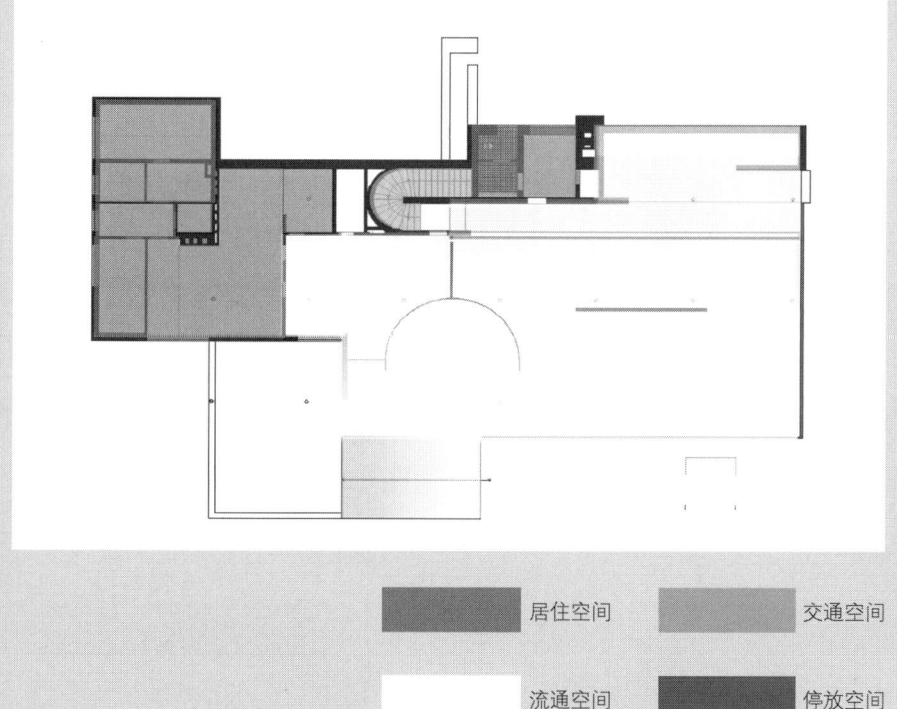

居住空间　　交通空间

流通空间　　停放空间

北立面主入口

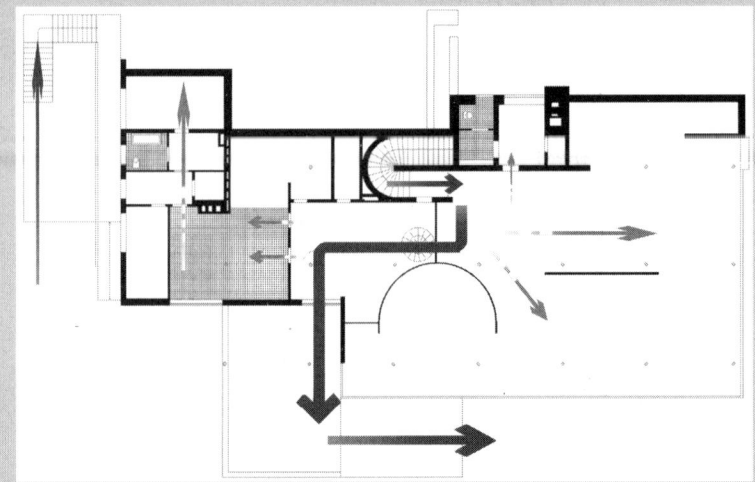
一层交通流线

一二层楼梯

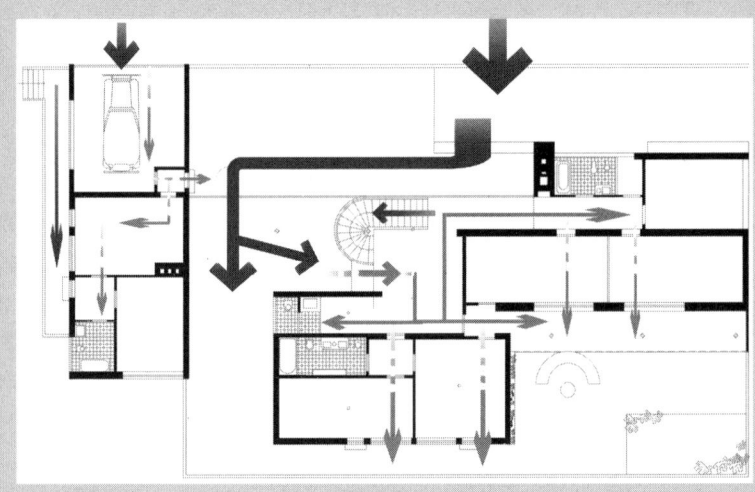
二层交通流线

一二层楼梯

流线分析

可以看到吐根哈特住宅主要由二层临街入口为主入口进入，再经主要交通弧形楼梯下到一层，一层有平台踏步可直接进入花园。除去这条主要的交通流线，其余分支分别进入到室内各个地方，主要进入卧室等起居空间，而最具特点的一层大空间的流线就相对自由一些，但也是遵循一定的秩序。

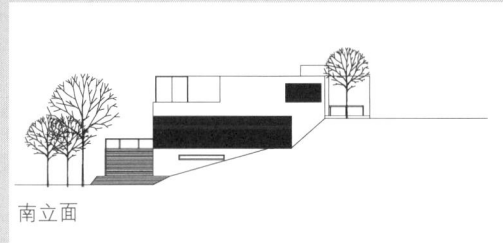

南立面　　　　　　　　　　南立面

立面分析

通过黑白图强烈的对比，我们对立面进行分析，发现了一楼的窗的面积明显大于二层窗的面积，而且一层是规则的整块落地玻璃。这个结果正与前面的平面分析得出的结果相符，密斯同样在立面上也传达吐根哈特住宅这样的特点：一层面向花园，通过大面积落地玻璃窗形成开敞的大空间，二层则主要集中私密性的居住空间，所以窗的面积较小。

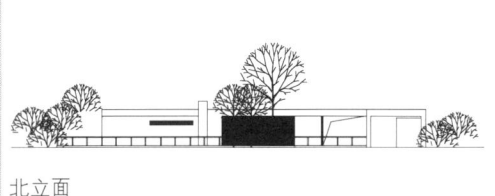

北立面　　　　　　　　　　北立面

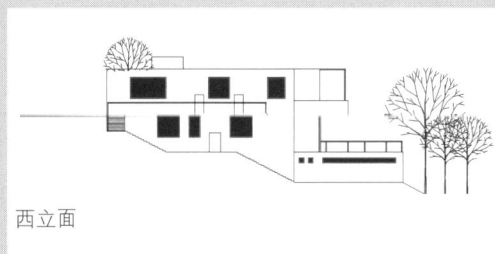

西立面　　　　　　　　　　西立面

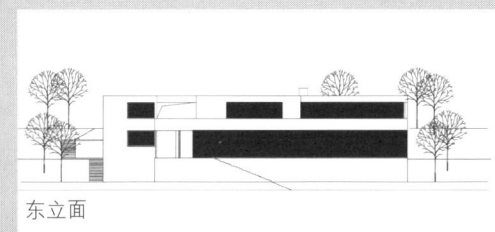

东立面　　　　　　　　　　东立面

屋顶

二层承重墙

二层非承重墙

二层十字形柱网

二层楼板

一层承重墙

一层大空间隔墙

一层十字形柱网

一层楼板及地下室

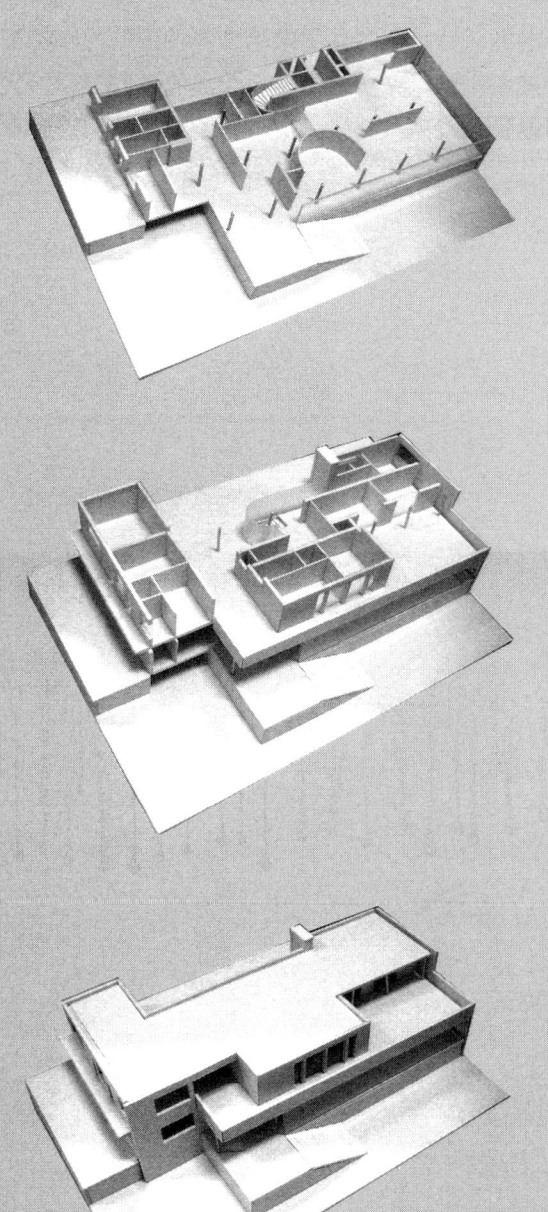

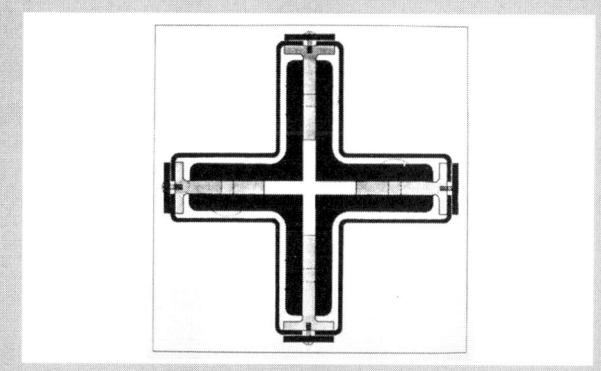

十字形钢柱

吐根哈特住宅

巴塞罗那德国馆

去美国之前，密斯在巴塞罗那德国馆和吐根哈特住宅上都是用的没有方向性的不锈钢十字形钢柱。

在到美国之后，由于工业化的需要，密斯则多采用带有明确性的工字型钢。

米斯设计的巴塞罗那椅

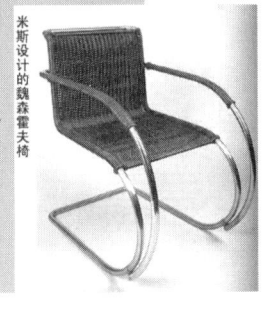

米斯设计的魏森霍夫椅

室内家具

在家具的处理上，密斯喜欢自己为他的住宅设计家具。吐根哈特住宅中的家具包括经典的巴塞罗那椅，专门为吐根哈特设计的吐根哈特椅、布尔诺椅及金属藤椅。

在室内装饰方面，如果没有密斯·凡·德·罗提议的家具的装饰，这一别墅的设计意义就逊色了一半。家具的订购和摆设给他们自己留下了有限的变动空间。别墅具有独特的美学价值，房间内部使用的材料是玻璃、擦亮的石头、贵重的木材和镀铬的钢铁。大多数家具都是特地为别墅设置的，它们的原料也大多用房间内部采用的材料。最初的家具只有衣橱保留了下来。

材质分析和细部分析

建筑外立面材质

红椅材质

不锈钢

米色生丝窗帘

玻璃

黑色猪皮

条纹玛瑙石

原色羊毛地毯

乌檀木

灰绿色牛皮椅面

吐根哈特起居空间的优美形象不仅是由于它的大小和设计的简洁，而且还有细部处理的精致，加上原色的羊毛地毯，以及猪皮和灰绿色皮的椅面都处理得很协调。晚上，黑色和米色的生丝窗帘遮盖着从顶棚到地板的玻璃长窗，它的色彩和图案在灯光的照耀下也增加了内部的华丽。

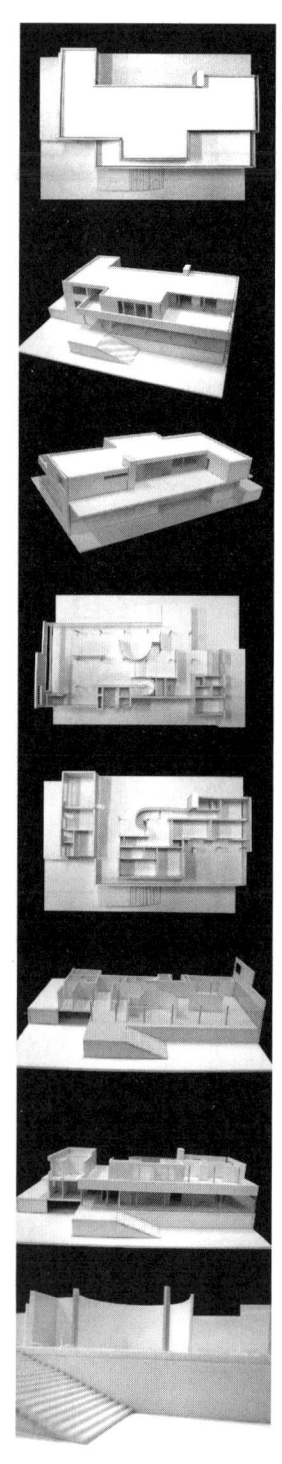

密斯还亲自设计了灯具、窗帘盒和暖气罩，并且精心设计和布置每一件家具，好像每一把椅子都是必须固定在一定的位置上而不能任意移动的。几乎没有任何其他的著名建筑师对家具陈设像密斯考虑得那样细致。

吐根哈特住宅是密斯于 1928 ~ 1930 年在捷克斯洛伐克布尔诺城为一个银行家所建造的私人别墅，密斯继续把他的新建筑概念成功地应用在这里，使它成了继柯布西耶的萨伏伊别墅（1928 ~ 1930 年）之后在欧洲最著名的现代建筑。

密斯在年轻的时候受到了辛克尔和赖特等人的影响，并曾一度模仿他们的手法。他为肯帕勒家族设计的一所住宅是他在初期模仿阶段的一个浪漫主义设计。在这个作品中我们同样也可以看到他借鉴了别人的手法。漂浮着的屋顶与开敞的平面，是赖特（1869 ~ 1959 年）草原式住宅的反映；在墙体的布置方面，则是受风格派的影响；用宽大的基座抬高建筑物的做法也许与辛克尔学派的风格有点关系。但是密斯已不是初期阶段的他了，不再是一味地模仿，而是把这些手法与自己的风格——精致的手工艺、富丽的材料、重视规则的钢框架结构和把墙体引申到外部空间去的处理融合为一体，从而创造了自己独特的艺术作品。

吐根哈特住宅是继巴塞罗那展览馆之后建造的，他传承并继续发展了密斯流动空间的概念。它与巴塞罗那馆有很多的相似之处，使它看起来更像是巴塞罗那的简化版，但它也同样具有自己的特色。它的特点主要是在起居部分的空间处理和室内材料的应用上，所以它也是一个经典的现代内部设计。

从平面上来看吐根哈特，他采用平行墙的形式，使空间更加流通，而长长短短粗细不同的墙体给人一种节奏的韵律感。

从立面上来看吐根哈特，一层采用长条的大型玻璃窗，模糊了室内与室外的边界，使内与外相互交融成为一体。而居住者同时也可以从落地窗欣赏大自然的田园风光。由于二层主要是私密的居住空间，而且因地形的缘故而临街，所以密斯并没有像处理一层似的那样处理二层，并没有简单地采用大玻璃，而是开的竖长形窗。对于临街的那面，开窗则更少，主要是因为有粉尘的污染及噪声，但为了方便出入，也设了一个入口并且把车库安排在此处。

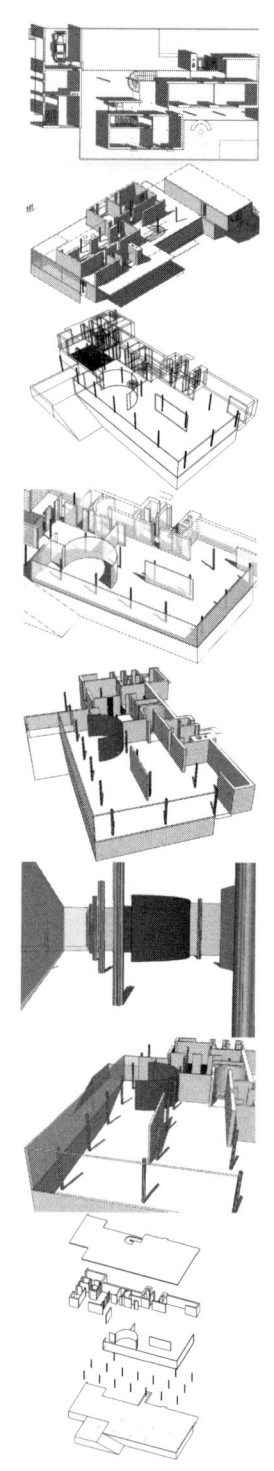

从结构上看吐根哈特，总长约 132ft（40.23m）、总宽约 78ft（23.77m）的建筑横向有七开间，其中六开间是由十字形截面的钢柱承重，从而给空间和墙体以自由，形成开敞空间。客厅与书房以精美的条纹玛瑙石板墙分隔，餐室部分以乌檀木做成弧形墙，于是，书房、客厅、餐室、门厅作为起居的四个部分被划分为互相联系的空间，相互流通。

从材料上看吐根哈特，我们发现它之所以感人并不仅仅在于密斯对空间的处理上，在材料的使用上也使室内达到一种和谐的统一。精致的羊毛毯，不同颜色及材质的椅子和玛瑙石的分割墙使建筑内部无时无刻不体现一种奢华的美丽。

虽然吐根哈特如此如此之好，但是我们认为它仍有缺陷。

第一点我们认为一层的落地窗虽然使人与自然亲密接触，但是由于它完全的通敞使空间的私密性减弱，从而使处在此种空间的人们有一种被直视的感觉，完全暴露于室外，缺少人们正常的遮蔽性。在短时间内，人们对于这种空间还有一种新鲜感，但时间长了，谁也不能忍受这种金鱼缸式的住处。

第二点通过对密斯的研究，我们认为他是一个追求极致的完美主义者。他所设计的家具的不可移动性使家具本身与建筑融为了一体。虽然密斯创造了完美空间（通过家具的点缀），但是却给使用者造成了使用的障碍。如果家具的位置被改变，那原有的空间感受就有可能会被改变，从而违背了建筑师原有的意图。正是这种密斯完美的追求造成了使用上的不方便。

虽然吐根哈特住宅在实际使用上有些功能上的缺陷，但是它在建筑史上创造的光辉是不能磨灭的，他影响了我们一代又一代的建筑师。

参考书目

刘先觉. 国外著名建筑师丛书——密斯·凡·德·罗. 北京：中国建筑工业出版社，1992

4

特拉尼－柯默警察局办公楼

（资源编码：104，204）

学生：张骁　李明亮

特拉尼生平简介及其作品介绍

特拉尼·G，1904 年出生于意大利米兰附近的 Meda。他从柯默技术学院（the Technical College in Como）毕业之后在米兰综合技术学校（Milan Polytechnic）学习建筑。1926 年，他和他的同学成立"七人小组"（Gruppo 7），并发表多种宣言：声称建筑的新纪元已经来临。此举使保守的意大利建筑圈群情激昂。1927 年他和他的兄弟 Atiilia 在柯默（Como）开设了自己的事务所，这个事务所一直运营直到特拉尼在战争中死去。

特拉尼·G 在短短的 13 年职业生涯中，虽然设计了很少的作品，但却意义非凡。它们中的大多数都在柯默，柯默也因此成为意大利现代主义建筑的中心。这些作品构成了意大利理性主义或者说现代主义建筑的核心。在他的职业生涯的晚期，他融合了现代理论和传统文化，创造出了有着地中海性格的与众不同的作品。

在第一次世界大战之后，意大利面对机械时代与传统古典艺术的两锋交战，一片茫然之中，七人小组融合两者之优点创造出新的建筑风潮，利用机械时代的柱梁结构的安排来表达古典文化中的中庭元素。

1932 年，特拉尼创作出意大利理性主义运动的代表作：Casadel Fascio of Como（1932 ～ 1936 年），描绘出此次运动中最重要的外观样式。建筑在很多方面都体现了欧洲其他国家的现代主义运动的基本理念，矩形的自由平面，自由的立面，流动空间，屋顶花园，还有充分暴露的框架结构体系等等。

特拉尼在 1938 年设计出他一生中最为形而上学的作品——他的但丁公寓。这是一幢为墨索里尼修建的穿越罗马古城的帝国大道的纪念性装饰的建筑。它包括安排得像迷宫一般的逐渐稀疏的矩形空间，象征了《神曲》中的地狱、炼狱和天堂等阶段，并已在许多方面是用在 EUR 建筑上的组合部分的抽象化。

特拉尼顽固坚持一种"透明建筑学"——这是未来派把街道伸入建筑内的纲领的升华，见之于从 1934 年建于艾契尔山口的萨尔法蒂纪念碑到 EUR 会议厅的最终设计。而在但丁公寓中的"天堂"部分则达到了极端的透明性，在这里，采用了 33 根玻璃柱和玻璃顶棚。此外，特拉尼还通过两种基本手法实现了一种构思上的透明性：

（1）对偶性的运用，遵照他 1931 年设计的战争纪念碑的形式，通常包括两个相互平行的直线形物体及其缝隙空间；

（2）正面的互相平行的直线所形成的空隙或物体，像从某一给定的视点逐步后退的照相平面，例如，像鲁斯蒂契公寓中的飞台和天桥等，或者像列托里亚公寓的玻璃墙板式办公室，它们的后缩的空间层腾出了用于地面层的服务用的辅助设施。

建筑体量

柯默警察局办公楼，位于意大利历史性都市柯默广场的旁边，可与广场结合活动，具有政治上的考量，平面是边长33m的正方形，其高度等于16.5m宽度的一半。这种半立方体建立了严格理性几何学的基础。该建筑的每一边（除了强调主要楼梯的东南立面外）的窗户排列和外墙分层被巧妙地处理以表示出内部中庭的存在。

该建筑在平面上是个完美的方形，柱点排得相当规整，除了有些地方由于功能需要做出一些调整外，其他柱点都是等间距的。分析过程中想到了德国教授在"车间"课题作业中看过我们的模型后的教导，"这种由正方体单元组织形成的空间在而后的处理中会做出相当丰富的结果"。

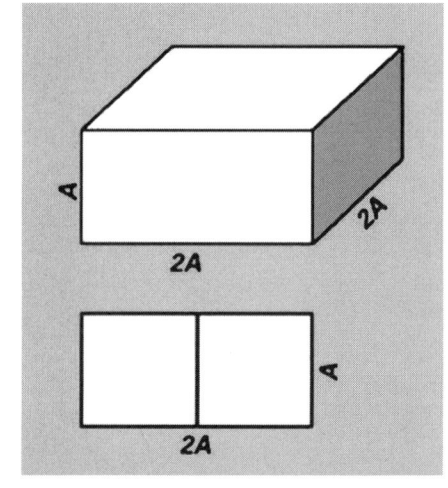

建筑平面

　　建筑的平面最初是围绕着一个开敞的庭院布置的,采用了传统的宫廷建筑模式。在而后的设计中, 这个内庭院变成了一个双层的中央会议厅, 通过混凝土屋面中的玻璃窗顶部采光, 四周环绕着长廊、办公室和会议室, 所以它的空间组织关系可以认为是由一个大的空间引发连接向各个小的空间。

　　今天看似单调的平面设计, 在当时是已突破传统平面布局的大手笔了。由于整个建筑是框架结构, 原来传统建筑承重作用的墙, 从重负中解放出来, 只起到围护和划分空间的作用。这种框架结构形式给了建筑师很大的发挥空间, 在原有网格式的大框架下, 特拉尼做着细致、美观又实用的空间划分。从各层平面, 甚至一个楼梯转角的设计都闪耀着他智慧的光芒。它是启迪的光, 引领着现代主义建筑设计的风潮。

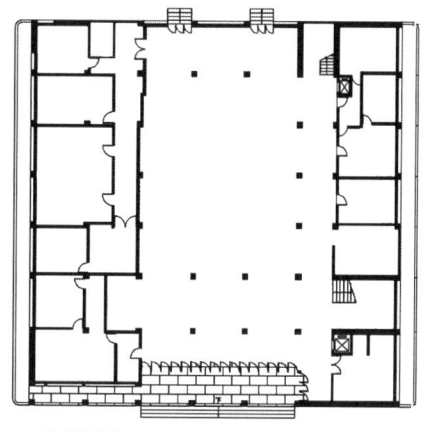

一层平面图

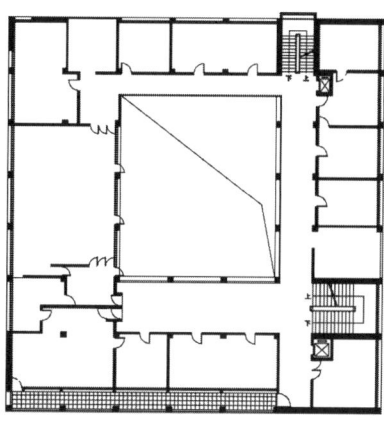

二层平面图

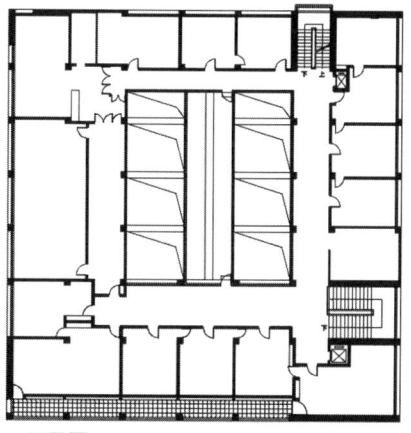

三层平面图

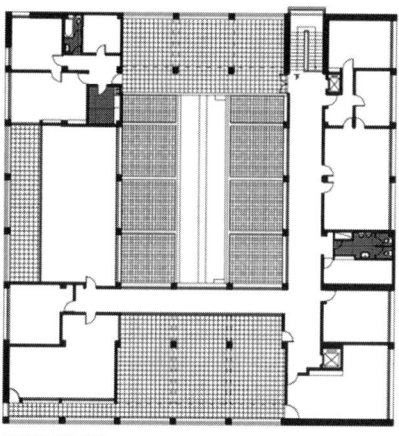

四层平面图

空间组织

　　该建筑的最初的政治目的是通过一组把入口门厅
与广场分隔开的玻璃门，这些门依靠一个电动装置同
步开启时，将把内庭院与室外广场连成一片，从而允
许大量的人流从街道向室内流动。空间形式也将由此
改变，一层也许变得更像底层架空的形式。

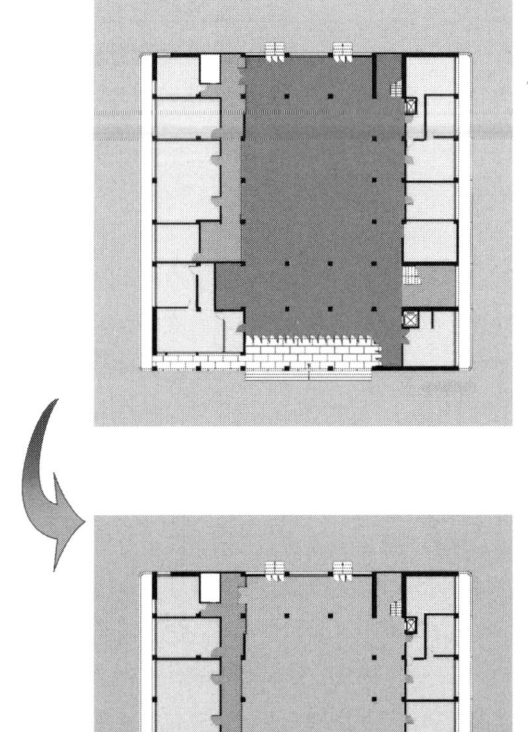

　　这个作品把建筑物处理成一个连续的螺旋空间体，没有任何特定的方向，如上下、左右等等。这样，玻璃的镜面作用被用于
入口前厅的顶棚上，以产生一种无限量的梁柱结构的虚幻感。这种结构实际上以不同的用途出现于各种空间中。
　　另外，会议厅顶部所做的高差，以及不同材料的运用，还有各层线形体块组织成的不同方向感，都丰富了中厅空间，使其不
只是一个简单的宽大空间。

立面

外观形式是在意大利的现代运动中最重要的样式。建筑的每一边（除了强调主要楼梯的东立面外）的窗户排列和外墙分层进退关系被巧妙地处理，以表示出内部中庭的存在。

中庭的设计取自于传统的城市楼房模式。

立面呈现出严格的几何关联性，建筑物在高度 16.6m、宽度 33.2m 的立方体单元中进行设计。此半立方体表现出非常理性的几何关系，立面以对角线为关联性经严谨的分割而成。

窗洞经过有意识的设计，表现窗户的构造特点，并使窗户有了深度感，不仅仅是二维平面的关系。

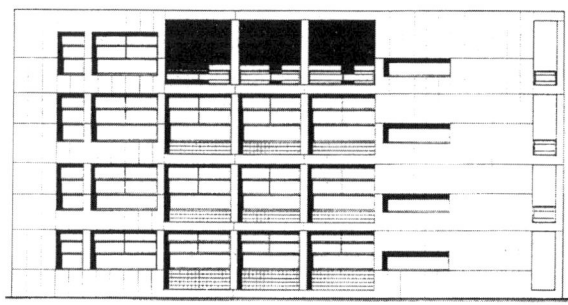

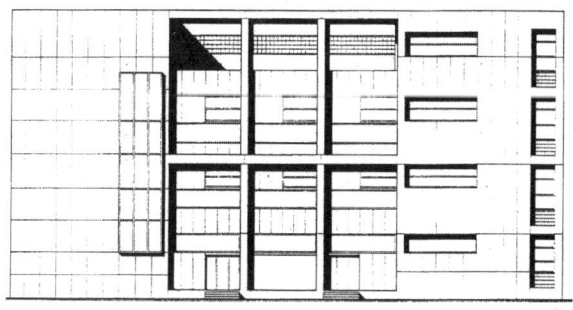

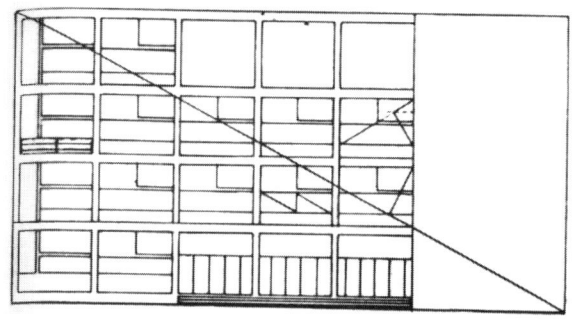

结构分析

    该建筑在平面上是个完美的方形,柱点排得相当规整,除了有些地方由于功能需要做出一些调整外,其他柱点都是等间距的。不过所有的这些都是按黄金分割的关系来完成的。

    分析过程中想到了德国教授在"车间"作业中看过我们的模型后的教导,"这种由正方体单元组织形成的空间在而后的处理中会做出相当丰富的结果"。

    在立面上是个稍扁的正交网格。以简单的梁柱构架当装饰,立面的呈现忠实地反映内在空间,整座建筑如同一个连续性的空间矩阵。

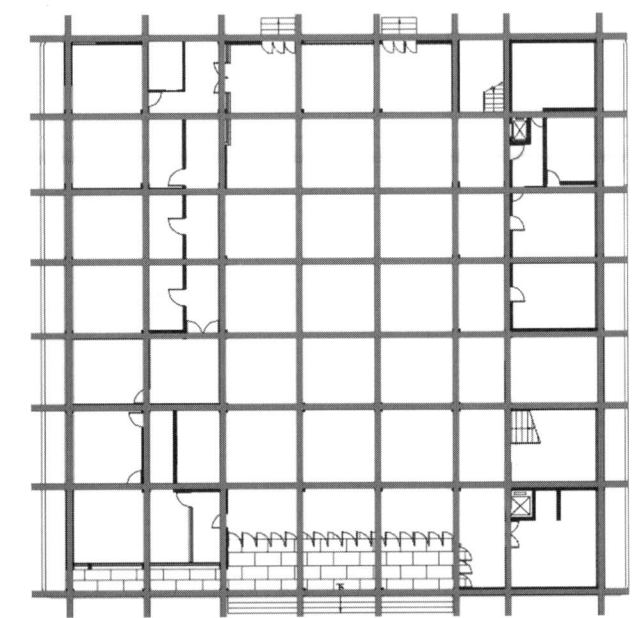

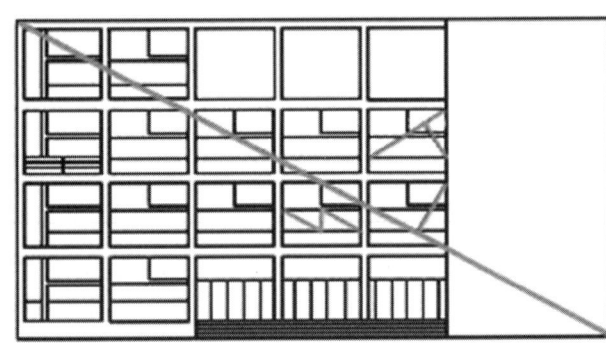

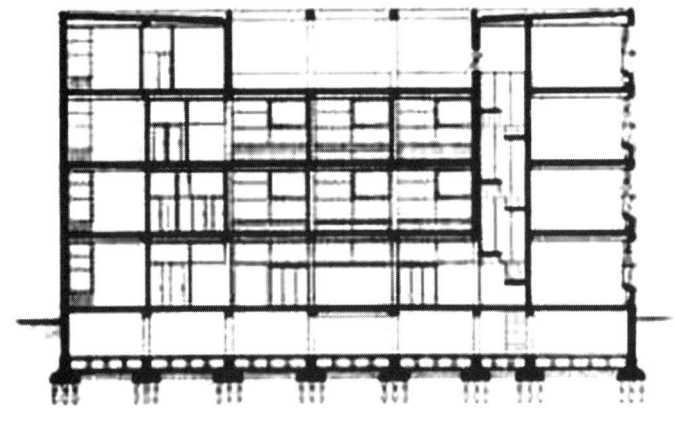

模型过程

　　由于建筑物基本用比较单一的材质作为表现形式，所以我们决定用同一材质制作模型。但有的地方表现会议厅顶部的材质与某些立面的窗户使用的是一种半透明材质，在模型制作中，我们将这种材质进行了不同形式的处理。

　　为强调立面的层次效果，立面上将其处理为实体。而在"会议室"顶部，则将它处理为虚体，只把框架搭建出来，这样就不至于让"会议室"的采光不够。

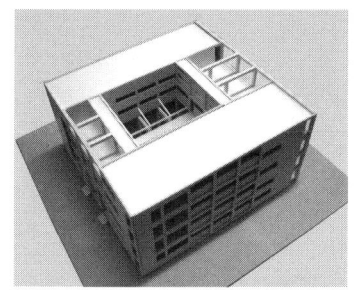

建筑评价

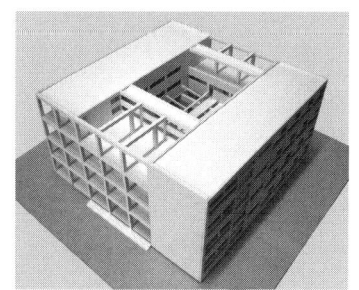

　　我们一向对太呆板的现代主义建筑不太感兴趣，也许是看惯了太实体的东西，莫名中一种意念指使我们这样想：简单的实体限定出来的空间必定也是简单的。

　　不过在研究讨论过程中，使我们渐渐感觉到在理性的思维下工作也是有乐趣的：简单元素排列组合后可以创造出难以想象得到的东西。特拉尼就是这样将黄金分割美学比例发挥得淋漓尽致。

　　可是我们现在还有的疑惑就是为什么特拉尼这么热衷于黄金分割比，形成美的要素很多，如果太把自己的思维束缚于一种人为指定的比例套索下的话，将会是一种悲哀。

5

赖特 – 流水别墅

（资源编码：105，205）

学生：郭娆

建筑师及项目简介

项目位置：宾夕法尼亚州

附近城市：匹兹堡

地理坐标：39° 54′ 23″ N　79° 27′ 54″ W

建筑年代：1934–1937

管理部门：西宾夕法尼亚州自然资源保护组织

别墅共三层，面积约 380m²，以二层（主入口层）的起居室为中心，其余房间向左右铺展开来。

两层平台高低错落，一层平台横向延伸，二层平台向前方挑出。溪水由平台下流出，建筑与溪水、山石、树木自然地结合在一起，像是由地下生长出来的。

赖特主张自然的建筑观：

1. 接近自然，使建筑体量、比例、尺度、布局和地形相协调。

2. 模拟自然，设计是自然的提炼——以一种纯几何方式出现的因素。

3. 忠于自然材料，将材料在建筑中充分展露，成为人工物与自然之间有力的联系。

4. 适应自然气候，注重适应基地的天然气候。

"自然是指内在方式，而不是其他的不充分的外在形式，一切事物的外部形式和发展都是由内部自然所决定。"

赖特崇尚活的有机建筑：

"一切建筑都是为人服务并满足于它的建造目的；它必须真实地体现它的基地环境，并且真实地体现建造它的材料特性。"

1. 把住宅及其地段结合起来；

2. 以空间作为建筑的本体；

3. 强调所用材料的表现特性；

4. 平面的逻辑性；

5. 可塑性和连贯性；

6. 语法或称组成整体时所有元素的一致性。

流水别墅的自然观

1. 模拟自然

对于熊跑溪，流水别墅可以只是面朝着它，作为旁观者介入环境。但流水别墅却凌空于溪水之上，变成了环境的主导者。

这种对于自然的强势姿态，似乎与赖特崇尚自然的建筑观相违背。但稍作分析会发现，如果流水别墅仅仅是旁观者坐看熊跑溪的话，人们体验熊跑溪就只是视觉上的，可能会有一些听觉上的。

但是当建筑凌空于溪水之上时，人们观看熊跑溪就必然看到流水别墅，流水别墅成为一块溪水之上的岩石，融入了自然环境，并且成了环境的主导者。

体验溪水，相比只是观看溪水，凌空于溪水之上提供了更多的可能性。溪水成为建筑不可分离的部分，人们日常生活不可分离的部分，人与自然的距离消失了。赖特崇尚接近自然，模拟自然的有机建筑观强烈地表现出来。

2. 重塑自然

唐纳德·霍夫曼（Donald Hoffmann）形容这座别墅是"森林里的一架大机器"。

流水别墅并不是靠完全复制自然去弘扬自然，而是在真实的自然上面再叠加了自己那种人造的特性——真正的第二天性。熊跑溪表现了大自然的庄严，流水别墅则表现出了工业的庄严。因此，在流水别墅让我们同时感受到了这两方面。

葛式北斋画的瀑布风景

凌空的流水别墅，就像瀑布上的岩石。

基地概况

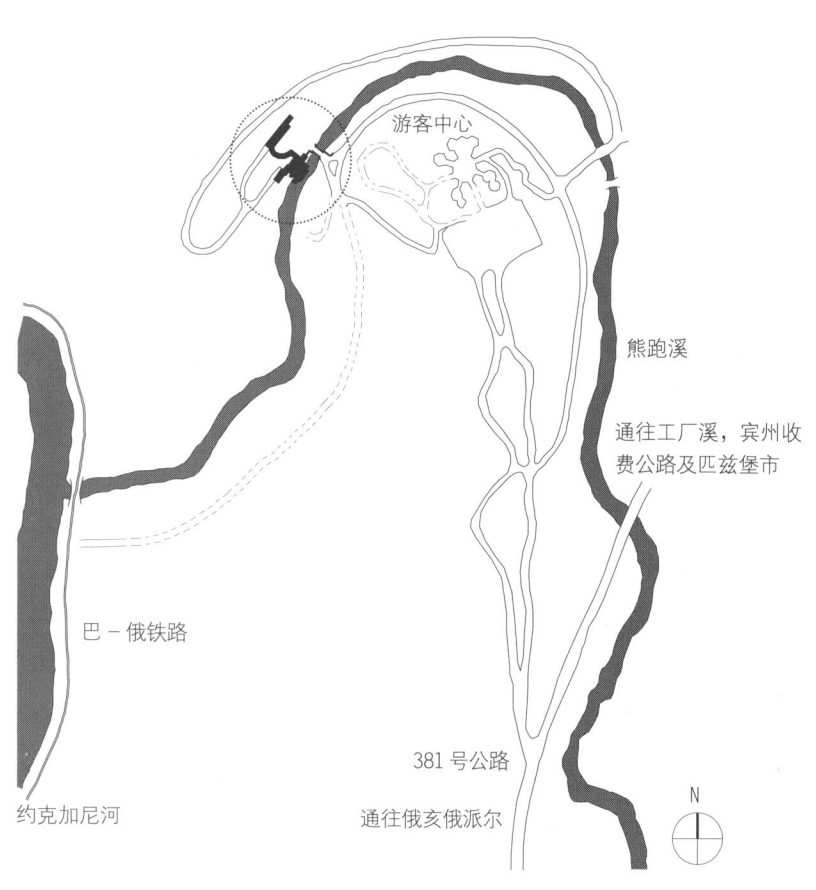

从空中鸟瞰熊跑溪与流水别墅（左下角）

赖特与业主考夫曼在西塔里埃森

该别墅的基地位于匹兹堡东南郊熊跑溪的上游，远离公路且有密林环绕，气氛十分清幽。赖特对现场踏勘的印象十分难忘，他写信给考夫曼说：林间瀑布的旅程一直在我的心头萦绕不去，我的脑海里随着溪流的音韵已经模模糊糊地出现了一座住宅的影子，等轮廓初定时你就能看到了。"

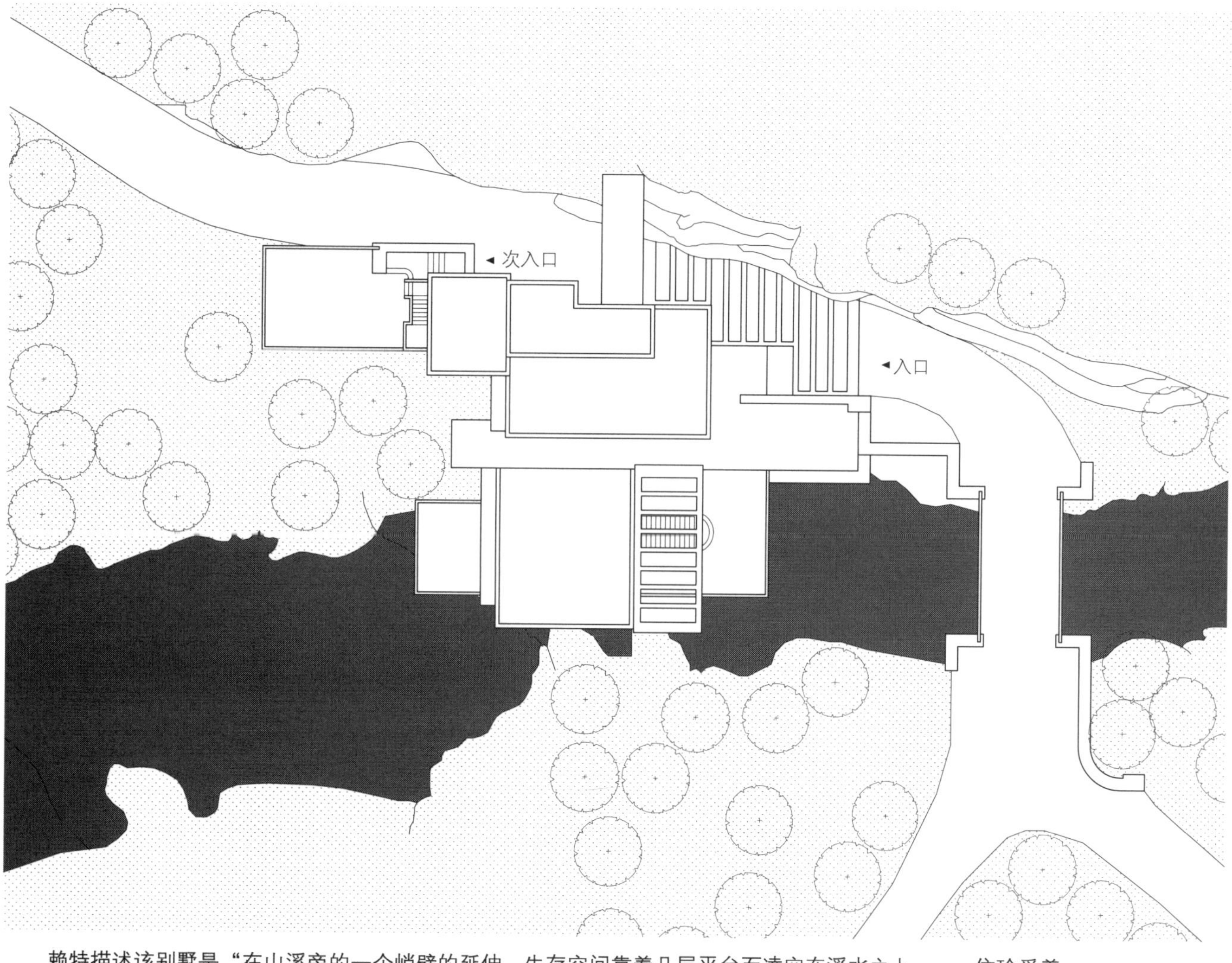

　　赖特描述该别墅是"在山溪旁的一个峭壁的延伸，生存空间靠着几层平台而凌空在溪水之上———一位珍爱着
这个地方的人就在这平台之上，他沉浸于这瀑布的响声，享受着生活的乐趣。"

　　"我希望您伴着瀑布生活，而不只是观赏它，应使瀑布变成您生活中一个不可分离的部分。"

总平面图

平面布局

次入口

厨房

起居室

入口

水池

露台

露台

桥

A

B

B

A

N

首层平面图

露台

卧室

浴室

卧室 浴室 浴室 客卧

露台

露台

二层平面图

露台

书房 浴室

露台

三层平面图

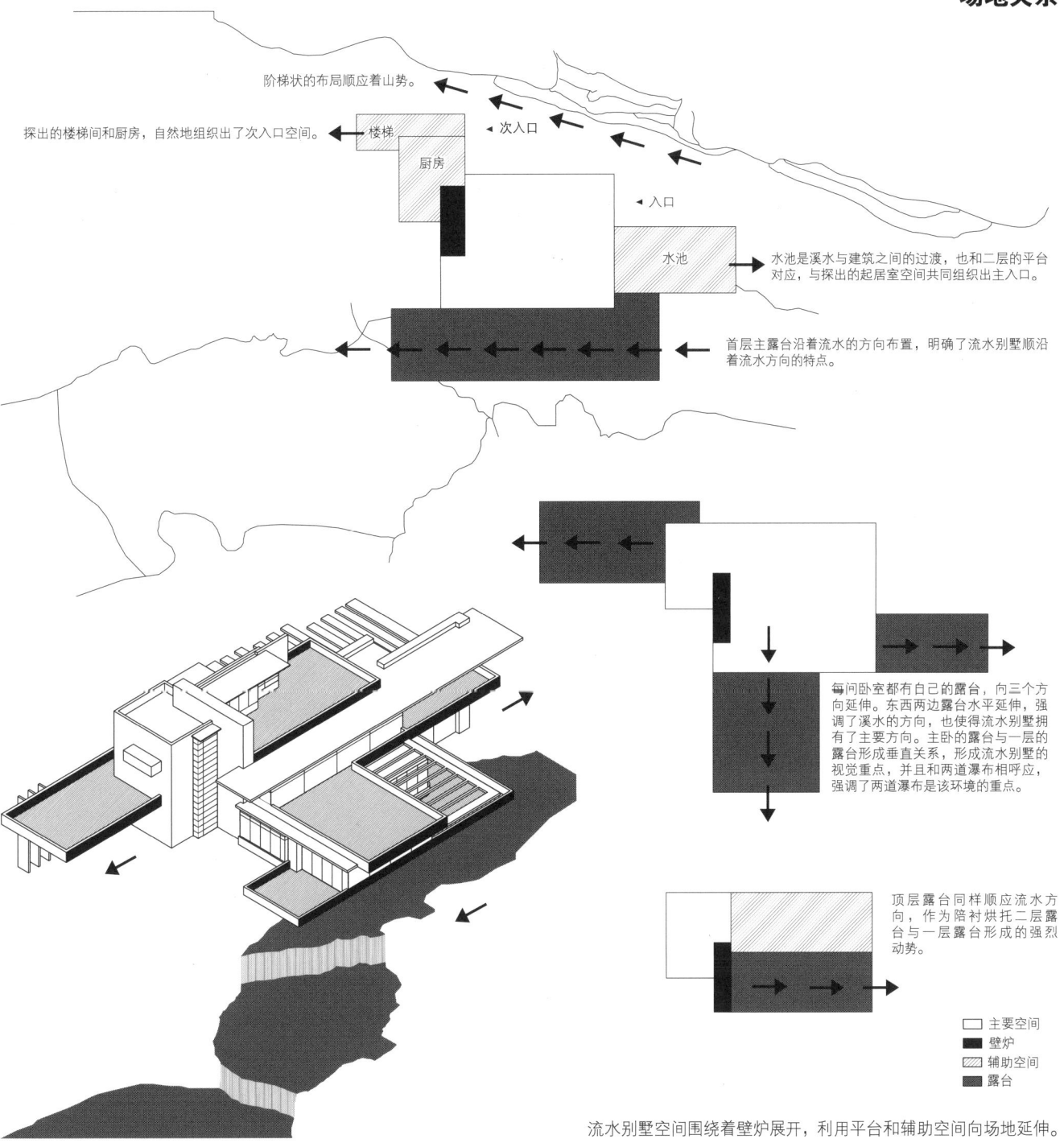

阶梯状的布局顺应着山势。

探出的楼梯间和厨房，自然地组织出了次入口空间。

楼梯

次入口

厨房

入口

水池

水池是溪水与建筑之间的过渡，也和二层的平台对应，与探出的起居室空间共同组织出主入口。

首层主露台沿着流水的方向布置，明确了流水别墅顺沿着流水方向的特点。

每间卧室都有自己的露台，向三个方向延伸。东西两边露台水平延伸，强调了溪水的方向，也使得流水别墅拥有了主要方向。主卧的露台与一层的露台形成垂直关系，形成流水别墅的视觉重点，并且和两道瀑布相呼应，强调了两道瀑布是该环境的重点。

顶层露台同样顺应流水方向，作为陪衬烘托二层露台与一层露台形成的强烈动势。

☐ 主要空间
■ 壁炉
▨ 辅助空间
▩ 露台

流水别墅空间围绕着壁炉展开，利用平台和辅助空间向场地延伸。

105

露台分析

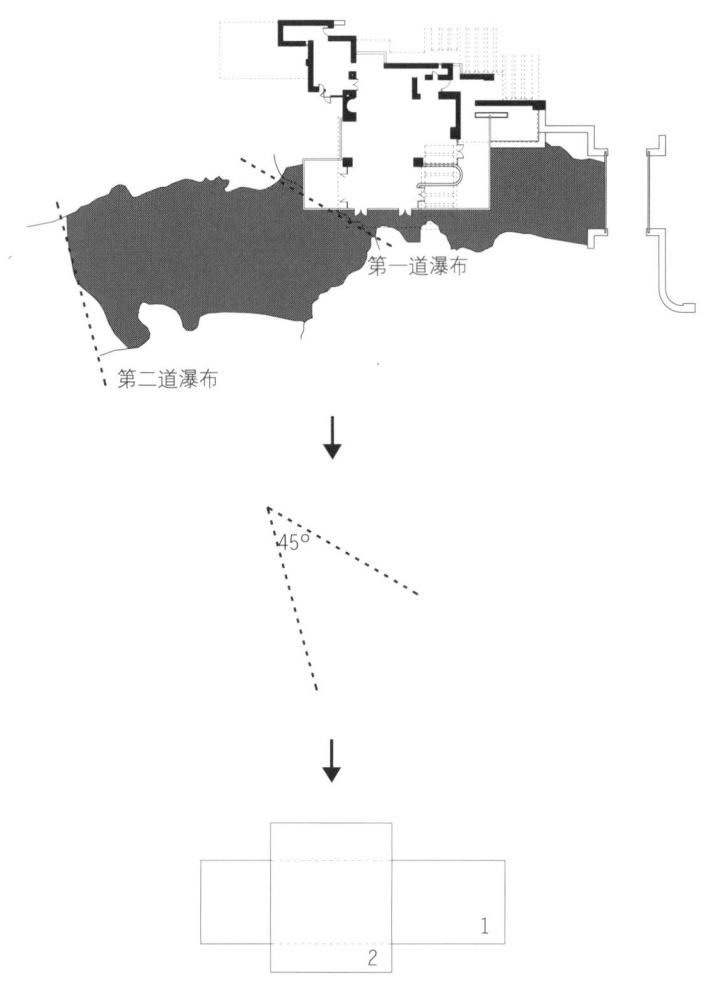

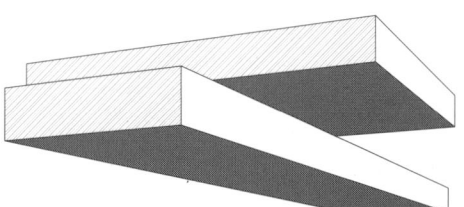

第一道瀑布与第二条瀑布的走向并不平行，成 45° 夹角——赖特夸大了这种交错的效果，把两个主挑台之间的夹角做成了 90°。

流水别墅的叠落外观是在摹拟自然的叠落，两个挑台的尺寸和位置与熊跑溪的两道瀑布拥有视觉重复的效果。

与萨伏伊别墅比较

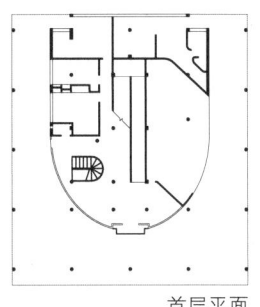

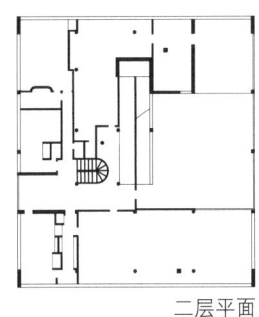

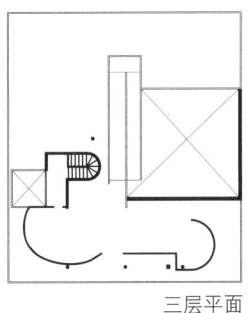

首层平面　　　　　　　二层平面　　　　　　　三层平面

萨伏伊别墅，独立性很强，建筑与环境的关系是脱开的，自成一体，俨然一架机器轻轻地落在草地上。通过不同的房间在建筑内部互相穿插，以保证建筑的外观是一个完满的方体。

流水别墅形体丰富，建筑沿着流水的方向布置，观景平台与自然环境发生穿插，自由的在流水周围舒展开。整个建筑宛如从岩石中长出来的一般，与环境紧密的交织在一起。

Villa Savoye
Le Corbusier
1928-1931

■ 交通空间
■ 半室外空间

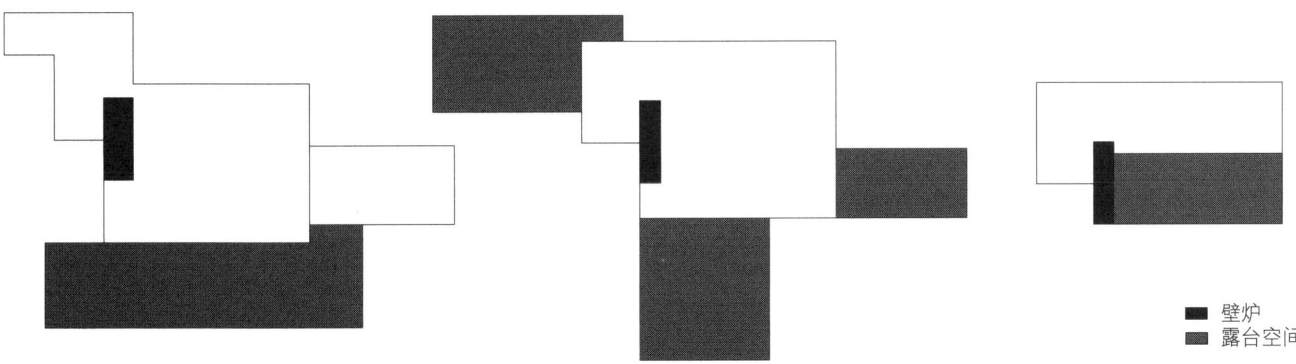

■ 壁炉
■ 露台空间

107

空间流线分析

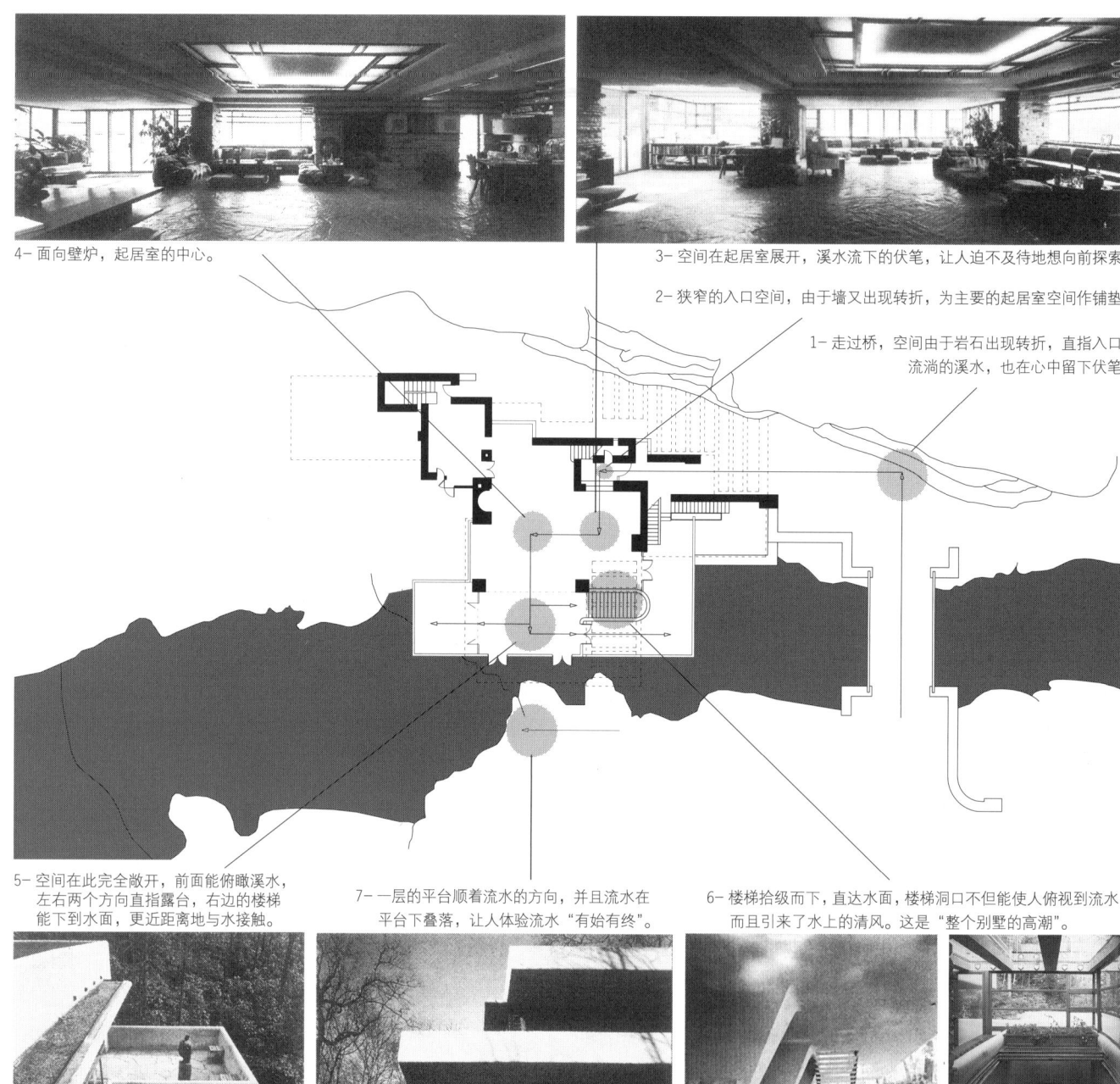

4- 面向壁炉，起居室的中心。

3- 空间在起居室展开，溪水流下的伏笔，让人迫不及待地想向前探索。

2- 狭窄的入口空间，由于墙又出现转折，为主要的起居室空间作铺垫。

1- 走过桥，空间由于岩石出现转折，直指入口，流淌的溪水，也在心中留下伏笔。

5- 空间在此完全敞开，前面能俯瞰溪水，左右两个方向直指露台，右边的楼梯能下到水面，更近距离地与水接触。

7- 一层的平台顺着流水的方向，并且流水在平台下叠落，让人体验流水"有始有终"。

6- 楼梯拾级而下，直达水面，楼梯洞口不但能使人俯视到流水，而且引来了水上的清风。这是"整个别墅的高潮"。

2- 楼梯的相反面方向是两个主要的卧室，保证了卧室的私密性，并且都拥有自己的露台向景观延伸。

1- 楼梯上来，其正面方向是露台，既属于客卧，又可作为公共空间。

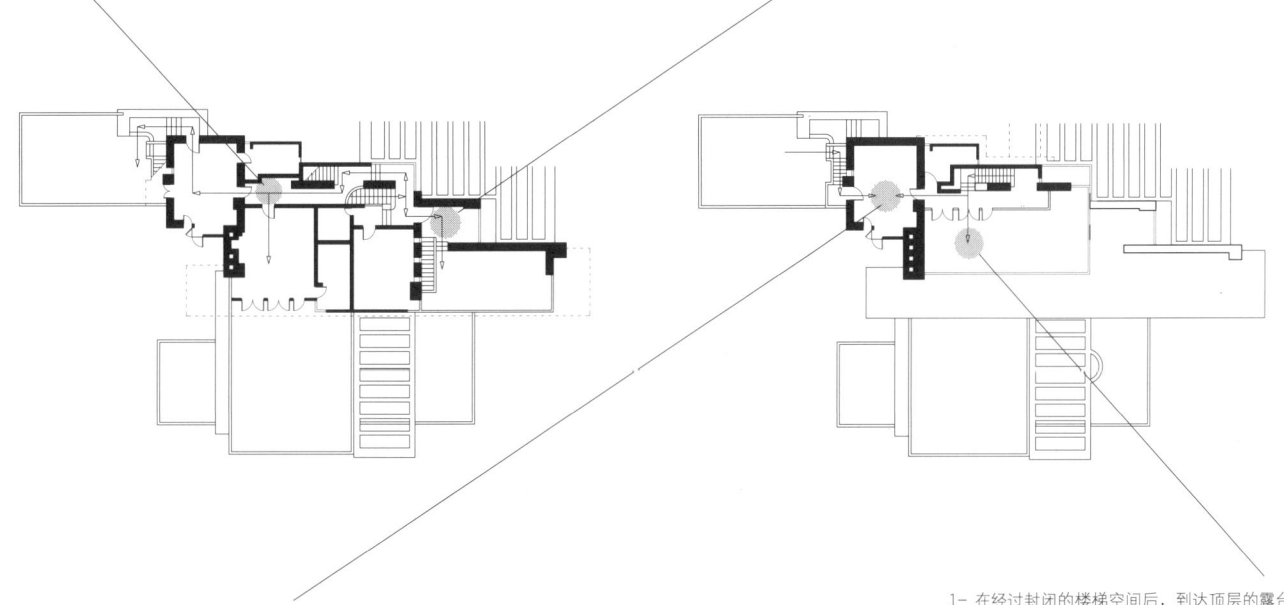

2- 两个楼梯均可到达书房，因此，书房拥有了两间露台。

1- 在经过封闭的楼梯空间后，到达顶层的露台，
在此不仅能欣赏景色，还能看见其他几个露台。

立面

　　流水别墅主要争取南北朝向，因此南北立面较长。出挑的露台使得立面退在了阴影里，把暴露在阳光下的露台衬托得无比的耀眼，也使得本来就水平低缓的立面，水平线条显得更加的突出醒目。

　　横向的水平线条与竖向壁炉的垂直线条，形成鲜明的对比；并且在材质上，平滑的露台与粗糙的岩石外墙，也形成强烈的对比。这些对比，使得流水别墅显得极具张力，拥有丰满的视觉效果。

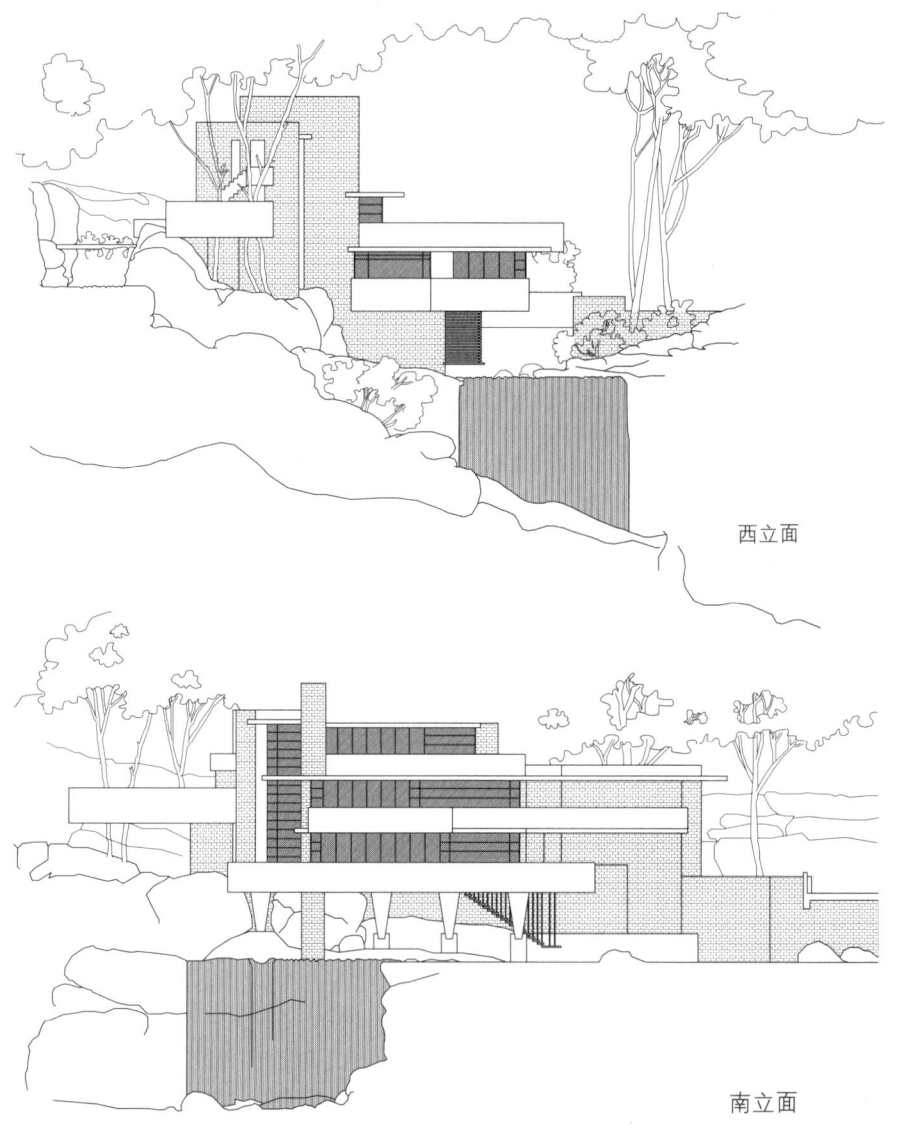

西立面

南立面

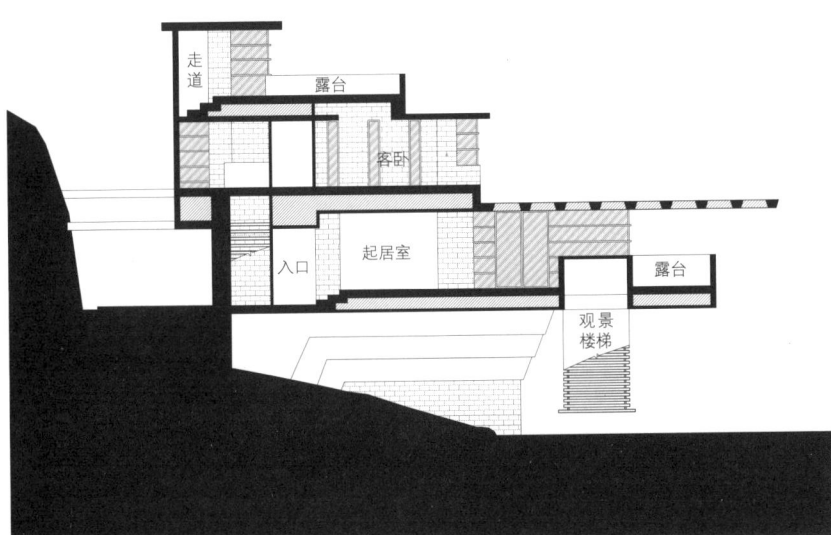

剖面 A-A

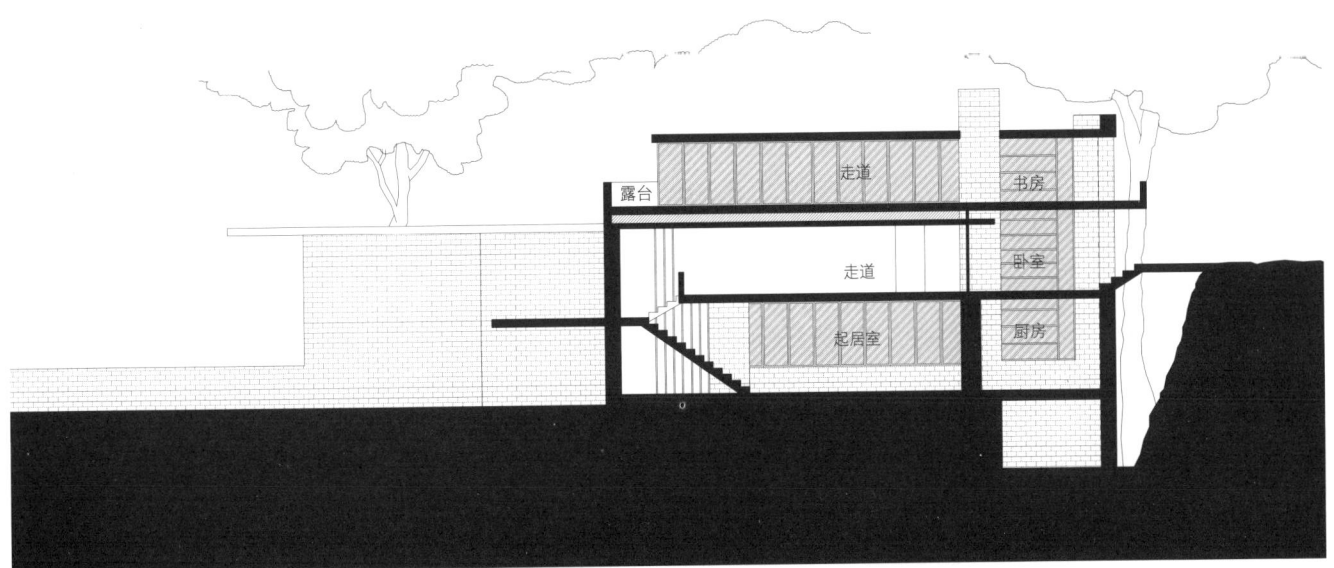

剖面 B-B

与草原式住宅比较

流水别墅的角窗

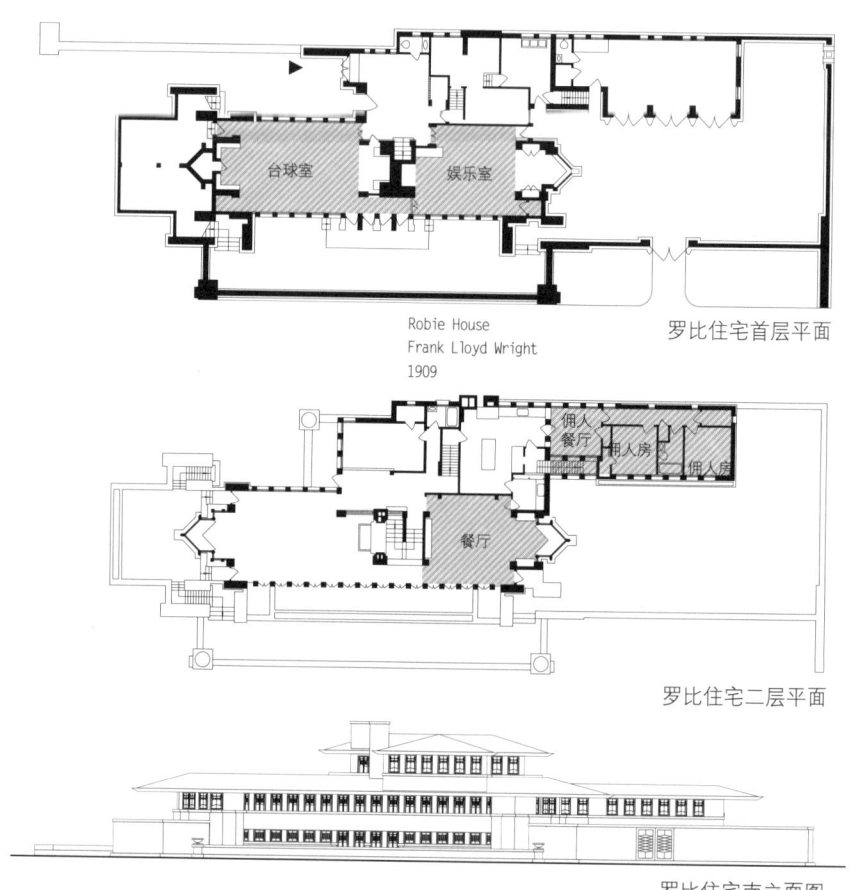

Robie House
Frank Lloyd Wright
1909

罗比住宅首层平面

罗比住宅二层平面

罗比住宅南立面图

20世纪初，草原式住宅在美国大行其道，在经历了1929年经济危机后，赖特开始探索一种更为简洁和经济的住宅——美国式住宅。流水别墅就是赖特在探索美国式住宅期间产生的，所以可以明显地看出流水别墅与以往草原式住宅的不同（见上图草原式住宅的经典，罗比住宅）。

草原式住宅的特点：

1. 将自然的主题和天然材料运用在建筑中；

2. 立面强调水平性，大挑檐的缓坡屋顶；

3. 平面呈交叉式轴线布局，以壁炉为核心，其他房间向四周逐步延伸。

而流水别墅已经显现出了许多美国式住宅的特点：

1. 屋顶用简洁的平屋顶代替了草原式住宅昂贵复杂的坡屋顶；

2. 功能布局尽量简单，去除了佣人房，把餐厅和厨房合二为一；

3. 大量使用角窗，甚至角窗转折地方的窗框都省去了，避免了封闭方盒子带来的沉闷感。

赖特自己评价流水别墅是一件了不起的天赐神物——它是地球上古往今来伟大的天赐神物之一。我认为它无与伦比，和谐、感人地表达了休憩的崇高原则，这里的森林、溪流、岩石和所有一切结构元素都如此宁静地融为一体，尽管溪流的音韵正在奏鸣，你却无论如何真是听不见丝毫嘈杂之声。但你就像倾听乡间的静谧一样，倾听着流水别墅。

建筑师保罗·鲁道夫（Paul Rudolph）说流水别墅是"一个成真的梦……（它）深深触动了我们内心深处的一些东西，最后，我们对这些东西全都无可名状。"我们永远别想彻底说清它在我们身上施加的魔力。《圣经》里说，上帝在沙漠里年复一年赐给以色列人的食粮"吗哪"（manna）是让人沉醉的，因为它呈现出的味道永远正好符合了接受者心中想要的那种食物。我们可以说，流水别墅是建筑中的吗哪：我们迫切地回应着它，因为它提醒我们想起了自己最热爱的那些建筑或者风格。根据我们自己的口味，它吸引我们的理由是理性的或者是浪漫的，是抽象的或者是具象的，是老派的或者是高技术的。这就把流水别墅变成了世上少有的真正超越了流行风尚的建筑。

参考书目

1. 肯尼斯·弗兰姆普敦. 现代建筑：一部批判的历史 [M]. 张钦楠，译. 北京：生活·读书·新知三联书店，2004
2. 项秉仁. 赖特（国外著名建筑师丛书）[M]. 北京：中国建筑工业出版社，2004
3. 罗杰·H·克拉克，迈克尔·波斯. 世界建筑大师名作图析（原著第3版）[M]. 北京：中国建筑工业出版社，2006
4. 戴维·拉金，布鲁斯·布鲁克斯·法伊弗. 弗兰克·劳埃德·赖特：建筑大师 [M]. 北京：中国建筑工业出版社，2005
5. 富兰克林·托克. 流水别墅传 [M]. 林鹤，译. 北京：清华大学出版社，2009
6. Yukio Futagawa, Bruce Brooks Pfeiffer. Frank Lloyd Wright Fallingwater[M]. 日本：GA Traveler，2003

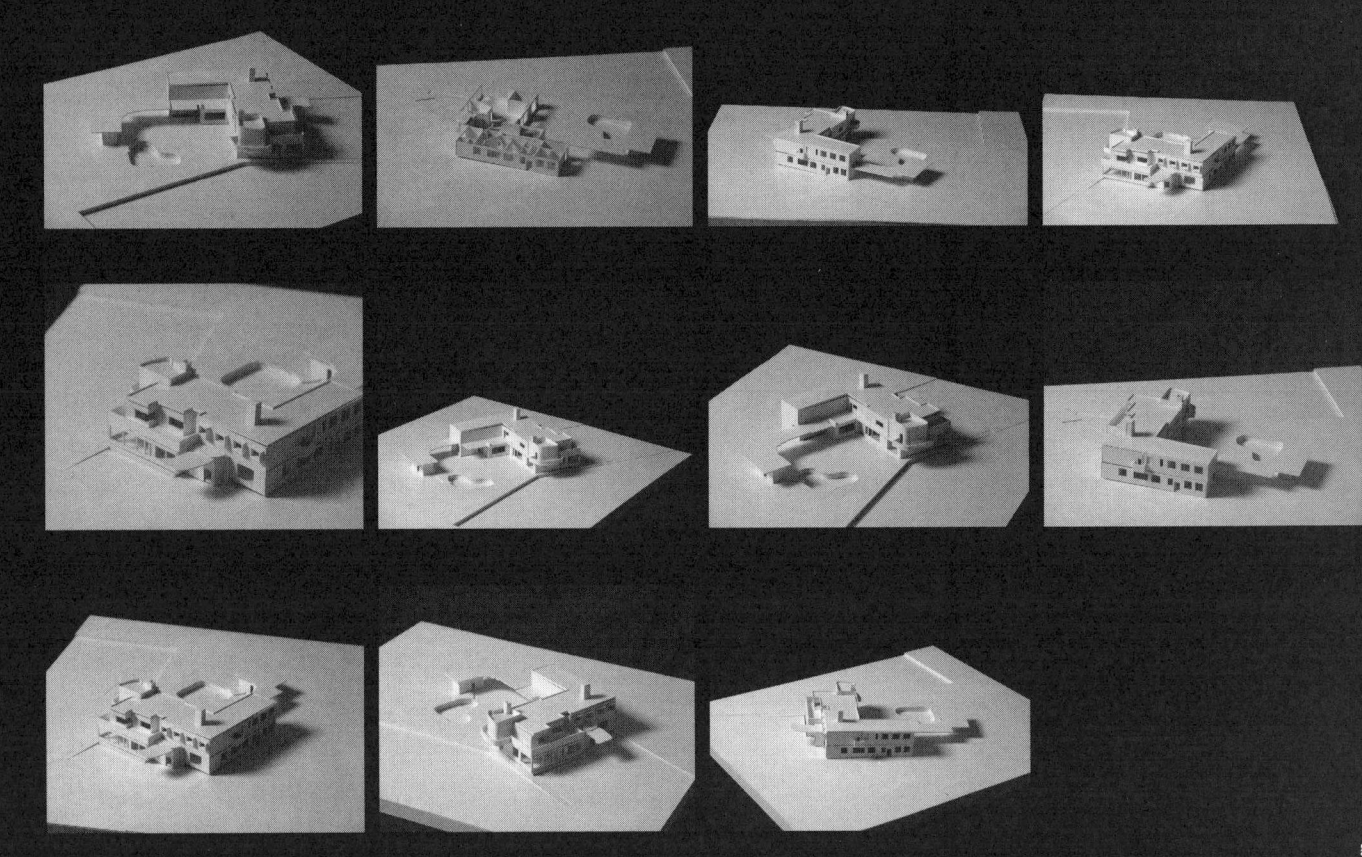

6

阿尔瓦·阿尔托 – 玛丽亚别墅

（资源编码：106，206）

学生：罗宇杰　李国进

大师语录

　　"有人认为建立新形式的标准化是走向建筑和谐的唯一道路,并且能用建筑技术加以成功的控制。而我的观点不同,我要强调的是建筑最宝贵的性质是它的多样化和联想到自然界有机生命的生长。我认为这才是真正建筑风格的唯一目标。如果阻碍朝这一方向发展,建筑就会枯萎和死亡。"

A·阿尔托生平（Alvar Aalto, 1898 ~ 1976）

1898 年 2 月 3 日	生于库塔尼
1921 年	毕业于赫尔辛基工业专科学校建筑学专业
1923 年	在芬兰的于韦斯屈莱市开设建筑事务所
1929 年	与他人合作设计了为纪念土尔库建城 700 周年而举办的展览会的建筑
二战后 10 年	主要从事祖国的恢复和建设工作
	为拉普兰省省会制定区域规划（1950 ~ 1957 年）
1940 年	任美国麻省理工学院客座教授
1947 年	获美国普林斯顿大学名誉美术博士学位
1955 年	当选芬兰科学院院士
1957 年	获英国皇家建筑师学会金质奖章
1963 年	获美国建筑师学会金质奖章
1976 年 5 月 11 日	逝于赫尔辛基

人情化建筑大师的人生纪事

阿尔瓦·阿尔托（1898～1976年）

全名 Hugo Alvar Henik Aalto，出生于芬兰的库奥尔塔内。1921年毕业于赫尔辛基的芬兰理工学院建筑系，此后他到瑞典和中欧旅游，参加学习各地建筑。阿尔托是现代建筑第一代著名的建筑大师之一，人情化建筑理论倡导者。

阿尔托于1923年在芬兰的于韦斯屈莱市开办了他的第一个设计事务所。1924年与阿诺·玛赛（Aino Marsio）结婚，日后两人开始了建筑、家具、工业设计多方面的成功合作。两个人度蜜月时曾乘飞机去意大利，这次航行使阿尔托立即对飞机着迷，同时也为他提供了许多创作灵感，因为他能从飞机上看到芬兰国土的平面形式。阿尔托是一位非常早熟而又幸运的设计天才，刚过30岁不久，就已赢得多项重要的建筑工程，都是通过设计竞赛获得的。

1937年阿尔托去纽约会见了当时名声如日中天的美国建筑大师赖特，一生孤傲的赖特毫无保留地赞赏和推崇阿尔托，几乎成为欧洲建筑师的一个孤例。此后不久阿尔托被聘为著名的麻省理工学院建筑系教授，对当时的美国建筑设计影响很大。1949年他的妻子阿诺去世，阿尔托辞去美国教授，回芬兰专注于设计，三年后阿尔托与另一位建筑师艾丽莎·玛琪纳米（Elissa Makiniemi）结婚，并开始另一阶段成果同样丰富的设计旅程。

人情化建筑大师的思想历程

从一开始阿尔托的设计就表现出与其他的经典设计大师的区别：场地与阳光的关系，对光学与声学的研究与应用，以及对建筑材料的精心而恰当的选择。他深受芬兰地域传统的影响，重视建筑作品的有机性，力求建筑与自然环境结合，在建筑中表现出传统的地方特色，又不失时代的功能要求和科技要求。他热爱自然，他设计的建筑总是尽量利用自然地形，融合优美景色，风格纯朴。他崇尚自然与设计作品的融合、自然与人的融合。

和勒·柯布西耶的观点相反，阿尔托认为自然不是机器，不应该为建筑的模式服务，同时他还强调："建筑不应该脱离自然和人类本身，而是应该遵从于人类的发展，这样会使自然与人类更加接近。"

他的代表性建筑设计有维普里图书馆、图尔库报社大楼、帕米欧疗养院和玛丽亚别墅。他所设计的建筑平面灵活，使用方便，结构构件巧妙地化为精致的装饰，建筑造型娴雅，空间处理自由活泼且有动势，使人感到空间不仅是简单地流通，而且在不断延伸、增长和变化。他是现代派的拥护者，同时又补充了现代派的不足，既能接受科学技术的成果，又因为根深蒂固的传统观念使他不能为现代主义左右。他的设计作品巧妙地解决了功能、技术和形式的矛盾，他的设计手法有机，艺术风格独特而具有魅力，造型富有隐喻色彩，神秘、豪放。几位最重要的建筑大师、设计大师中，只有阿尔托能潇洒自如地处理设计和人事中的一切问题，他确实准确地抓住了他这个时代的设计命脉。

玛丽亚别墅

帕米欧疗养院

珊纳特塞罗市政厅

芬兰音乐厅

阿尔堡艺术博物馆

全面的设计大师

阿尔托的创作范围广泛,从区域规划、城市规划到市政中心设计,从民用建筑到工业建筑,从室内装修到家具和灯具以及日用工艺品的设计,无所不包。人们根据阿尔托建筑思想的发展和作品的特点,大致把他的创作分为了三个阶段:

初期阶段(1923～1944年),也称之为"第一白色时期"。在这个时期里的创作基本上是发展欧洲的现代建筑,并结合芬兰的特点,作品外形简洁,多呈白色,有时在阳台栏板上涂有强烈色彩,或者建筑外部利用当地特产的木材饰面,内部采用自由设计。代表作品:帕米欧疗养院、玛丽亚别墅。

成熟时期(1945～1953年),也称之为"红色时期"或"塞尚时期"。这个时期他常喜欢利用自然材料与精细的人工构件相对比,建筑外部经常用红砖砌筑,造型自由弯曲,变化多端,且善于利用地形和自然绿化,室内强调光影效果,形成抽象视感,代表作品:珊纳特塞罗市政厅。

晚期(1953～1976年),也称之为第二白色时期。这时期再次回到白色的纯洁境界,建筑作品空间变化莫测,进一步表现流动感,外形构图既有功能因素,更强调艺术效果,代表作品:路易卡雷住宅、芬兰音乐厅。

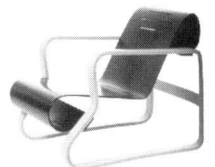

帕米奥椅

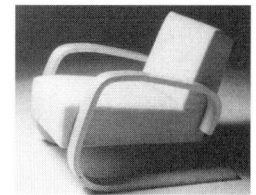

阿尔托的油画

阿尔托的水彩画

阿尔托的油画

阿尔托代表作：玛丽亚别墅

阿尔托创作的这座玛丽亚别墅是当代最出色的住宅之一，它可以和赖特的流水别墅、柯布西耶的萨伏伊别墅、密斯的吐根哈特住宅相媲美。

玛丽亚别墅是一处宁静优美的场所，适合于人的生活需要，坐落在距努玛库不远的小村庄里。住宅四周是一片茂密的树林。阿尔托采用了经典的 L 形平面塑造出一个长方形庭院，既利于北欧房子的保暖，又有北方人所需的安定感，室外半围合空间，既便于生活起居，又容易和自然环境结合。在这座建筑中精心安排了起居和服务空间，体现了对私密性的考虑。

阿尔托设计的建筑是为人服务的，对人的关怀成为他设计的核心。在这里人与自然的关系，在建筑里人与人的关系，空间与人的活动的关系都有机地结合在了一起。阿尔托还运用建筑创造了一种场所，这种场所不是单一的室内或室外空间，而是室内外空间；还是建筑的形体、建筑材料和光线的有机结合的场所。建筑的形成与地形特征相符，又加之自己个性的环境，这个场所不是为了好看而设计的，而是围绕着人的需要来设计，必然的这种场所充满了内涵和人情味。

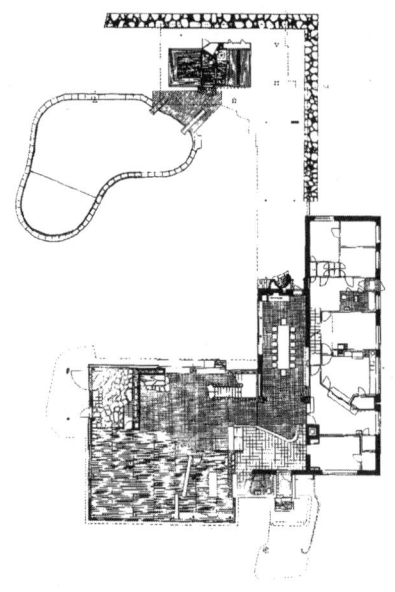

玛丽亚别墅：背景资料

在 20 世纪 30 年代，阿尔托的一位重要客户是古利申夫人，1937 年她曾邀请阿尔托设计了萨伏伊餐厅。

玛丽亚别墅是阿尔托于 1937～1938 年为古利申夫妇（Harry and Mairea Gullichson）设计的，建造时间为 1938～1939 年。

玛丽亚别墅位于努玛库的原野上，距赫尔辛基西北约 100mi（160km）。人们能够见到不同时代建造的三座别墅，每座建造的时间大约相隔 30 年左右，它们都是当时建筑风格的忠实体现者，也是阿尔斯特罗姆家族的纪念碑，它体现了三代人的业绩。这个家族拥有芬兰的大量矿藏、森林木材、水力资源和船坞、玻璃厂、木夹板厂、造纸厂、塑料厂以及化学品厂。所有这些都是在 19 世纪中叶才开始发展起来的：最后建造的这座别墅成为第三代的标志，它是由瓦特·阿尔斯特罗姆的女儿玛丽亚古利申建造的。玛丽亚坚持要做一座符合时代特色和自己口味的住宅，就像她的父亲和祖父那样。

玛丽亚是一位很有才干的女性，她年轻的时代曾决定献身艺术，到巴黎学习过绘画，并且游历了欧洲和地中海的多个地方。但她的成就，却是创建了阿尔台克公司（Artck Company），该公司以生产和向世界推销阿尔托设计的白桦木夹板式家具而最为著名，同样著名的是她经销油漆和从事工业设计。

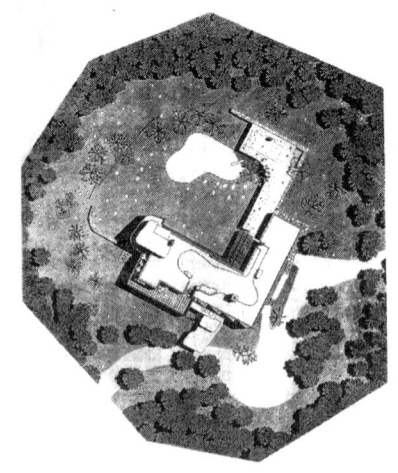

建筑概况

时间：1937 ~ 1938 年设计，1938 ~ 1939 年建造

客户：古利申夫妇（Harry and Mairea Gullichson）

地点：努玛库

现代理性主义与民族浪漫的结合。在满足功能要求的前提下，采用了"流动空间"的手法，空间自由灵活，空间的连续性富有舒适感。

住宅四周是一片茂密的树林，充满了宁静感。

平面呈"L"形，后面单设了一个蒸汽浴室，这又形成了"U"形，围着院子，院子中有个"肾"形的游泳池。在这座建筑中精心安排了起居和服务空间，体现了对私密性的考虑。虽然底层起居室仅仅是一个单一的连续开敞空间，但进一步在室内布置上却分解为一个围绕传统芬兰式壁炉的高起地面，和一个有大玻璃窗的休息空间。紧靠着起居室的是餐厅和服务用房，所有居室都安排在楼上。

建筑的内外基本上都是用当地木材建造，直条板的外墙和条形板的顶棚更是具有鲜明特色。

建筑师从建筑设计到室内装修，以及家具、灯具都考虑得很周到，力求舒适美观。阿尔托新设计的胶合板家具也首先应用在这幢住宅里。用来支撑结构的独立柱子，靠近人的部分外包了藤条，表现亲近自然的倾向，它和室外庭园相映成趣，加上庭园里的曲线水池更增加了自由浪漫的情调，直到今天仍给人以新鲜感。

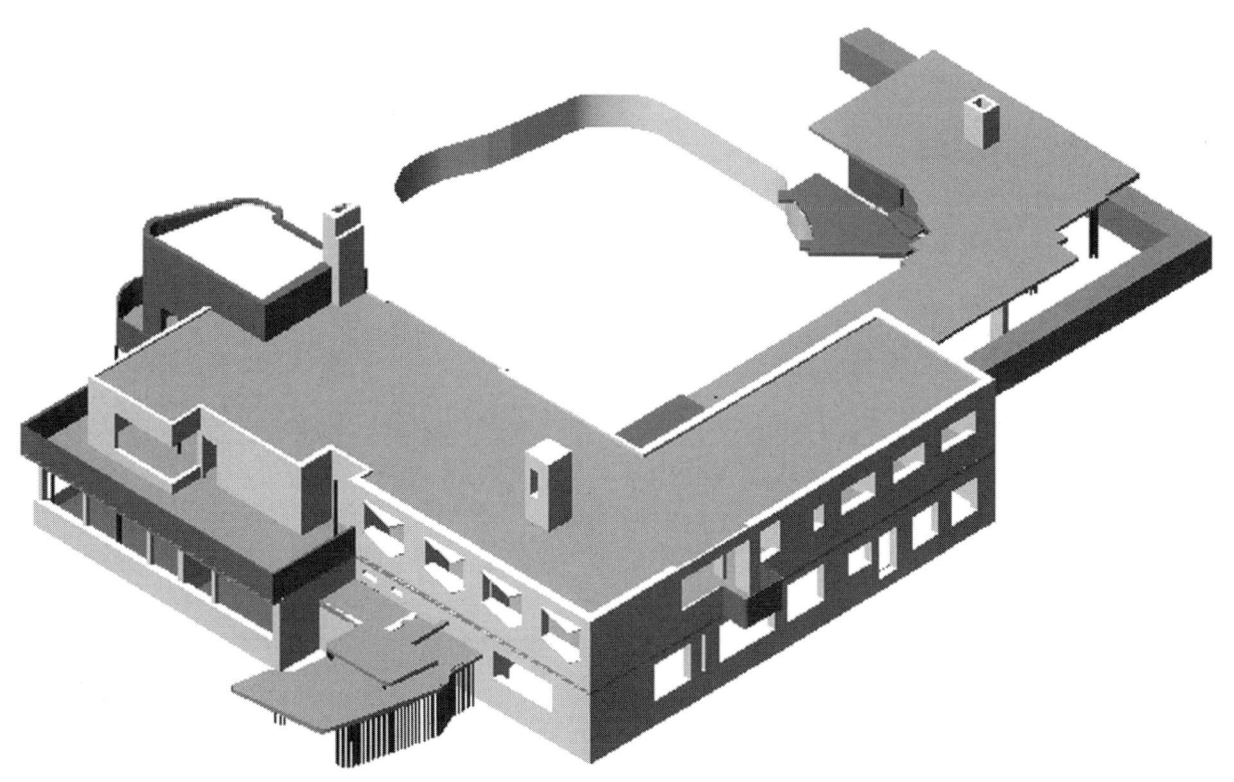

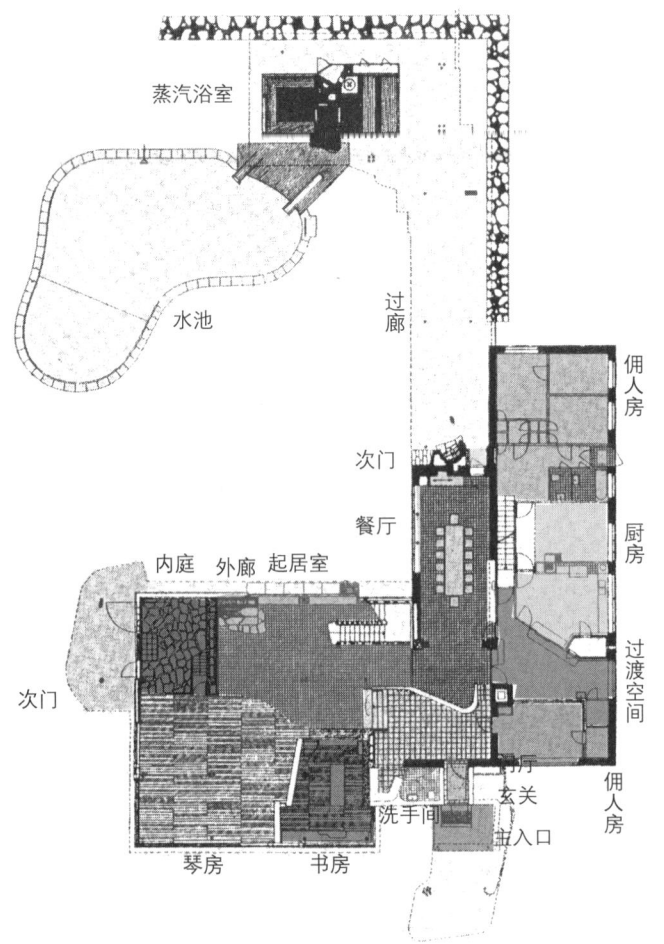

蒸汽浴室

水池

过廊

次门

餐厅

佣人房

厨房

内庭　外廊　起居室

过渡空间

次门

琴房　书房　洗手间　门厅　玄关　出入口　佣人房

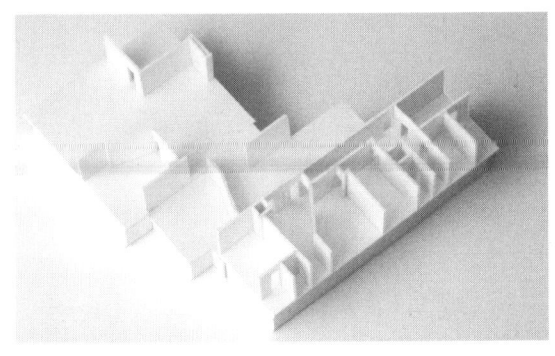

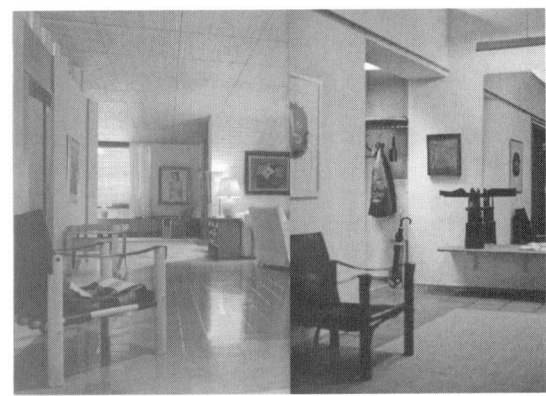

起居室与琴房交界　入口处衣帽间

大师语录

"只有当人处于中心地位时，真正的建筑才能存在"。

"建筑不应该脱离自然和人类本身，而是应该遵从于人类的发展，这样会使自然与人类更加接近。"

"标准化并不意味着所有的房屋都一模一样，而主要是作为一种生产灵活体系的手段，以适应各种家庭对不同房屋的需求，适应不同地形、不同朝向、不同景色等等。"

别墅组成

别墅大体可分为六个部分：

1. 公共空间，主要包括：门厅、次门厅、衣帽间、起居室、书房、琴房、餐厅。入口及门厅的设计十分精彩、到位，室内外空间层次分明而且连贯，特别设置的衣帽间精致实用。书房与起居室、琴房比邻，相对私密的设计在强化功能的同时拉开了空间的层次。起居室和琴房贯通，仅仅是通过地面的铺装，即是用材料的元素就区分开了空间的感受。餐厅通过起居室与各个部分联系，开窗的朝向上的景象给人以良好的就餐气氛。

2. 主要用房，就是主卧室、次卧室。特别提到的是从一层到二层卧室区只有一个上下的楼梯，这是出于对私密性的考虑。

3. 服务用房，分别包括厨房、储物室、佣人房。加开了工作出入门，以区别流线，服务人员的卫生间和桑那房也一应齐全。

4. 与其他的别墅不同还在于多了画室，这是根据业主的职业特性设计的，画室很独立。

5. 芬兰人的别墅自然少不了蒸气浴室，浴室与起居室相互对应，通过一条带顶棚的过廊连接，这一设计直接把参观建筑的人们带到了具有悠久历史的芬兰桑拿生活场景中去，翩翩的联想让人向往不禁。

6. "肾"形的泳池是这一别墅景观设计中十分重要的元素，其形式感让人不得不把它同当时的构成主义画派联系起来。空间的设计连贯流畅，功能结合得合理充分。

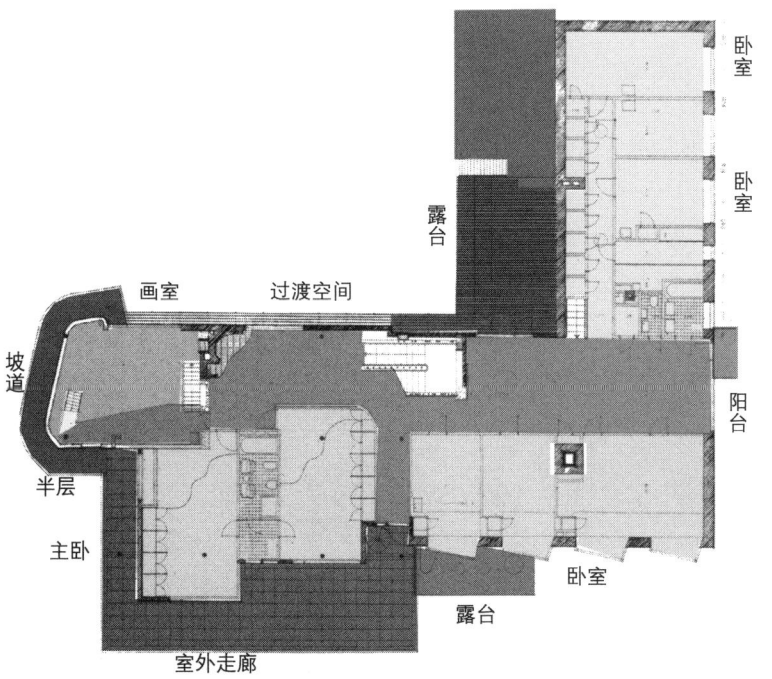

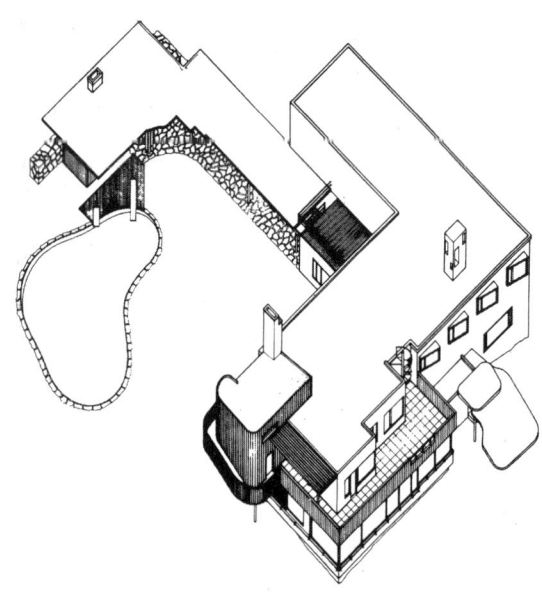

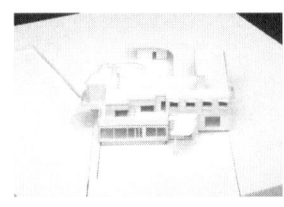 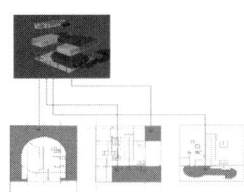  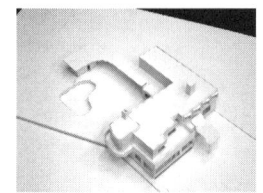 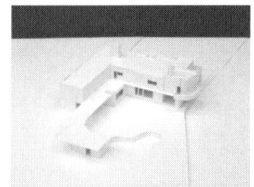

建筑外观

　　从建筑模型及轴测图我们可以非常直观地体会到，阿尔托设计立面时所考虑到的丰富饱满的外观效果——细腻、明确、富有节奏。这些形式上的变化应该说也是建筑功能上的需要，它是人情化设计对于形式处理的直接反映。

建筑立面分析

强化与弱化是阿尔托在处理建筑与环境关系时常用的手法，阿尔托使用纯净的白色墙面，弱化与天空的界线，而参差不齐的开窗方式，强化与树林的呼应，这一弱一强，就将建筑完美地融到环境里。体量的弱化与秩序的强化在阿尔托的作品也经常使用，他试图把建筑的总体量表现为若干片断，弱化对环境的影响，这些片断再以某种变化的秩序组合，反映建筑的空间是由许多平面或实体所构成，隐喻着建筑发展的观点，竖线的抽象。

森林在芬兰文化中占有重要地位，阿尔托把森林中最基本的符号"竖线"抽象出来运用到建筑上，如玛丽亚别墅木板的构造方式，参差的开窗形式。

波形面是阿尔托设计手法的一大特征，画室的外形使用这种手法时是考虑了功能因素的，同时也为建筑艺术塑造了新的空间形式，产生了动态感，隐喻着自由、奔放的性格。

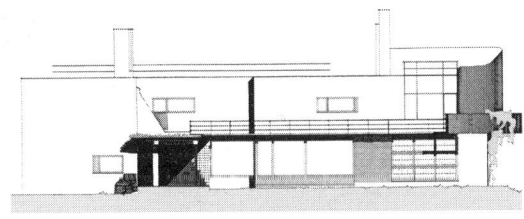

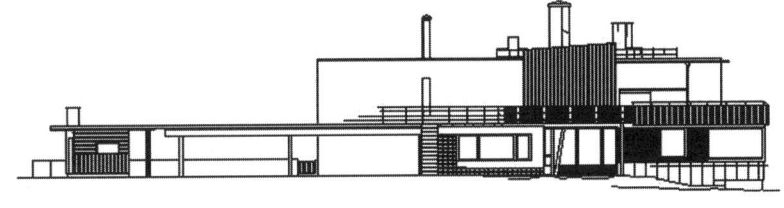

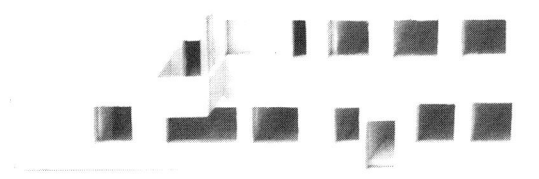

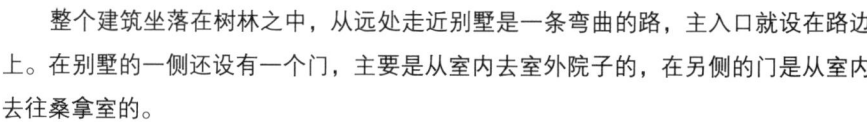

交通流线组织

　　整个建筑坐落在树林之中，从远处走近别墅是一条弯曲的路，主入口就设在路边上。在别墅的一侧还设有一个门，主要是从室内去室外院子的，在另侧的门是从室内去往桑拿室的。

　　从外面看别墅的交通能感觉到建筑的使用是很方便的。"L"形的建筑前、左、右都设了门。

　　从室内看，从主入口进入的第一个房间是门厅，门厅的左侧是开放空间：起居室；右面是相对私密的空间：厨房和卧室。左侧直接有门通往内院，很开放。右面开窗很小，临着街，相对私密。门厅的正前方为餐厅，餐厅里有门直接通往后面的廊子，一个长长的灰空间，这样在室内一层就有了两条路线通往室外，很方便也很科学，无论是在会客时或是就餐完人们都有可能去内院走走。

　　从一楼上二楼有三个楼梯，一个是从一楼的私密空间往二楼去的，一个是起居室往上去的，那有很好的视野，第三个是从起居室去往室外的地方的，比较小，因为那楼梯基本上是专用的，供主人去往二楼去画室用。二楼还设有去往屋顶的圆形楼梯。二楼有露台，围着画室和主卧，这样使用者在画画休息和刚起床时都可以很好地感受户外的景色。

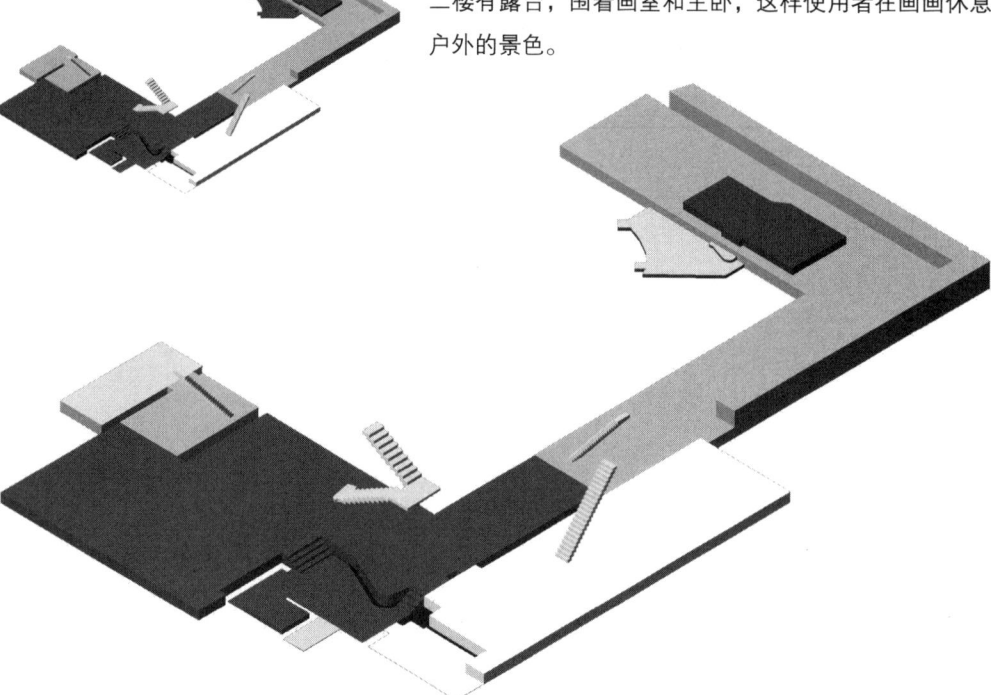

建筑结构

　　阿尔瓦·阿尔托最初的计划是在不使用任何工具的情况下进行随意的勾勒，因此，在保证功能性关系和细节问题的前提下，无论在不规则的形状上还是在结构上，他所设计的作品都表现出其创造性和随意性。他使用不同的材料，并采用综合的结构，同时还充分了解现场的场地特征，然后对每项建筑项目进行完美的设计。阿尔托采用大量重叠的手法开辟了更大的空间，并将窗户的衔接、外界的景物通过一种光滑的曲线形式连接起来，以达到动感十足的目的。

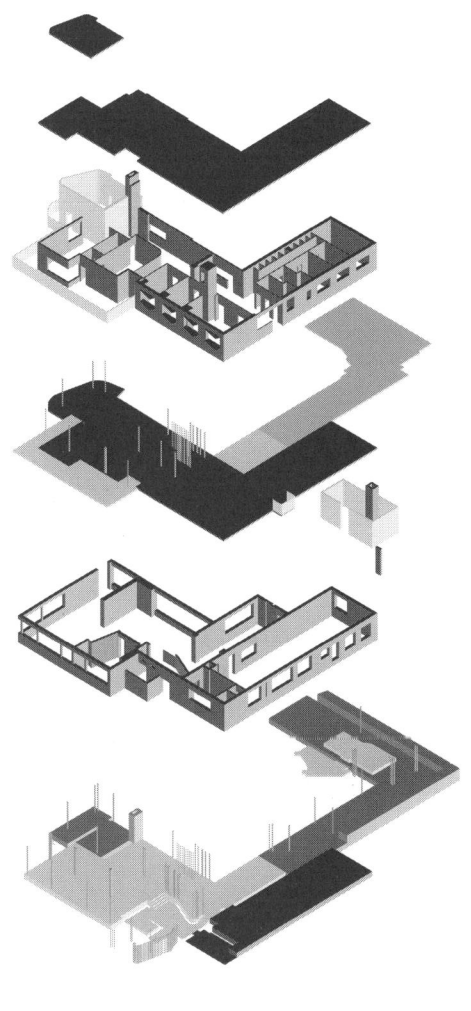

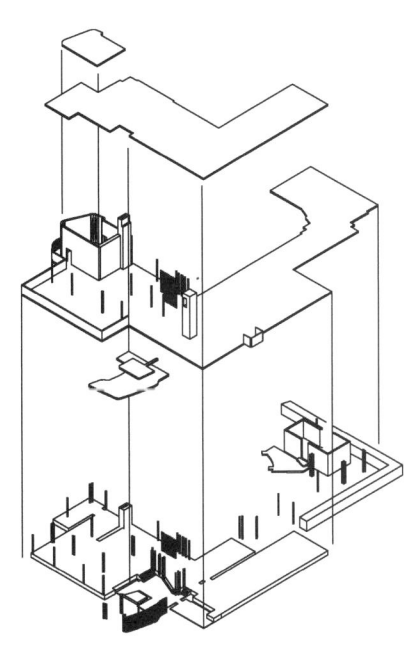

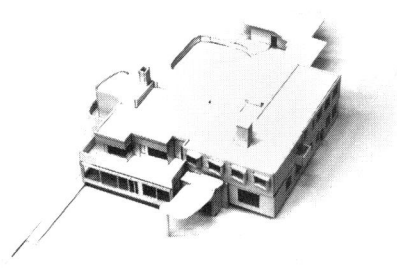

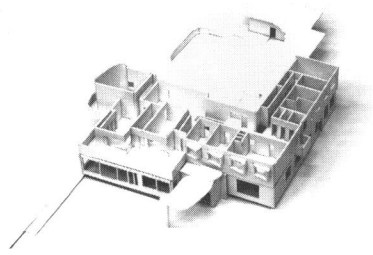

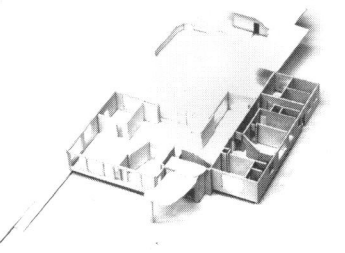

空间布局组织分析

　　住宅平面呈"L"形，后面单设了一个蒸汽浴室，这又形成了"U"形，围着院子，院子中有个不规则形的游泳池。对着住宅入门的是餐厅，左边进入起居室，右边通卧室。从门厅到起居室，没有设门，用几级踏步划分，形成了空间的延伸。在起居室内，他把空间分成有机的两部分，一半作为会客，另一半可安静地休息和弹琴。有趣的是这两部分没有什么分隔，也没有地坪的高差，只是用不同的地面材料区分。室的一角外有边门可进入花园。上面有意布置了曲线雨篷和房间，使造型生动活泼，和内部流动空间相协调。底层起居室仅仅是一个单一的连续开敞空间，但进一步在室内布置上却分解为一个围绕传统芬兰式壁炉的高起地面，和一个有大玻璃窗的休息空间。紧靠着起居室的是餐厅和服务用房，所有居室都安排在楼上。

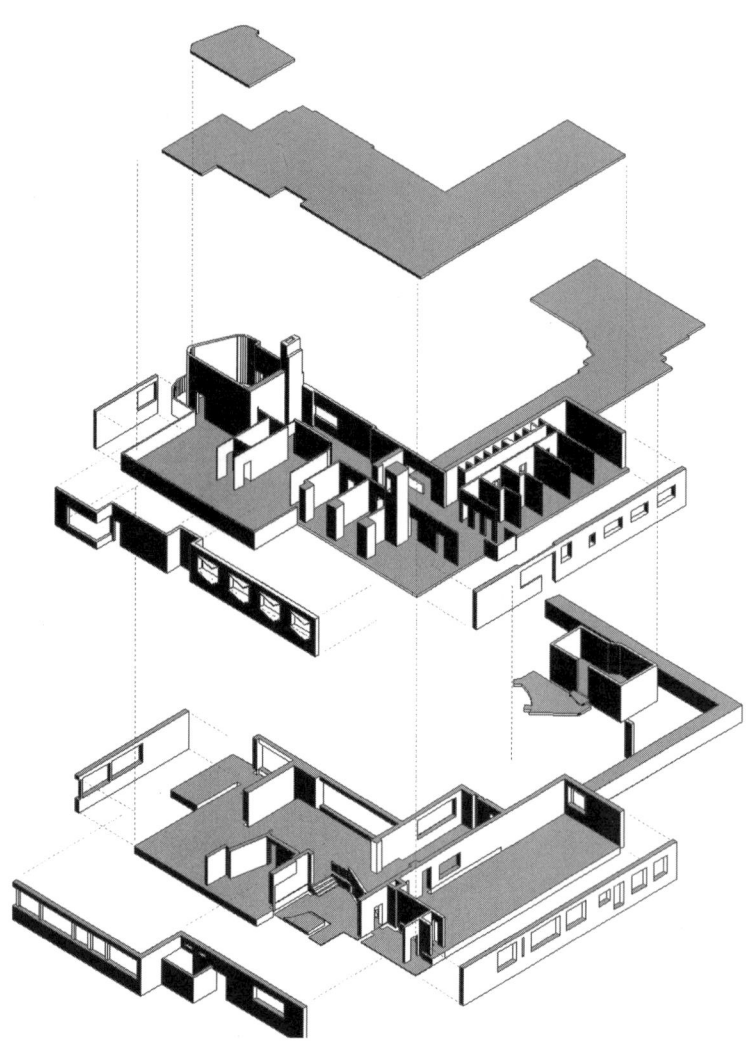

细节设计

阿尔托大量不朽的建筑不但在纹理上相当丰富，而且在传统原料的使用上也是相当广泛，主要体现在流动的空间、自然光线、空间的分配以及其他大量的细节等方面。他的装饰也影响到了国际水平，正如他曾经说过："没有什么可以再生，同时也没有什么可以完全消失，任何东西都会以一种新的形式呈现出来。"

阿尔托使用诸如木材、砖块、石头、铜以及大理石等天然资源，同时也利用自然光线进行自然的衔接，风格实在而且连贯。阿尔托的成就和天才之一就是对不同材料的理解和自己的表达形式，对材料的运用，首先要求的是对材料特性的认识，进一步寻找材料与空间构造的关系，他最常用的材料就是当地传统的木材和红砖；阿尔托常应用两种不同性质的材料组合在一起，取其质地与颜色的对比，并以柔和的内部空间和外部环境取得协调。

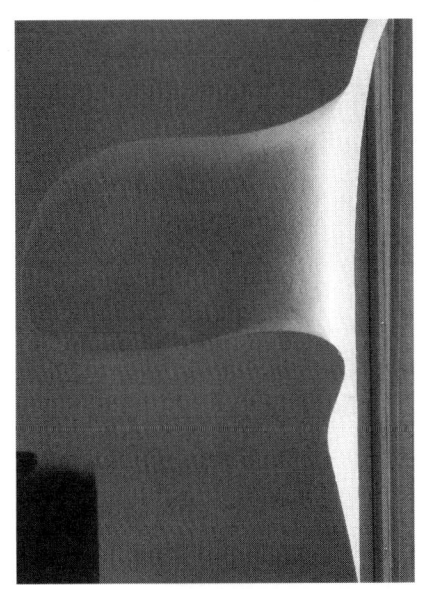

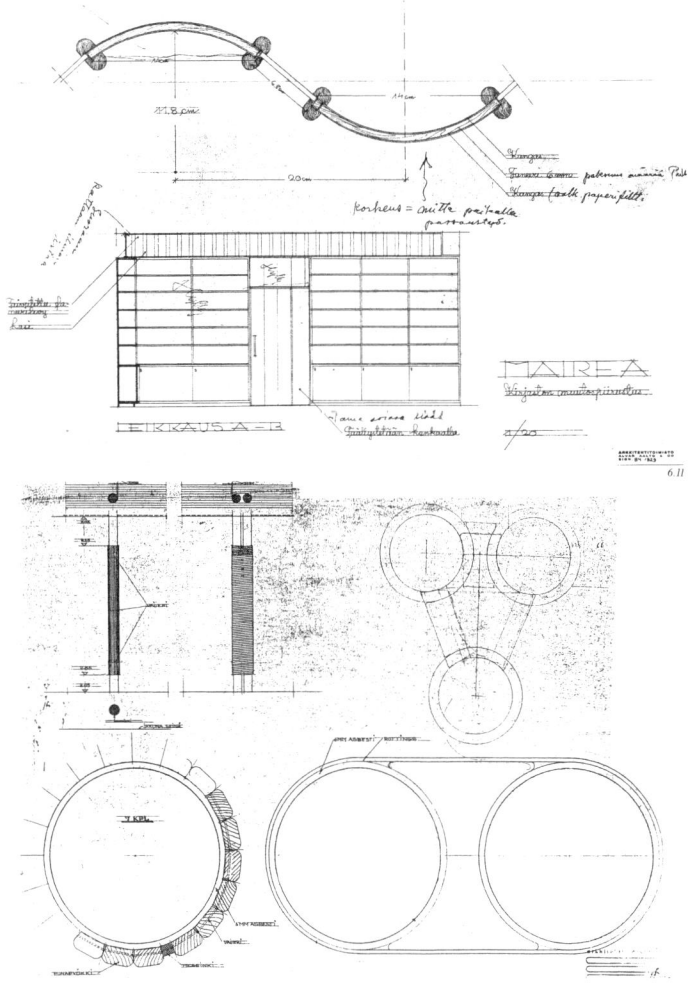

建筑构造分析

对于结构承重的柱子，不论内外，均加以修饰处理，形成不同视觉感，建筑的外表仍采用直条木材饰面。

建筑的内外基本上都是用当地木材建造，直条板的外墙和条形板的顶棚更具有鲜明特色。用来支撑的独立柱子，靠近人的部分外包了藤条，局部柱子还有用细木条做贴面的。

室内铺地的材料有很多种，建筑师在处理上显得很有机，建筑材料充分体现了空间的概念。

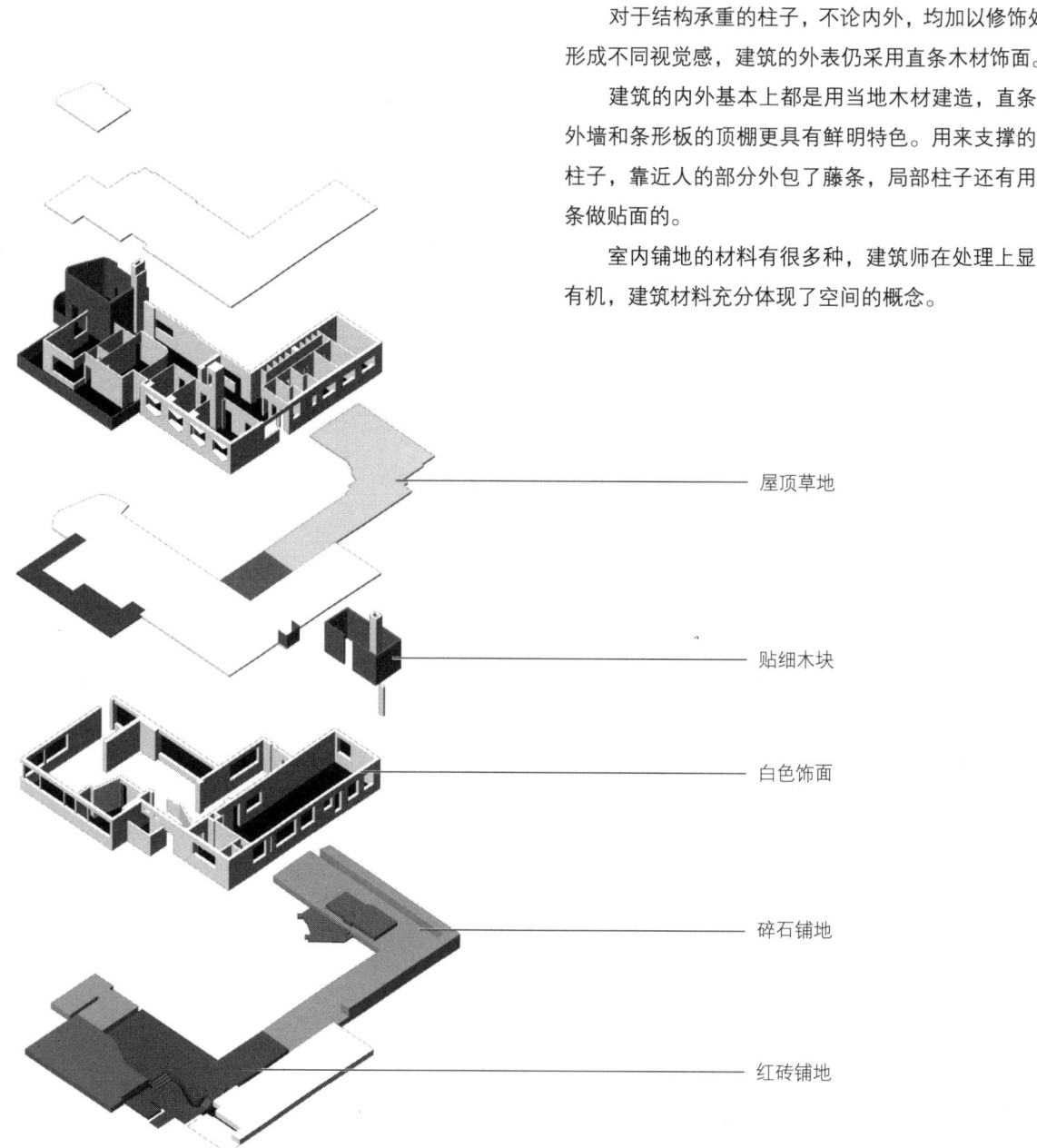

屋顶草地

贴细木块

白色饰面

碎石铺地

红砖铺地

入口设计

　　建筑共安排了一个主入口，三个次入口，除了服务人员用的工作出入口以外，其余的都设计了雨篷，特别是主入口，在形式上采用了自由曲面形，形式与水池、画室和地面景观形成了呼应。材料用的是当地的木材，竖向的线条与室内的自由立柱形成了呼应。门厅的高差使入口处与内部自然产生了节奏，在空间关系上连贯、有张力。

人情化的设计

　　泳池的设计，不光是从景观方面的因素出发，"肾"形的泳池形成的光滑曲线还是良好的无隐患设计。二层卫生间门外出挑的小阳台，能让人及时呼吸到新鲜空气。室内的装修，家具的摆设，楼梯处的细节，都体现了这个北欧国度的建筑所能提供给人的最舒适的生活空间。

建筑评价

玛丽亚别墅超越了阿尔托和爱诺战前的任何一个作品，成了 20 世纪将现代理性主义与民族浪漫运动联系起来的纽带，也是阿尔托的得意之作，可以和密斯的吐根哈特住宅媲美。两者都是在满足功能要求的前提下，采用了"流动空间"的手法，所不同的是阿尔托处理得自由灵活，房间的连续性富有舒适感。

弗兰姆普敦曾指出阿尔托的这座别墅贯穿着一种双重原则。其因地制宜的形体和不规则的游泳池形成了人工与自然形式的隐喻对比；古利申太太在二楼突出的船状画室为"头"与蒸汽浴室的"尾"形成对比；起居室内的地砖、木地板与粗糙的铺路石形成对比；蒸汽浴室外一片延伸的毛石墙与传统的草皮屋面也形成了对比。

阿尔托最初的计划是在不使用任何工具的情况下进行随意的勾勒，因此，在保证功能性关系和细节问题的前提下，无论在不规则的形状上还是在结构上，他所设计的作品都表现出创造性和随意性。他使用不同的材料，并采用综合结构，同时还充分了解场地特征，然后对每项建筑项目进行完美的设计。阿尔托采用大量重叠的手法开辟了更大的空间，并将窗户的衔接、外界的景物通过一种光滑的曲线形式连接起来，以达到动感十足的目的。阿尔托经常在他的设计中采用这种设计方式，他认为这种设计可以达到人神共性的目的，而且可以留出更大的空间。当然，他也非常关注人性的特征。

玛丽亚别墅的设计充分体现了这些，"肾"形游泳池，随意中透着理性的柱子，各种材料在室内的布置。所有的造型和功能安排在美观之中又充分体现设计者对人性的关怀，这是建筑师流露的对建筑的阐述。我觉得这种阐述是很平和的，你可以读出建筑的亲切、细致，就好像是你最合适的衣服一样。

阿尔托在玛丽亚别墅的设计中是煞费苦心的，从建筑设计到室内装修，以及家具、灯具都考虑得很周到，力求舒适美观。金属的柱子上缠满了藤条，楼梯扶手的旁边布满有藤萝攀缘，这些都增加了回归自然的意境。

有人这样说："阿尔托的高度是很少有人能达到的。"我开始没有这么强烈的感觉，但是当我慢慢深入研究，慢慢去琢磨建筑师的思考的痕迹时，我发现这个评价是多么的正确。

参考书目

1. 阿尔瓦·阿尔托专集．A+U
2. 刘先觉．国外著名建筑师丛书——A·阿尔托．北京：中国建筑工业出版社，1992

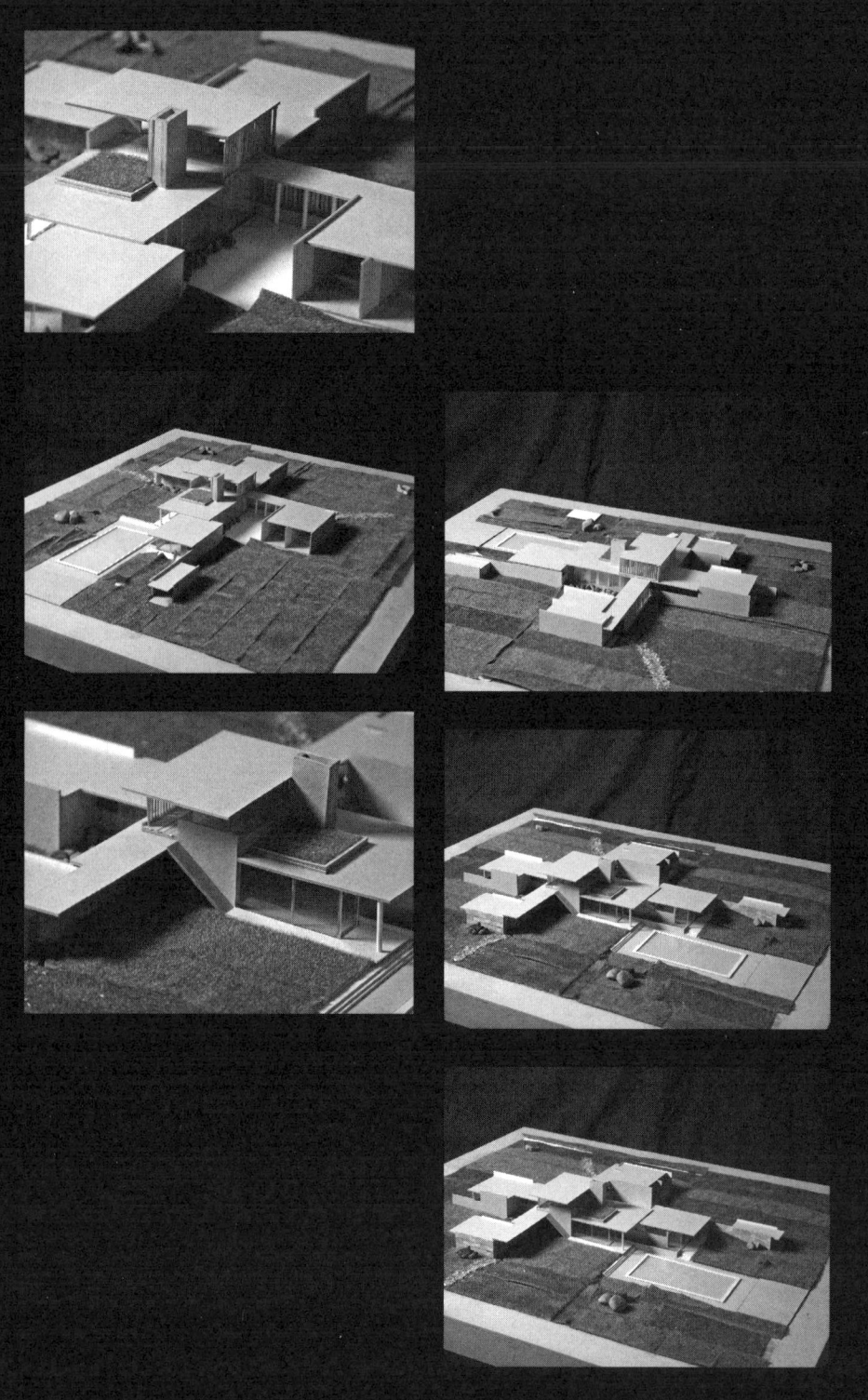

7

诺伊特拉 – 考夫曼沙漠别墅

（资源编码：107，207）

学生：冯茜　姚园园　刘仲

生平

理查德·诺伊特拉（Richard Josef Neutra）于 1892 年 4 月 8 日出生于奥地利维也纳，1970 年 4 月 16 日在联邦德国的乌普塔去世。他是在美国最早从事具有德国风格的现代主义建筑设计大师，他强调探索、设计的核心是生活的本质，通过不同地点的具体的人的生活需求，提供他们具体的设计方式，诺伊特拉认为这才是建筑设计的核心。

1910 年，它结识了阿道夫·鲁斯（Adolf Loos），他受老一代反对使用建筑装饰的建筑学和他所赞赏的美国建筑设计影响。1911 年，他在赖特的作品刚在欧洲出现时对美国建筑设计的兴趣加深。

一战后，他在瑞士工作，当时积累了对景观设计和城市规划设计的经验。1912 年，当他在德国卢肯瓦尔德（Luckenwalde）的市立建筑办公室工作时，他结识了当时正在为一个帽子工厂做设计的艾里克·门德尔松（Erich Mendelsohn）。同年，诺伊特拉到了艾里克·门德尔松的工作室工作。艾里克·门德尔松是德国现代建筑早期的重要大师、建筑表现主义的代表人物，因此诺伊特拉很早就对现代建筑的内容和方法、现代材料、现代建筑技术和现代形式有相当深刻的理解。

诺伊特拉于 1923 年移民美国，决心要把对于欧洲的现代主义运动的探索带到美国。他的建筑主要集中在美国西部，特别是集中在加利福尼亚州。但是他单纯和准确的国际主义风格影响却远远越过了加利福尼亚州的界限，影响到整个美国和拉丁美洲国家、欧洲，甚至非洲。

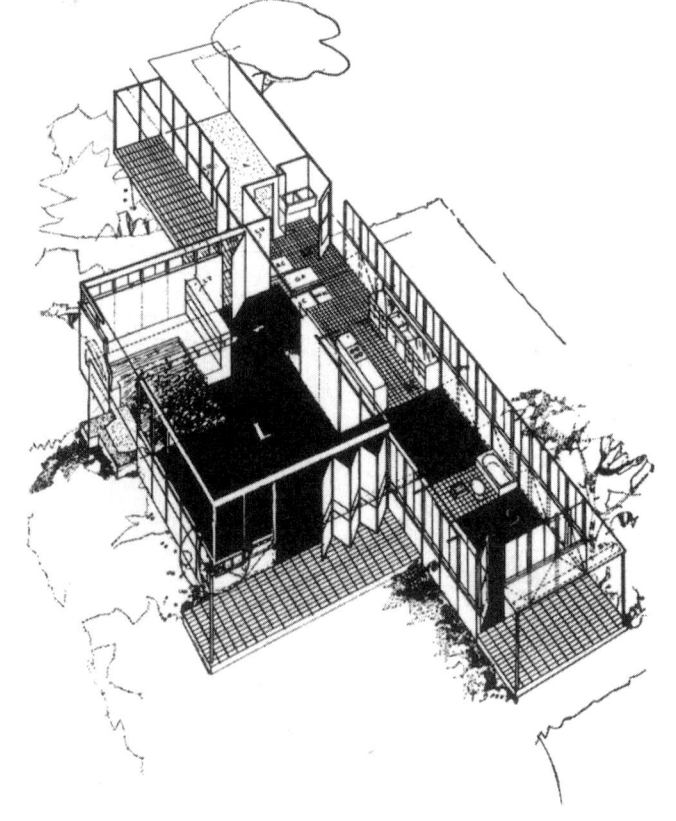

也是在这时，诺伊特拉提出居住的本质，认为居住的本质不仅仅局限于庇护所的观点，而扩展到生活的品质和开拓对心理功能的设计。因此在设计现代住宅的时候充分考虑了日照与户外环境和室内的关系，密切内外关系以达到他争取的真正的居住的本质的目的。

在诺伊特拉到美国后，他曾经短期在赖特的位于威斯康星州的塔里埃森建筑学校工作过，受赖特的把室外环境引进室内，让大自然和建筑融为一体的影响，认为建筑最关键的不是抽象的形式，而是对日照和光线的调节，以及在建筑物及其周围用细腻的手法布置植物的屏障。

后来诺伊特拉到洛杉矶后成立建筑事务所，与鲁道夫·辛德勒（Rudolph Schindler）合作，他们的设计从一开始就与赖特的混凝土表现结构的建筑有不同的发展倾向，与1925年格罗皮乌斯设计的包豪斯校舍具有非常接近的形式，简单外形、白色为主的色彩表现、钢筋混凝土结构、多功能集中一体的配合。

1927年，诺伊特拉为罗威尔博士设计住宅，受罗威尔博士的健康心理学影响，诺伊特拉把设计的环境对人的精神系统的影响作为核心，利用了洛杉矶一年四季温暖如春的气候特点，使内外空间和建筑多功能部分作自由布局。这个建筑是美国西海岸第一栋纯钢铁构架住宅建筑，奠定了他在美国作为现代建筑设计家的基础。1949年，在一个大规模的实验中，他和Robert Alexander结成了合伙关系，这种关系一直维持到1958年。

建筑概况

考夫曼沙漠别墅是在二战后为匹兹堡百货公司所有者考夫曼及其家人和客人冬季度假而从中找到更轻盈、宽阔的感觉而设计的。沙漠别墅建于山脚下，起伏不平的地形上。

建筑以发散性出现，平面组合大致为十字形，自南向北分三大块。起居室与车库和客人房的联系主要是室外走廊，在三者之间走动还能贯穿着户外景观。把大自然引进室内，是诺伊特拉设计这个房子的主要思想，也是诺伊特拉的住宅设计的核心，通过使房间或区域朝向的景观特征，使建筑室内外的联系更加密切。

这不同于以往的室内功能聚合的传统别墅格局，考夫曼别墅以发散性布置，每一个房间都是独立的，有自己特定的功能，自成一个使用体系，以达到互不受影响的关系。别墅里所有的私人空间和公共空间被明显的界限划分，或是以长走廊，或是以能够隔绝视线的体量（壁炉、洗手间）来防止空间和人的被入侵。

院落与建筑的关系

以发散形体出现的建筑主体从中心向花园蔓延，与环境形成多种关系，A、C环境被引入建筑内部，具有主动性；B在建筑的大玻璃前呈阶梯状展开，地势由西至东缓缓降低，与主体形成展示关系，从形态上衬托出客厅的主体地位，同时也显现出建筑与院落的互动关系。

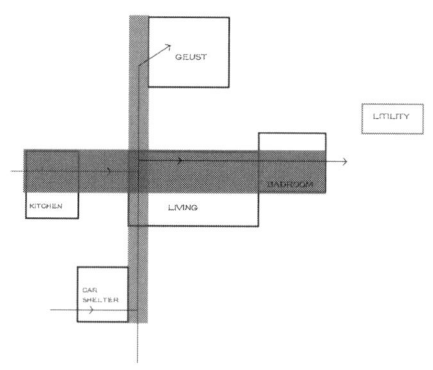

建筑平面特点红十字

整个建筑由主人房、客人房、佣人房、一个大的公共空间（起居室）和一些辅助功能用房（厨房、车库、储藏室）组成。建筑以起居室四分之一角为中心向外延伸横向和纵向的轴线，主卧室、客房、服务用房和车库如风车状的平面包围着起居室。发散的空间布局使它们相互独立又合理连接，互不干扰。

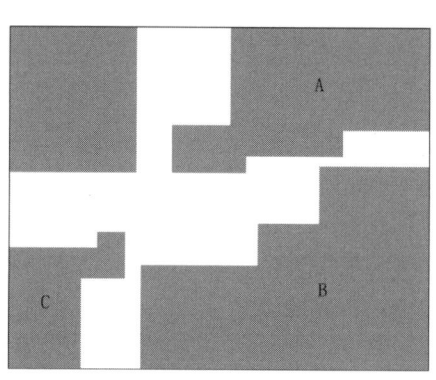

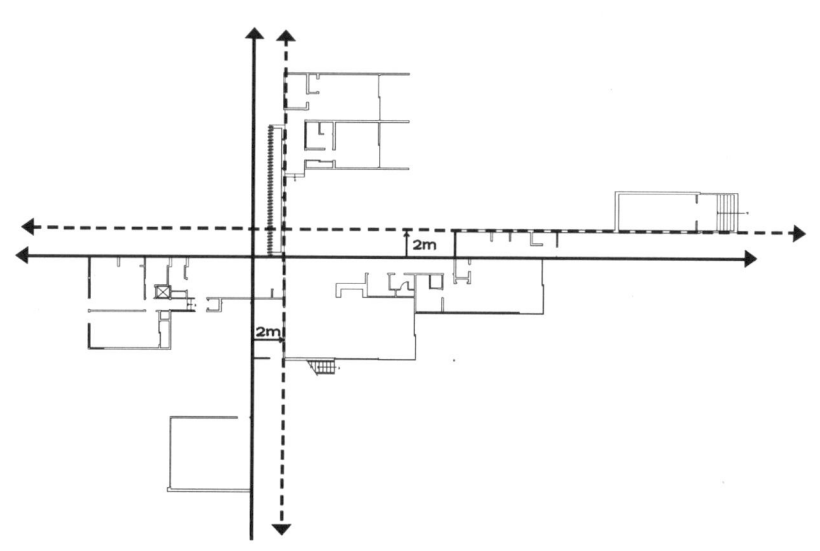

平行墙分析

作为普遍原则，国际主义倾向于自由式平面，因为带有灵活性，因此喜欢用框架来代替砌体结构。沙漠别墅主要是框架混凝土结构，主要承重体系是南北向的平行墙。建筑的室内外隔断也主要以平行墙的形式出现，或许两面是实墙，或许都是玻璃墙。

平行墙技术是一项最古老、最简单同时也是最实用的一种建造技法，在史前建筑中就有应用。诺伊特拉在这个建筑中就熟练地应用了这种技术。

平行墙对方向有良好的控制力，诺伊特拉合理地运用平行墙，使这个建筑的室内空间变得更为安全，并具有良好的方向感和内聚力。墙面可通过对两侧的控制，形成前后贯通的笔直通路，增加一道非承

重的厚墙，就使房间三面封闭，进而形成单一的前入口，看上去就像自然的巢穴般安全。方向感是通过两道相互平行的墙体所界定的狭长空间所创造出来的。在平行墙产生的另外两个朝向中，诺伊特拉往往

将一面封闭，另一面保持开敞，这样使空间有了自己的主朝向性。最重要的，在两道相互平行的墙体间可以安排完整的居住单元，诺伊特拉在每一组平行墙间安排了一套居住单元，每套单元间互不影响。

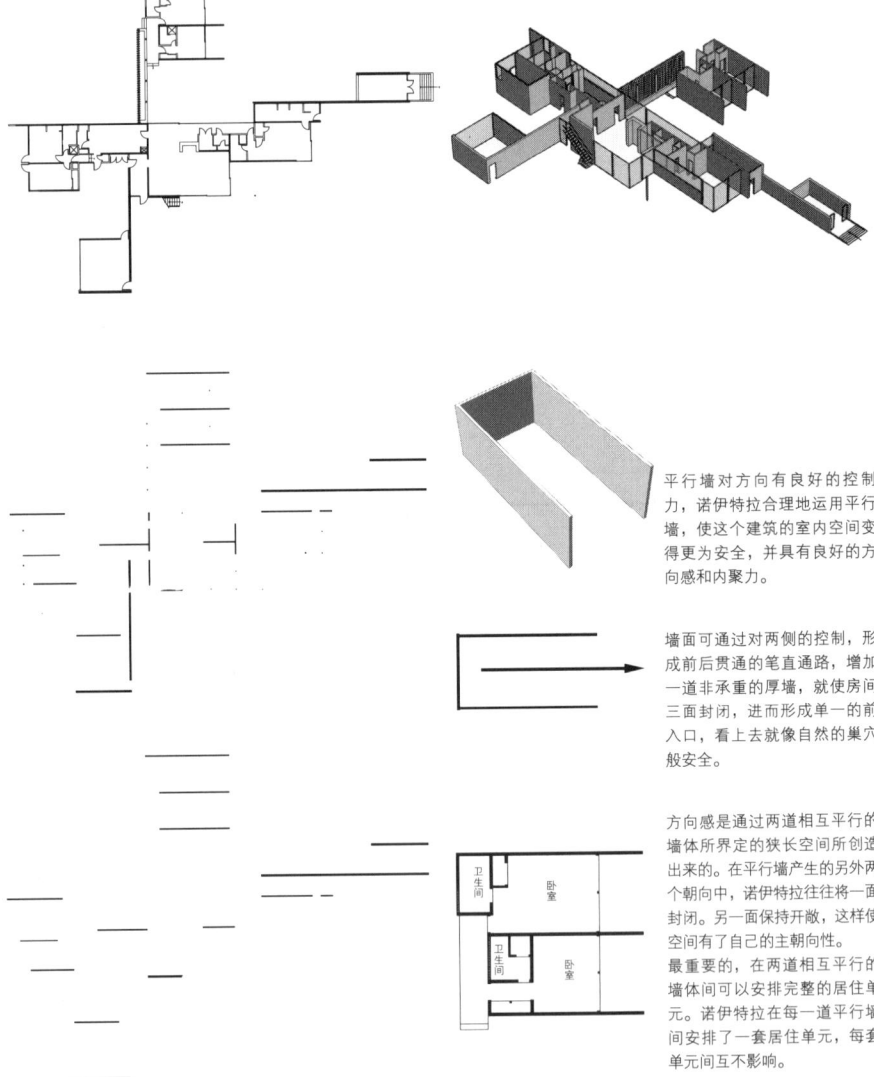

平行墙对方向有良好的控制力，诺伊特拉合理地运用平行墙，使这个建筑的室内空间变得更为安全，并具有良好的方向感和内聚力。

墙面可通过对两侧的控制，形成前后贯通的笔直通路，增加一道非承重的厚墙，就使房间三面封闭，进而形成单一的前入口，看上去就像自然的巢穴般安全。

方向感是通过两道相互平行的墙体所界定的狭长空间所创造出来的。在平行墙产生的另外两个朝向中，诺伊特拉往往将一面封闭，另一面保持开敞，这样使空间有了自己的主朝向性。最重要的，在两道相互平行的墙体间可以安排完整的居住单元。诺伊特拉在每一道平行墙间安排了一套居住单元，每套单元间互不影响。

建筑与自然

那些看来自然和谐的规划产物其实是与它们所在场地相适应的结果。对古典建筑来说，户内是一个屏障，可以隔绝外面的世界。相反的，在沙漠别墅中，感觉则截然不同。人们总是处于看与被看的交互作用之下。由于有视觉接触和轴线的变化，这些交互作用才得以持续，在人们的活动及房间的配置之下，居住者摇身一变成为活动者。

（大面积玻璃窗、落地窗和二层的实景照片）

由于诺伊特拉试图把室外环境引进室内，所以在建筑中，他采用了大量的大面积开窗，让居住者可以从任何一个视点向外眺望。从地板到顶棚板的玻璃的利用则把有限的室内空间延伸到室外去。

同时，设计上采用的敞开模式，使室内能够看到整个辽阔的沙漠景观。诺伊特拉设计的二层的突出部分就是为了起到遮阳和减少光照的作用，提高了来自内部的视野。

（院子里的景观设计和游泳池的照片）

诺伊特拉不仅借助建筑的可随意敞开的一个整面，把每一个方位上的景色都引进室内。而且，花园的每一个景色都可以成为室内某个视点的一幅画，把房间的视觉面积一直扩展到花园的边界。眼前见到的事物一直延伸到房屋的空间，使其与花园景观融为一体。

他还考虑到沙漠的特殊环境，为了使处于室内的人有愉悦感，诺伊特拉对于人们所能观察到的景观都作了一系列的设计。比如南向的游泳池，不仅仅是起提供娱乐的作用，还起到景观的作用，同时也通过它来增强来自内部的视野，如池面上对于天空和云朵的反映。

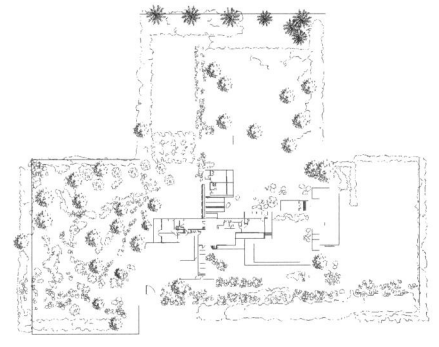

流线分析

　　考夫曼别墅不同于以往的室内功能聚合的传统别墅格局，而以发散性布置，每一个房间都是独立的，有自己特定的功能，自成一个使用体系，以达到互不受影响的关系。别墅里所有的私人空间和公共空间被明显地界限划分，或是以长走廊，或是以能够隔绝视线的体量（壁炉、洗手间）来防止空间和人的被入侵。

视点分析

　　诺依特拉深受密斯的影响，他继承了密斯的透视相对性的理解，在与玻璃或垂直或平行的方向上组织交错的墙体。这些白色的毫无装饰的墙体宁静又和谐，传达出高贵优雅的空间气质，同时蕴藏着淡淡的古典主义色彩。人们在建筑中的行走变成一种不断流动的认识过程。

　　试想站在客厅中的人（图 A）与南侧院落发生直接的可视关系，并以远处的山丘与绿林为背景，映衬近处的泳池；同时，主人卧室的阶梯状后退关系，为主卧提供交流的便利条件，卧室的上半部的开窗形式，又标明它们之间的半开放状态，以尊重卧室内部的私密性；客厅以虚体围合，在中间置入壁炉和卫生间，这样一来交通空间和客人房就变成隐约可见的关系。而当身处 B 图位置时，客人房的墙面和围合出的小内院则成为视线内的主角。

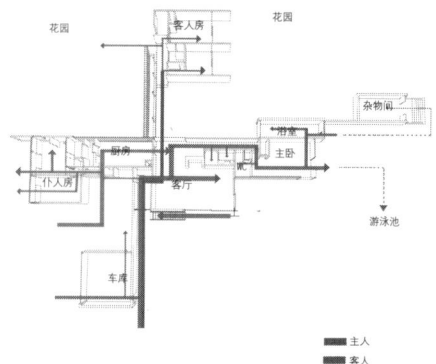

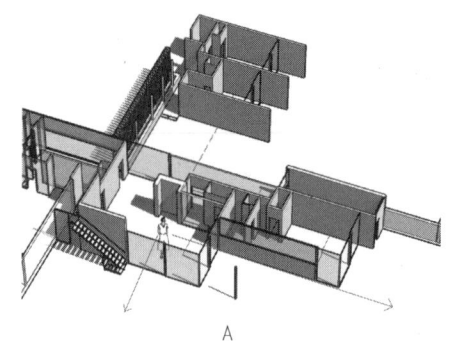

A

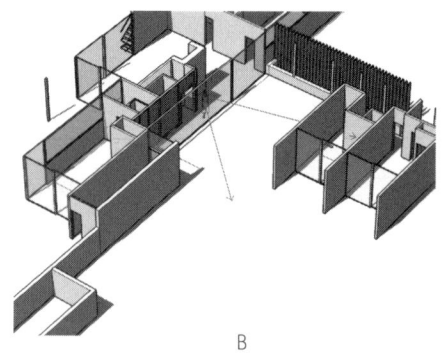

B

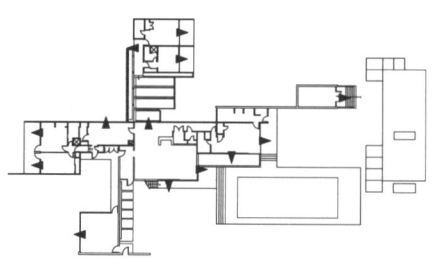
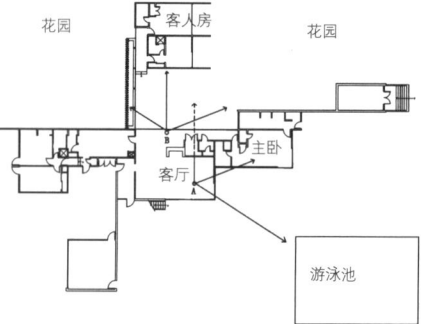

采光分析

南向玻璃决定着主人房一年当中的采光变化情况。这个变化区间根据其纬度北纬34° 4′ 位置计算得出。

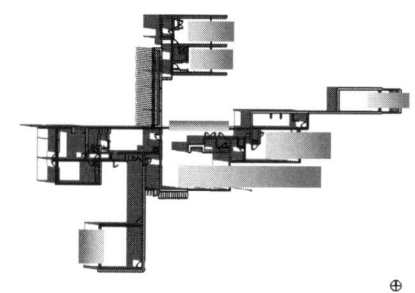

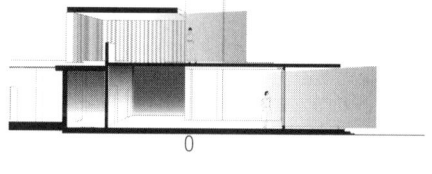

东侧受光图 1

太阳升起时的受光情况：阳光透过整片玻璃墙体，遍布客厅和起居室。

东侧受光图 2

上午 10 点光照对室内的影响：室内能接受到阳光直射。

东侧受光图 3

10 点之后到正午的室内受光：阳光逐渐增强，出挑的屋檐起到遮阳的作用。

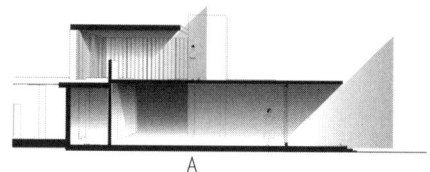

冬至日主人房采光分析图

冬至日时主人房的日照情况：此时太阳直射在南回归线，位于北半球的棕榈泉地区太阳高度角为 55° 58′，此时室内有 2/5 的区域受到阳光的照射。走廊被布置在北侧，这里没有太阳直射情况，但透过整面的玻璃幕依然有光线漫射或对面的白色墙体反射进来，营造了明亮的交通空间。

图1

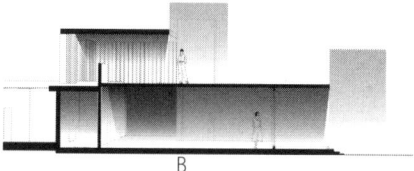

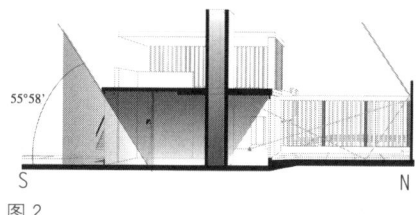

图2

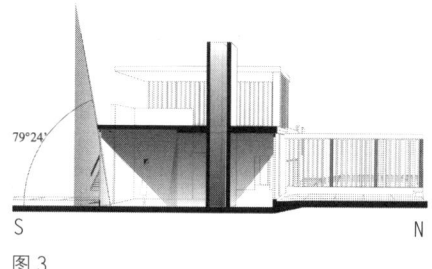

图3

通风与光照分析

起居室南北两侧的玻璃门窗开启时，形成了良好的通风，壁炉的存在又巧妙地避免了风力过大的现象的出现。

夏至日主人房采光分析图

夏至日时主人房的日照情况：这时太阳直射区域转移到北半球，当地太阳高度角为79° 24′，主人房内几乎没有直接入射的光线。

建筑材料［室内有沙发的那张图片（能体现出材料及丰富的空间）和模型的细部图片］

诺伊特拉在这个建筑中使用了当时最新的材料，他也把房子想象成为"人类对在月球上建造火箭发射站的设计方案的先驱者"。攀登接近客厅的外部楼梯，到达室外凉亭，站在一个360°全景的甲板上观看被高低不平的山和沙漠围绕的棕榈树。这个空间设有一个壁炉，一个可以从楼下往楼上直接送饭菜的小升降机，一张长沙发，一片可摩擦的用红木板条装成的地板，和一个可调节的铝合金百叶幕墙，给人以一种既在开敞的走廊走动又是在一个掩蔽处的感觉，也同时能唤起浮控的感觉，这被一位早期的批评家描述当作"在岩石和沙子上面的船骑。"

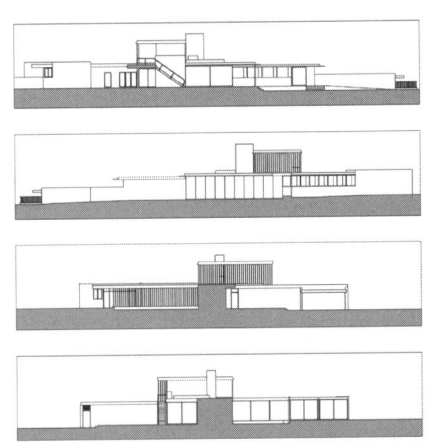

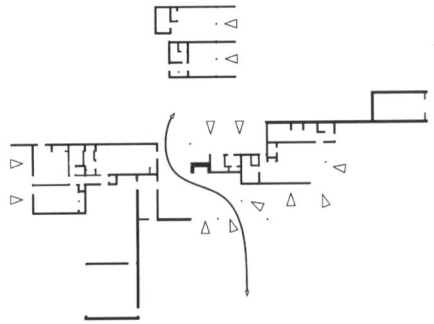

评价

考夫曼沙漠别墅是理查德·诺伊特拉毕生设计的最重要的住宅建筑，当时全世界的建筑师，除了赖特之外，大概没有哪个建筑师在建筑设计时如此注意建筑和环境的密切关系，室内和室外的联系方式。他的著作1954年的《通过设计而存在》、1956年的《生活和人类居所》和1962年的《生活和形式》集中体现了他的设计思想。诺伊特拉在《通过设计而存在》一书中阐述其生物学角度的关注是与希区柯克及约翰逊赋予国际风格的那种纯粹形式主义的动机大相径庭的。"迫切需要的是在设计我们的物理环境时，我们应当自觉地在最广义的含义下提出寻求生存这个根本问题。任何使人的自然机体受到损害或施加过分压力的设计均应废除或做出修改，使其符合我们的神经系统的需要，并推而广之，使其符合我们总体生理功能的需要"。理查德·诺伊特拉是国际主义风格运动中具有重要地位的建筑师。

参考书目

1. 王守之. 世界现代建筑史. 第十版. 北京：中国建筑工业出版社，1999
2. [德] Manfred Sack & Dion Neutra. Richard Neutra. 第二版. 苏黎世：Artemis Verlags AG，1992
3. [英] 西蒙·昂温（Unwin, S.）. 解析建筑. 伍江，谢建军译. 北京：中国水利水电出版社，知识产权出版社，2002
4. [美] 肯尼斯·弗兰姆普敦. 现代建筑——一部批判的历史. 张钦楠等译. 北京：三联书店，2004

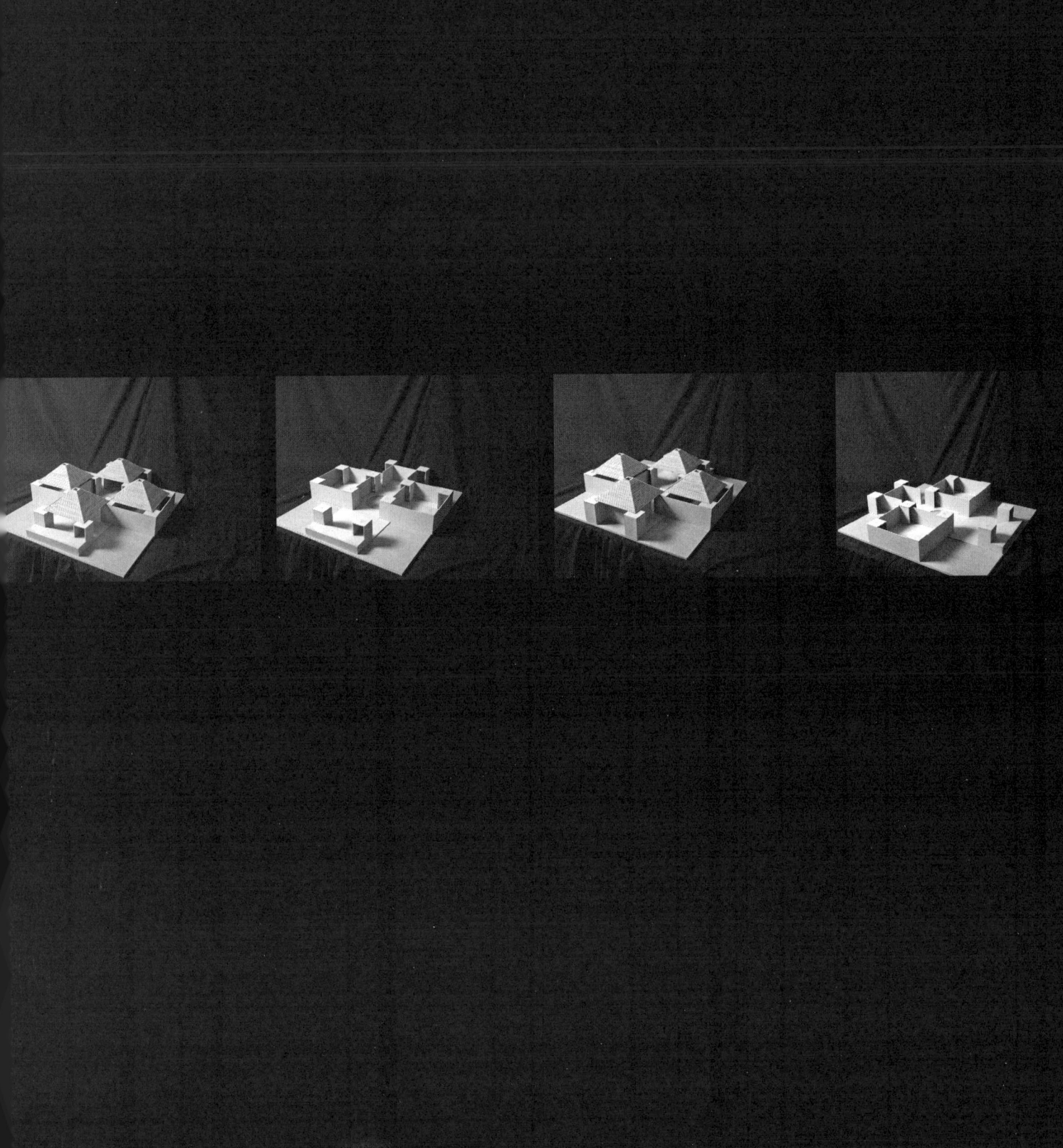

8

路易斯·康 – 屈灵顿游泳池更衣室

（资源编码：108，208）

学生：孙惠　汪倩

建筑师简介

路易斯·康是美国战后最重要的建筑家之一,一个把国际主义风格理想化的人物,他对现代主义具有执着的立场,并拥有类似柯布西耶的理想主义色彩。

路易斯·康于 1901 年生于爱沙尼亚,在古典主义传统的宾夕法尼亚大学学习建筑,受到学院派和鲍扎体系的深刻影响。康一家于 1906 年移民美国,康的母亲的文学修养、音乐天赋相当深刻地引导康走上了特定的人生之路。1912 ~ 1920 年间,康先后在费拉德尔菲亚中心中学和公立工业艺术设计学校求学,之后进入费城艺术学院专习绘画艺术,青年时代的康已显露出了不同凡响的艺术才能,这些先天和后天的禀赋,是他终于成为一名建筑师的条件。

1924 年毕业后,康到欧洲旅游,学习和领会欧洲建筑的精神。他在欧洲了解到当时正在兴起的现代主义建筑运动,对柯布西耶的设计和规划思想感到非常震动。回到美国后,开始了自己的建筑设计生涯。1935 年开设自己的事务所。

路易斯·康大器晚成,50 出头才真正有所突破,历经 30 年的摸索与彷徨,终于令建筑界刮目相看,迎来自己事业的转折点。

人们把 1952 ~ 1954 年耶鲁大学艺术画廊的扩建项目视为路易斯·康的成名之作。从这时起,路易斯·康自童年就积蓄起来的文化素养开始并发出异彩。他不但有设计作品问世,而且作品常常伴有自成一格的理论作为支持。他的理论,既有德国古典哲学和浪漫主义哲学的根基,又揉以现代主义的建筑观,东方文化的哲学思想,乃至中国老庄学说。他既从事建筑创作实践,又先后在耶鲁、普林斯顿和宾夕法尼亚大学从事建筑教育,应邀在许多国家发表演说。他的言论常常晦涩、艰深,令人费解;然而也如诗一样充满隐喻的力量。他的实践,似乎为这些诗句般的理论做了注解;而他的理论,又为他的实践添上了神秘的色彩。人们崇奉他为"建筑诗哲"。路易斯·康和宾夕法尼亚大学建筑系为核心,以及 R·文丘里、N·拉埃斯、R·裘戈拉组成了所谓的"费城学派"(Philadelphia school)。

1960 ~ 1965 年设计的宾夕法尼亚大学理查医学研究中心大楼是路易斯·康的代表作。这个建筑体现了他的设计思想。他认为建筑应该包括"服务空间"和"被服务空间",这种设计方法,实际以前已经有人在科学实验室的设计中采用过,路易斯·康把这种方法引入普通建筑设计中,把它规范成建筑设计的一种法则。

路易斯·康 60 年代初期进入为期 10 年左右的创作巅峰状态。他 60 ~ 70 年代设计的一系列公共建筑,包括 1959 年设计的加利福尼亚州拉霍亚的沙尔克生物医学研究中心,1967 年设计的耶鲁大学英国艺术博物馆等。

路易斯·康也开创了一个新流派,这一流派可以称之为新历史主义或者新古典主义。

路易斯·康 60 年代的设计方案几乎都有明确的轴线构图,有的是中轴线构图,甚至有主、次轴线,有的虽然不完全遵循中轴对称的做法,但在其主要部位采用某种古典的构图手法。

路易斯·康以 60 年代的技术、材料、功能、精神为表现手段和目的,采用简单的几何图形——正方形、矩形、圆形、三角形等作为构图的"基本元素",在空间组合上重现了某种历史上已有的等级空间序列手法,在主从关系、大小、形体、开合、明暗等方面展现了许多古典传统特征。他的建筑,在意境上具有强烈的传统气氛,在形态上却迥异于前人。

路易斯·康的作品,体量雄浑、沉重,虽不使用传统装饰符号,然而,凭借着钢筋混凝土、石材、砖、木等材料的天然质感和人工肌理的展现,使他的建筑有一种从总体到细部统一的纵深感。路易斯·康在沿用粗野主义的同时,也发展了它。

路易斯·康于 1974 年 3 月 17 日在纽约火车站去世,享年 74 岁。他被誉为现代主义和后现代主义两个阶段的建筑家。

建筑概况

屈灵顿游泳池更衣室（trenton bathhouse）位于德拉瓦山谷（Delaware Valley）的犹太人社区中心（Jewish Community Centre），是康建筑生涯中非常重要的一件作品。康为 TJCC 设计了很多方案，包括中心建筑以及周边的地景设计，很多都没有实现，一部分是业主和费用上的原因，另一部分是康在洽谈中的失败。但建成的屈灵顿游泳池更衣室却使得康一举成名，委任书接踵而至。屈灵顿游泳池更衣室在平面布局上成拜占庭式的十字形，上下左右四个正方形围绕着一个中庭展开，其中三个正方形分别为休息庭、男更衣室和女更衣室，第四个则由八级台阶引到"L"形的游泳池和正方形的婴儿池。四个方盒子由砌块筑成，并且没有开窗，上面分别盖着金字塔一样的屋顶，每个屋顶的四角与柱子相连，它们之间留有的缝隙让人觉得屋顶仿佛悬浮在砌块之上，每个角柱同时具有服伺空间的功能，提供储藏或是厕所一类的功能使用。康有意弱化处理屈灵顿游泳池更衣室的入口，只在一面墙上画了抽象的波浪壁画。结实敦厚的外部体量很难让人想象其内部竟如此轻灵明快。屋顶采用木结构，内部暴露出的结构构件与四面简单的墙壁形成对比，这种结构及通风的处理手法是非常现代的，但其对光线的戏剧性的使用却给人一种先验的体验，当人们走上台阶，向后看无顶的中庭时，这种体验被加强了。

入口

外观

室内

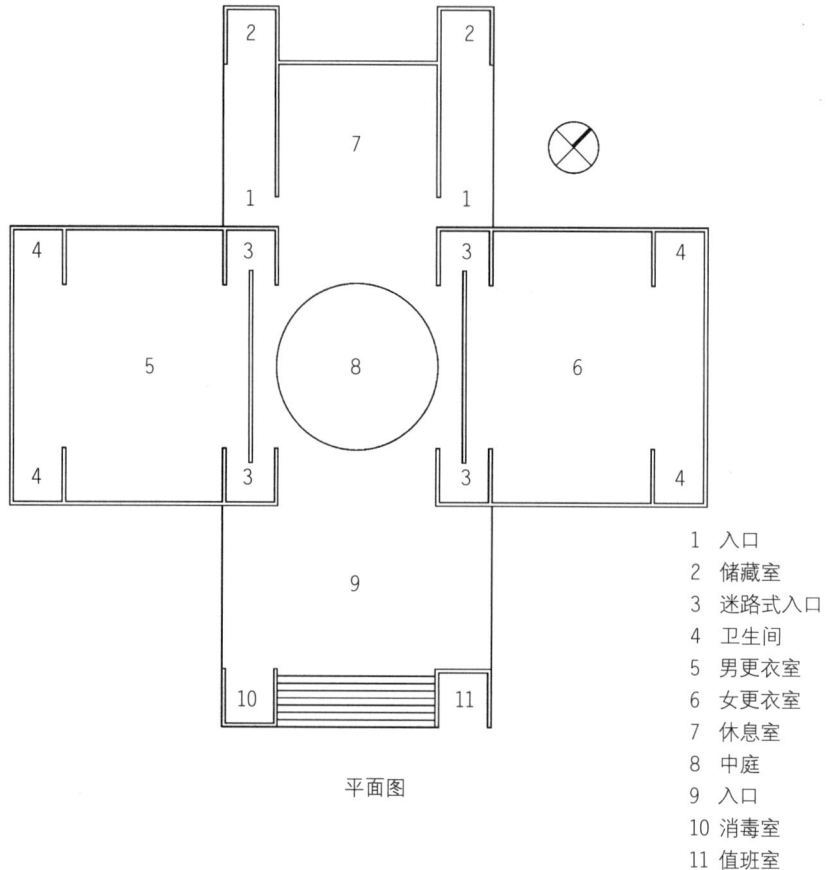

平面图

1 入口
2 储藏室
3 迷路式入口
4 卫生间
5 男更衣室
6 女更衣室
7 休息室
8 中庭
9 入口
10 消毒室
11 值班室

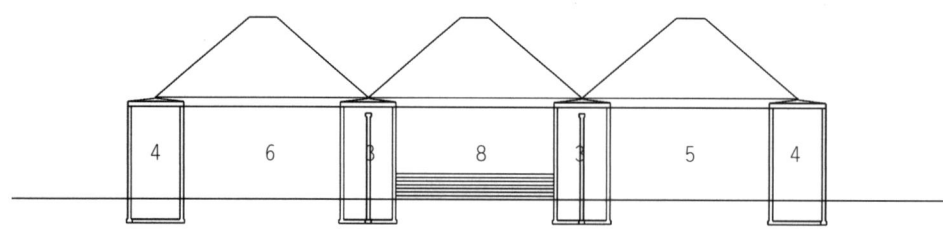

立面图

　　功能和结构的完美统一，是浴室的另一亮点。12 个狭小的承重空间，即康所谓的服伺空间，包围在建筑的主体空间四周，完美而恰到好处地发挥着它们在功能和结构上对整个浴室起到的作用。

　　根据各个服伺空间所处的位置和功能的需要，康给它们做出了合适的安排。值得强调的是泳池监管室的开口方向，似乎和康所强调的秩序违背。在这样规整的平面上非常不一样，是功能的需要，监管室的方向正对着游泳池。"屈灵顿游泳池更衣室的概念来自于一种空间秩序：支撑方锥屋顶的空心柱墩作为服伺空间。每个方锥屋顶中央开一个口，只有避雨、休憩室的口上装了玻璃。"

秩序

迷路式入口

卫生间

储藏室

消毒间

泳池监管室

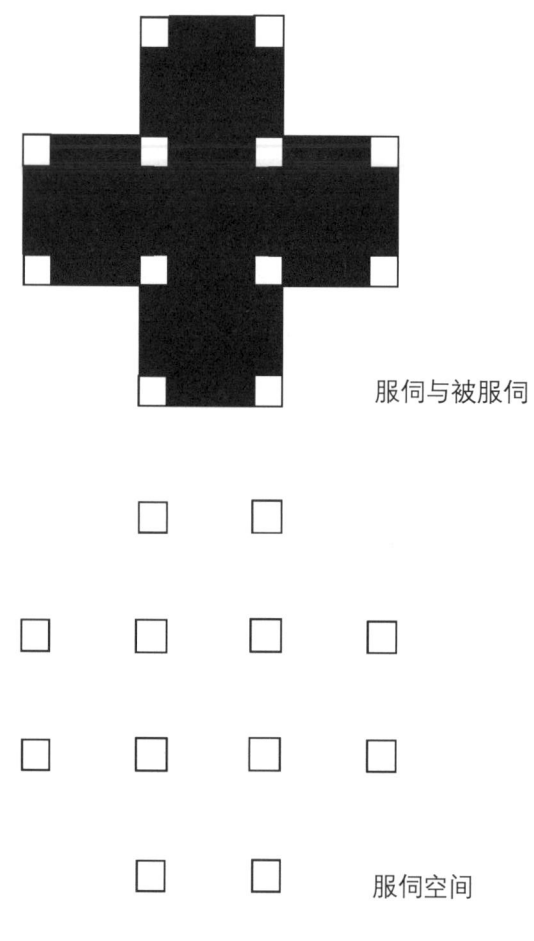

服伺与被服伺

服伺空间

服伺空间与被服伺空间

被服伺空间为主要功能空间，四周的墙体并不承重，只起到维护作用，空间相对宽敞，休憩、更衣主要入口等重要功能在此空间内完成。

服伺空间的墙体承重，直接支撑屋顶的重量。空间相对狭小，康巧妙利用空间，设计了进入更衣室的迷路入口、消毒室、卫生间等辅助功能。

在结构构造和功能主次关系上都明确体现了康所一再强调的对被服伺空间和服伺空间的理解。"屈灵顿游泳池更衣室，给了我一个机会，使我第一次分清了服伺空间和被服伺空间。这是一个十分清楚和简单的问题。这个问题得到了一个极为纯净的解答。每个空间皆有考虑，并无冗杂之处……"

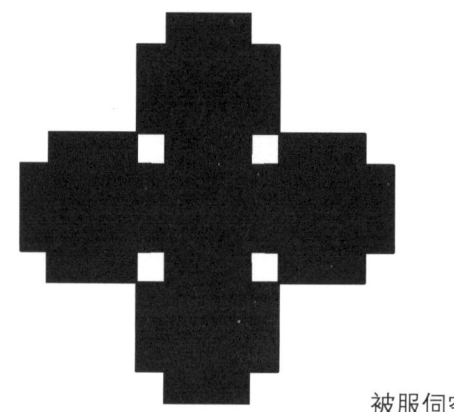

被服伺空间

墙与柱

　　在屈灵顿游泳池更衣室中，墙与柱存在着三种关系，相交、内接和外切，墙在康的建筑中颇受重视，康认为墙的存在会影响到室内与室外人们的行为动作。有这样一个规律，室内的人会尽量靠近墙边来获得充足的阳光；而室外的人们靠近墙边是因为上面探出来的屋檐可以为他们遮风避雨；还有一点，当我们一侧有所倚靠时，会增加许多安全感。柱子与墙的不同结合，会营造出不同的建筑立面，光影的变化，功能空间也随之产生。

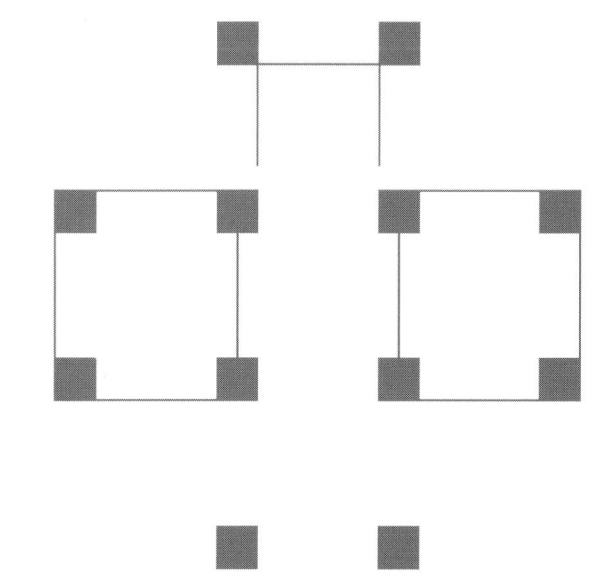

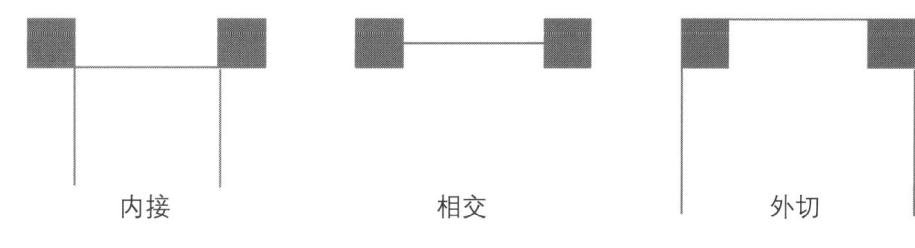

内接　　　　　　相交　　　　　　外切

私密空间与公共空间

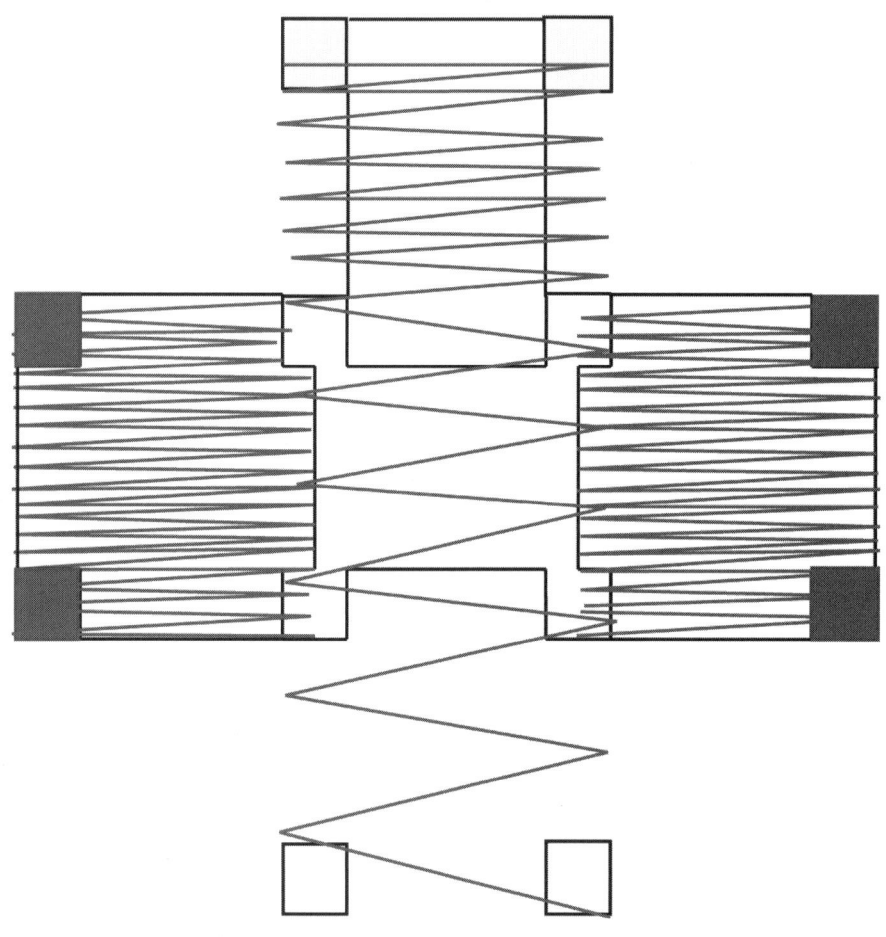

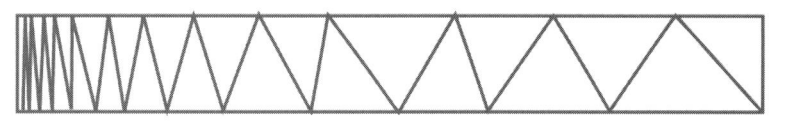

私密   公共

在屈灵顿游泳池更衣室中，私密空间与公共空间很明显地被区分开，互不交叉干扰，作为中间地带的迷路式入口又衔接了这两部分，使中轴的较为开放的空间与两翼相对私密的空间成为整体。

功能与流线

　　普通游泳更衣流线，目的明确，功能方式单一。进入入口后，很快完成更衣进入泳池。不和别人直接发生交流关系。康设计的更衣流线，除了能够满足最简单的更衣功能外，增加了中庭、休息和过渡空间等内容，非常注重人与人之间的交流和休憩，不单单把更衣看作是某个人的个人行为和最基本的功能需要，而是一种生活方式，一种交流途径。这是这个浴室最大的不同，康把自己的意识和理解，用建筑的语言直接表现了出来。

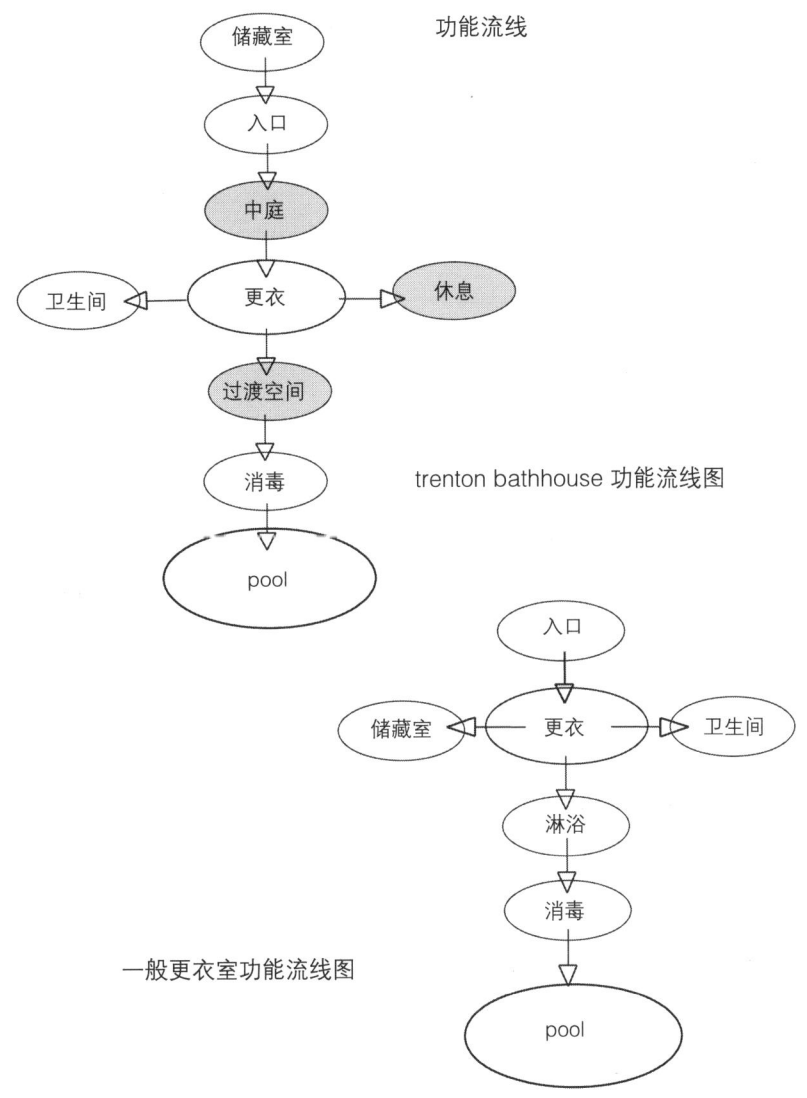

功能流线

trenton bathhouse 功能流线图

一般更衣室功能流线图

抽象图示

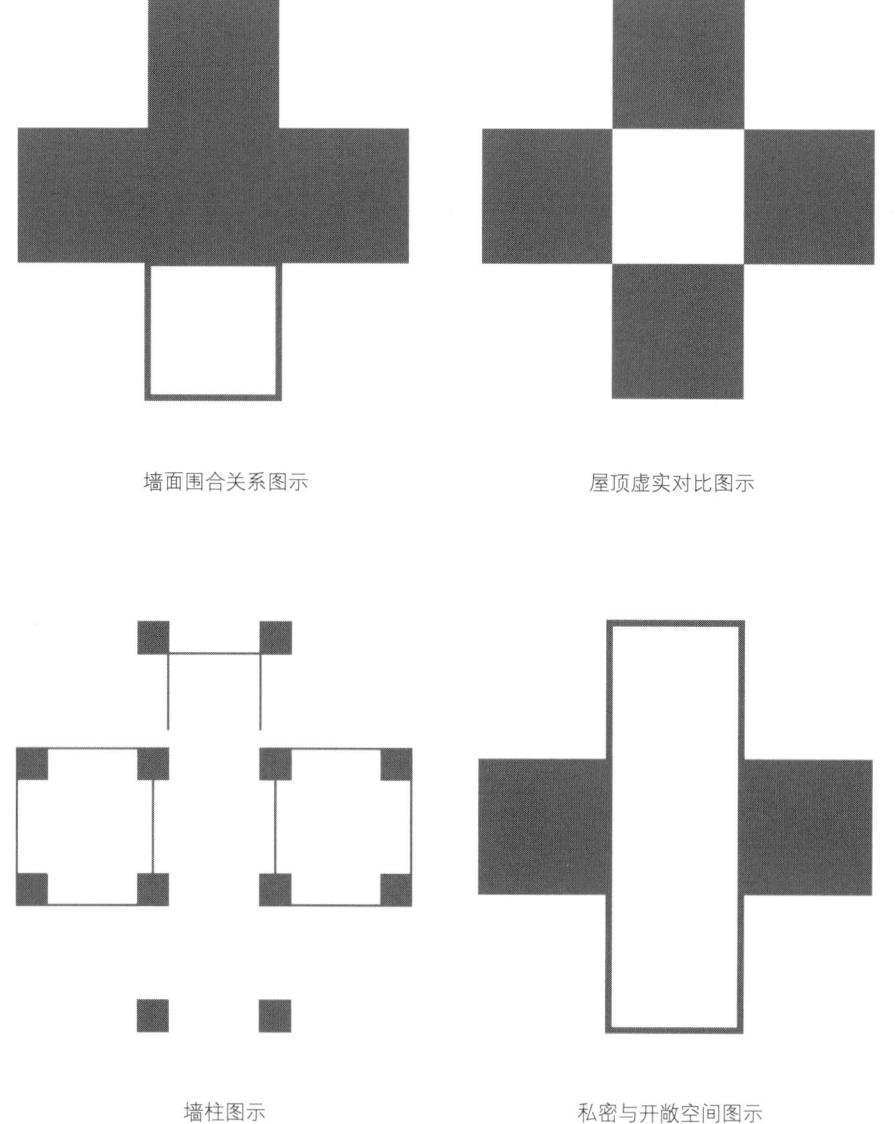

墙面围合关系图示

屋顶虚实对比图示

墙柱图示

私密与开敞空间图示

　　秩序中的变化，在平面图中5个方形有序排列，构成经典十字形，看似一致的单元形，由于功能的需要进行了细微的变化。

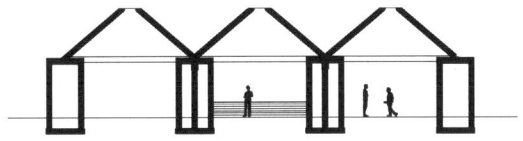

trenton bathhouse 剖面图

在康的建筑中，尺度变得很和谐宜人，他擅长把让人望而生畏的神的空间转化成适合当代人需求的大小。从剖面来看，屈灵顿游泳池更衣室有万神庙的影子，无遮挡的屋顶中央采光，向上收拢的内部空间，康把古典的空间形式与要素巧妙地运用到了现代的建筑当中，传统与现代得到了完美的结合！

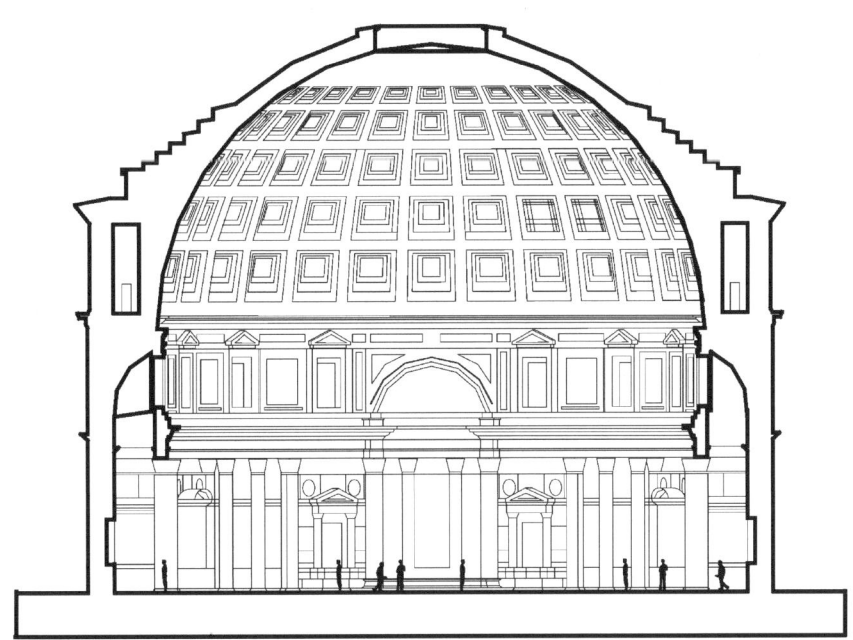

万神庙剖面图

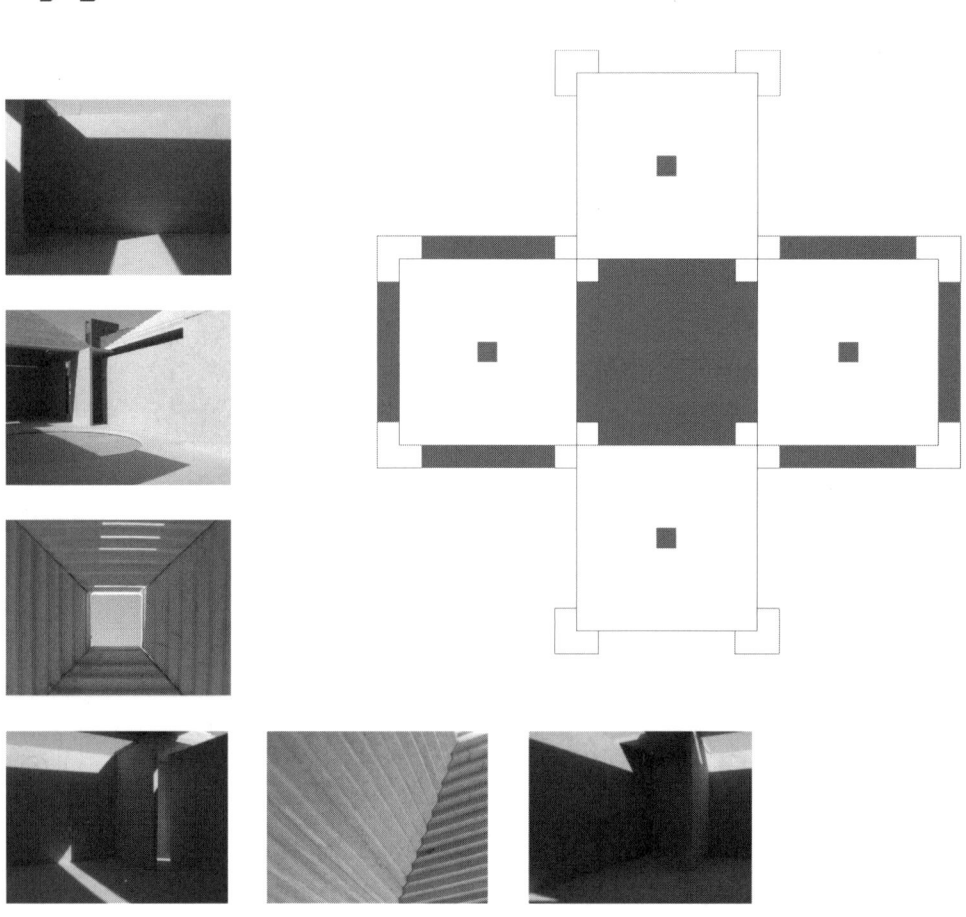

　　设计空间就是设计光亮。我们是由光所生育。通过光我们感受到季节变化。只是由于光的指引我们得以知悉这个世界。由此得出这么个想法：物质是消耗了的光。对我而言自然光是唯一的光，因为它有情调——它给人提供了共同一致的背景——它使我们得以与永恒相接触。自然光是唯一能使建筑艺术成为建筑艺术的光。结构是光亮的赐予者。当我选择了一个结构序列，一根柱子并排着一根柱子，这一序列就显现一种无光、有光、无光、有光、无光、有光的韵律。拱顶、穹隆，也都是一种光亮特征的选择。决定结构跨度也就是决定了光。一根柱子与相邻柱子之间的关系，表达出洞口和光。拱顶也是与光的特征有关的一种选择。

　　材料是消耗了的光。太阳一直不曾明白它是何等伟大，直到它射到了一座房屋的侧面。

几何形

20 世纪 60 年代初期路易斯·康进入为期 10 年左右的创作巅峰状态。他 60 ～ 70 年代设计的一系列公共建筑，包括 1959 年设计的加利福尼亚州拉霍亚的沙尔克生物医学研究中心、1967 年设计的耶鲁大学英国艺术博物馆等，都是把他的"服务空间"和"被服务空间"观念，和来自古典、中世纪建筑的灵感，加上简单的几何形式，典雅的表现手法，全部采用钢筋混凝土和砖作为建筑材料，形成明确的建筑风格。路易斯·康 60 年代的设计方案几乎都有明确的轴线构图，有的是中轴线构图，甚至有主、次轴线，有的虽然不完全遵循中轴对称的做法，但在其主要部位采用某种古典的构图手法。以沙尔克生物医学研究中心为例，研究楼由两座形状、尺寸均相同的建筑组成，以一个庭院的中分线为两座建筑的中轴线，这条中轴线也正是整个群体的重心所在。路易斯·康称这座建筑为曼荼罗构图。路易斯·康以 60 年代的技术、材料、功能、精神为表现手段和目的，采用简单的几何图形——正方形、矩形、圆形、三角形等作为构图的"基本元素"，在空间组合上重现了某种历史上已有的等级空间序列手法，在主从关系、大小、形体、开合、明暗等方面展现了许多古典传统特征。他的建筑，在意境上具有强烈的传统气氛，在形态上却迥异于前人。他不袭用历史符号和标志来向人叙述或打招呼。在建筑语言的表达上，他所注重的是某种历史上运用来交流概念、思想、意图的手法，作为这一语言的表达载体——形式、结构关系、词汇既是相当新的又是相当原始的，是一些简单的最具表现力的几何形而不是已有形式的移植和抄袭。路易斯·康的作品，体量雄浑、沉重，虽不使用传统装饰符号，然而，凭借着钢筋混凝土、石材、砖、木等材料的天然质感和人工肌理的展现，使他的建筑有一种从总体到细部统一的雄浑感。路易斯·康在沿用粗野主义的同时，也发展了它。他的建筑，室内室外遍布各种空窗孔洞。这些虚空的洞，多呈某种规则几何形，边角平直简洁，阴影深幽，对比强烈，犹如盲人之瞳，哑者之口，令人震惊，动人心魄。

模型照片

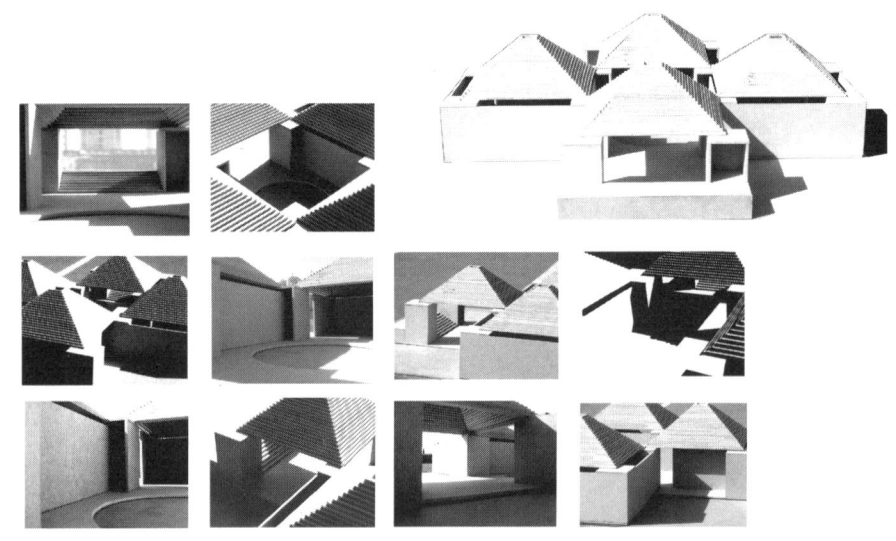

在做分析的时候，我们是怀着无比崇敬的心情，激动万分的去拜读康的屈灵顿游泳池更衣室，只因为太敬仰他了，太喜欢他赋予建筑的一些不用言说的品质和内涵了。欣赏康的建筑作品，不是去看它们有多么的技艺精湛，多么的造价不菲，在我看来，the trenton bathhouse, the kimbell art museum, the Indian Institute of Management, the Richards Building……就是康自己，他把自己融入到了每一件建筑作品之中，他的思想，他的希冀，他的灵魂。康不是一个媚俗的人，他的不俗并不是因为他自恃清高，曲高和寡，而是由他的秉性决定的，就像与生俱来的，让人徒有羡慕的份儿。我甚至疯狂得想去模仿，然而我心里清楚，这样只能东施效颦。康不善言辞，我很难说这算是他的劣势还是优势，倘若他伶牙俐齿，八面来风，左右逢源，我们失去的将是许多叹为观止的建筑，我们也会失去一位伟大的建筑诗哲，对于学习建筑的学生来说，失去的会是更多的更直接的触及建筑本质的机会和途径。我有时觉得，正是由于康不擅长用言语表达，才会使他穷尽毕生的心血在自己的建筑作品上，建筑设计就是他自己的语言，是他表达情感，传达信息的媒介。在康的建筑前，我们变得哑口无言，凭什么说话，言语显得多么的无力，康也许不会想到，自己的作品竟如此地具有震慑力，几乎毫无废话地控制住了他想要控制的一切，还包括他未曾想过的，比如许多年后远在中国的我们对他的着迷。在康的身上，我看到了很多东方的东西，那种不矫情，不粉饰，不扭捏，丝毫不张扬，内敛而含蓄的品质，这同样也反映在他的建筑当中，也许正是因为如此，他没有同时代的其他建筑大师那样锋芒毕露，不像贝聿铭一般鼎鼎大名，也不似文丘里那样轰轰烈烈地竖起了后现代的大旗，难怪各种版本的建筑史中提及康的不过十百来字。然而就是这样一位不苟言笑的老人所开创的却是承上启下的新纪元。关于康到底属于哪门哪派，好像没有人能够说清楚，什么新理性主义、粗野主义、古典主义统统放马过来，想必康知道了会很不屑。我坚持康不属于建筑史，他追求的不是建筑，而是建筑的真谛，有点形而上学，但是可以让人很实在地感受到，这种东西真的太微妙了。康说过，欲望的满足不是一件可耻的事情，他的建筑就不断地满足着人们肉体上、精神上的需求，在他的屈灵顿游泳池更衣室中，很明显地看出这一点，中心对称的柱网排成十字形，伸出的四支有着正四棱锥的屋顶，屋顶中央采光，中心是圆形的浅水池，正对着游泳池的一方有八级台阶，像极了教堂的空间，只是在这里不是用来洗礼灵魂的，而是用来清洗身体的，或许不经意间心灵上的灰尘也被掸去了，人们来到这里得到了身心上的放松和愉悦。康似乎也很中意自己的这个设计方案，他说如果世人发现我是因为 the Richards Building，那么我发现自己就是因为这个 trenton bathhouse。关于这个小建筑前面已经说得很多了，这里就不再赘述。值得一说的是，我总会在康的建筑中发现一种很神秘的东西，因为自身的局限，我不敢说那是什么，权且说成宗教信仰吧。这种神秘的东西无时无刻不围绕在康的周围，在建筑空间中，在康的言语中——"一座建筑物是奉献给建筑艺术之神灵的祭品"；"建筑艺术是有的，但它没有实形。只有建筑艺术作品是看得见的。建筑艺术作品是呈献给建筑艺术的。"

参考文献

[1] 李大夏. 路易·康. 北京：中国建筑工业出版社，1993

[2] Robert Twombly. Louis Kahn: Essential Texts. New York: W.W.Norton & Company, 2003

[3] Keinz Ronner & Sharad Jhaver. Louis I Kahn: Complete Work 1935–1974. Boston: Birkhauser, 1994

9

巴拉干 – 自宅

（资源编码：109，209）

学生：赵丹 刘乔

建筑师背景资料

路易斯·巴拉干 Luis Barragan（1902～1988年）1902年出生在墨西哥哈利斯科州瓜达拉哈拉市，他的童年和青年时代是在父亲的牧场里度过的。瓜达拉哈拉是个美丽、富有墨西哥建筑传统的地方，白色的粉饰墙面，日晒雨淋的红瓦坡屋顶，宁静的庭院，色彩绚丽的街道，牧场里明镜似的水池，涓涓流淌的渠水，所有这些都透着纯朴和谐，这里是他懂得朴素简洁之美的圣地。

因为对牧场情有独钟，巴拉干1920年开始学习水利工程，水成为他生命中的一个主题，也是他日后建筑创作的一个重要的组成部分。当时，墨西哥的建筑主要由工程师设计，没有受到当时在世界许多地区流行的折中主义的影响。但这时期包豪斯和柯布西耶的建筑通过书籍杂志传到了墨西哥，这对巴拉干早期的建筑设计影响很大。

1924年，巴拉干大学毕业去欧洲旅行，恰逢1925年的巴黎装饰艺术展，他带回了许多贝克的书籍、画册和北非建筑及旅游书籍，这些对其日后的建筑设计起了很大的影响。

从20世纪40年代开始，巴拉干把传统文化与他的欧洲旅游经历相结合，形成了自己独特、成熟的设计风格。先后做了EL Pedergal景观与住宅项目、巴拉干自宅、圣芳济教派修道院小教堂、Galvez住宅、卫星城标志塔、Las Arboledas景观住区、San Cristobal住宅。其中巴拉干自宅成了他建筑生涯中标志性的设计。

1976年巴拉干的作品在纽约现代美术馆展出，轰动一时。

1978年Meyer住宅是巴拉干最后一项建筑设计。

1979年，巴拉干因为在建筑中卓越地表现了诗般的意境获得国际普立兹克建筑奖。巴拉干的建筑简洁朴实，特点鲜明又不夸张，对光和色彩的把握使得他设计的居所中永远是黄金般的灿烂。

1985年于墨西哥城的Rufino Tamayo美术馆展出其作品。

1988年11月巴拉干在墨西哥城去世。

巴拉干的园林与建筑有着明显的极少主义倾向，一堵白墙，一条巨型溢水池，或是一处落水，一棵大树，就能创造出极其宜人的环境，都是最平常的几何形态。同时这些极其简单的形体使用的是地方性的材料和丰富的色彩，使得它们又没有现在很多极少主义作品中的冰冷感，而是温暖而近人。他的这种极简主义的倾向也和他童年时期成长的那个崎岖不平的山地村庄，红色陶瓦屋顶的白色的房子有联系。这些小时候的体验都让他感受到了简洁的极度美丽。设计师的作品中所体现出的风格或者说设计特点实际上都是创作者思想的折射。真正理解一个设计师要从他的思考过程去理解，巴拉干的作品中没有教条与艰深的理论，有的只是对生活的体验和对内心情感诗意的表达。

影响

1. 斐迪南·贝克的影响

斐迪南·贝克是位集作家、画家和园林景观建筑师于一身的多才多艺的法国学者。他试图通过自己的建筑创作和写作再现地中海文明。在贝克的书中巴拉干发现地中海建筑与朴实典雅的哈利斯科建筑传统有着千丝万缕的联系。在同一片蓝天下，在相似的气候条件和文化环境中，远方的地中海就像一面镜子，反射出哈利斯科的影子。贝克对巴拉干的影响不仅仅在形式上，而是唤起巴拉干心灵深处的一种强烈的愿望，那就是从事景观建筑设计，创造真正的花园——所有元素的相互和谐，相互依存，情趣盎然的魔幻之地。贝克向他展示了如何运用基本的构图元素，通过木梁、拱券、瓦、石、水与平面的组合，创造梦幻境界的奥秘。这种点石成金的方法使巴拉干对自然的建筑材料有了更深刻的理解。

2. 北非建筑的影响

"我的非洲之行是对我的一生产生重要影响的事件之一。在摩洛哥南部，我看到了当地人称之为 Casbah 的建筑，我发现其造型与当地的自然景观、居民、衣着、环境气氛，甚至与他们的舞蹈和家庭生活很和谐，也就是说，我在那里发现了宗教与人们生活环境和他们所接触的一切事物的完美结合。"这是巴拉干谈到这个令他向往已久的地方的时候说的。摩尔建筑中童话般的色彩，厚而实的外墙，并加以拉毛粉饰，小而稀的窗户，都成为巴拉干建筑语汇中不可或缺的成分。

建筑概况

　　巴拉干自宅，位于墨西哥城郊，于 1948 年建造完成，是一幢引起争议但最有纪念意义的建筑。这个建筑是二战后建筑创意工作的杰出代表。这幢混凝土结构的建筑面积共有 1161m²，有一个地下室及两层楼，还有一个私人小花园。住宅的外观简朴无华，与周围灰白的普通民居保持一致。住宅采用墨西哥传统的内向式住宅形式，只是环绕内院的房间被浓缩成了墙。

　　巴拉干在此度过了后半生。这个住宅的设计几经修改反映了巴拉干对空间和形式的不断探索。这座建筑在 2004 年被列入世界遗产，成了全球十几处现代遗产之一。

　　巴拉干的这户住宅（现在是博物馆）位于墨西哥城郊——塔库巴亚镇中心附近一条非常安静的街道的尽头。住宅的前面和环绕在周围的简朴的建筑融为一体，在它们当中并不显眼，唯一比较有特点的是住宅的白塔和向外凸出的窗户，它位于人口高度密集地区中，但是却沉浸在无比宁静的氛围之中。时光仿佛停止，透过这种美景重新发现大自然。不论是攀藤的植物，或者是蜿蜒的常春藤，一丝光或一片水，在建筑的意义中都占有未知的分量。这种分量使人们关注事物，了解它们本身存在的奇迹。

功能

一层

　　家庭生活的公共区，有一个后花园和小的庭院，厨房、餐厅、接待室、书房、工作室、休息室、秘书室、私室也都设在一层，所有的房间面向花园开巨窗，借光借景。

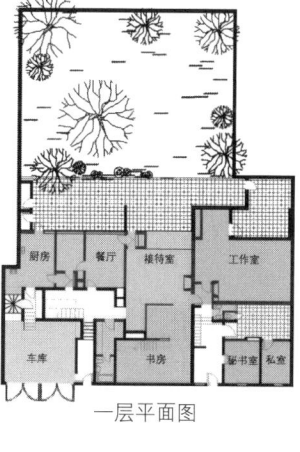

一层平面图

二层

　　顺着门厅的楼梯间或书房的悬挑楼梯都可以上到二楼，二楼主要是卧室，主卧室是一个单独的两倍高的空间。

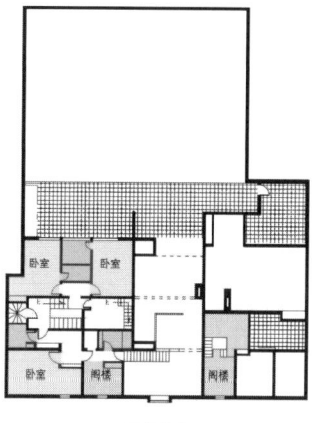

二层平面图

三层

　　卧室和大面积的屋顶平台，平台上的雕塑、座椅与四周的高墙共同营造了一个静谧的可供思考的空间气氛。

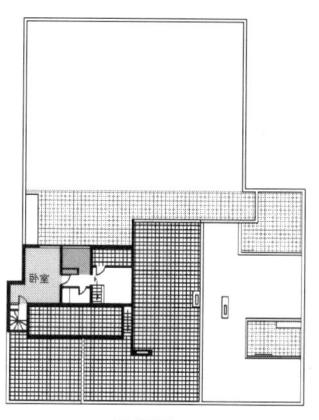

三层平面图

交通

    主入口朝向街市，入口处有一狭长的长廊，简朴的板饰面伸出一张木制的长条桌，线性的造型具有很强的目的性。车库门和主入口同向，由车库可以进入通顶的楼梯间、厨房和主入口走廊。穿过走廊进入门厅，便可看到明亮的餐厅和宽敞的起居室，工作室则连接着附属的小庭院、休息室、秘书室和私室。

    门厅处楼梯间的色调变幻莫测，顺着光可以上到二楼的主卧室和客卧室，在书房工作累时也可以通过悬挑楼梯上到二楼的卧室区。主卧室有着两层高的空间，豁达明亮，朝向花园。在二楼通过一个狭小的楼梯间可以上到三层，并可以到达屋顶平台。

    交通整体上呈现丰富且有序的状态，丰富的交通流线带来了更多的可能性，并且使用起来很方便。

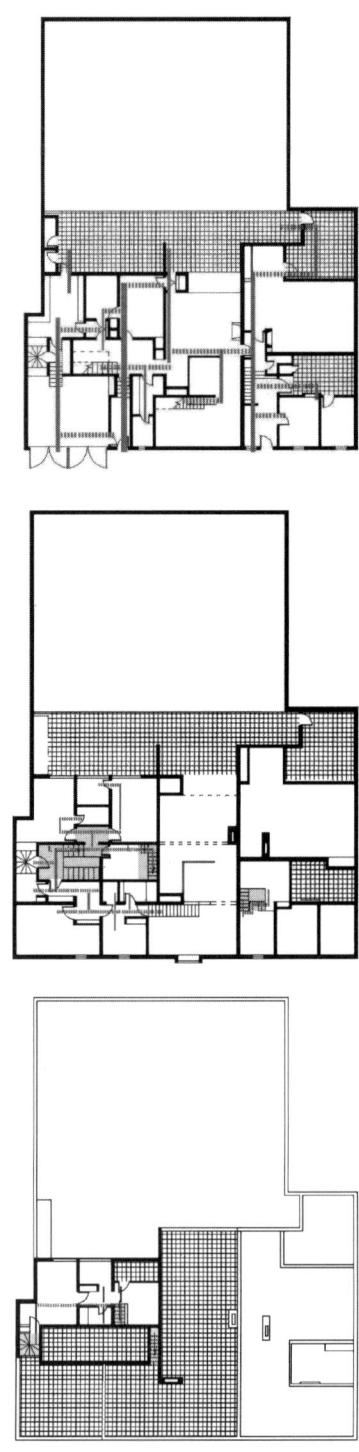

空间

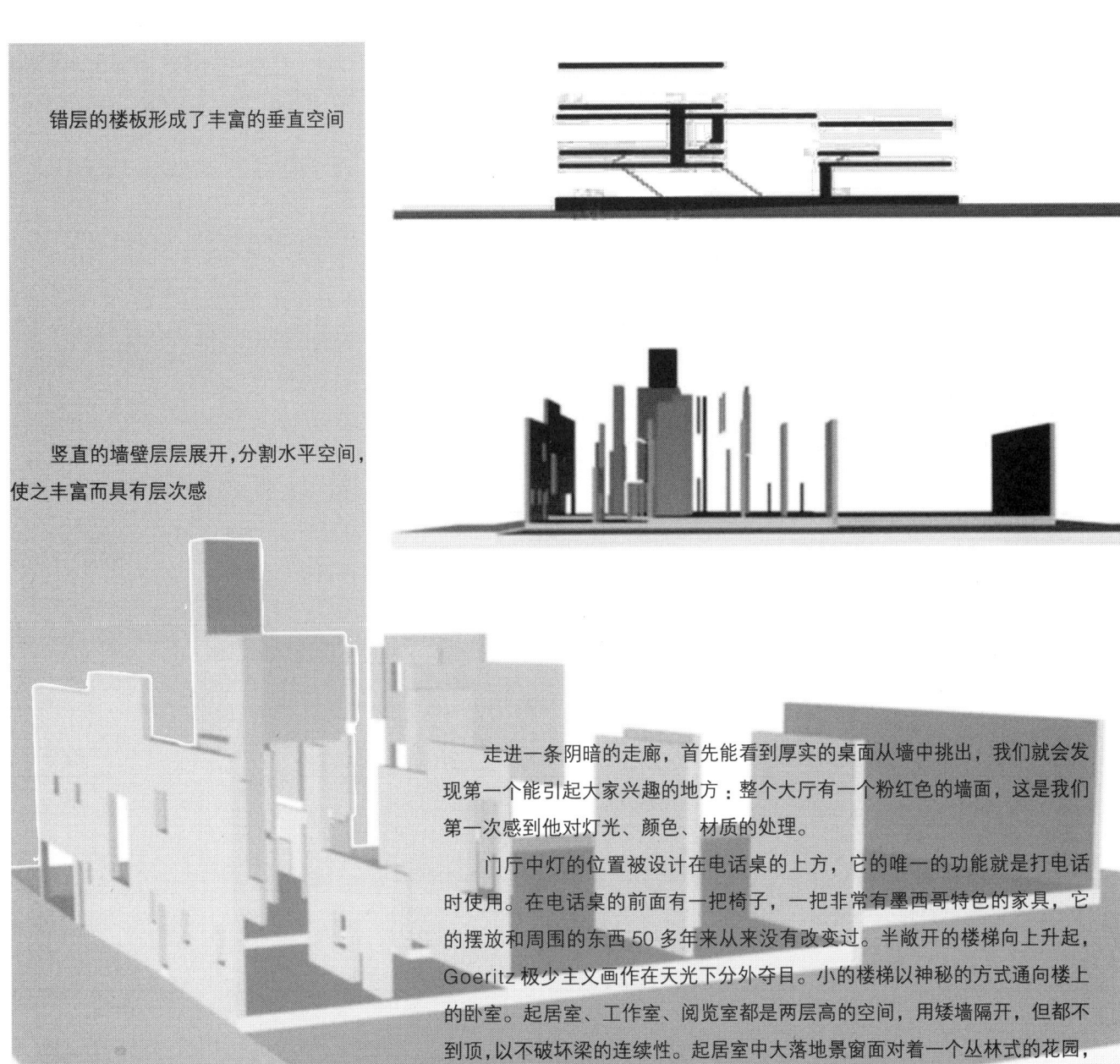

错层的楼板形成了丰富的垂直空间

竖直的墙壁层层展开,分割水平空间,使之丰富而具有层次感

走进一条阴暗的走廊,首先能看到厚实的桌面从墙中挑出,我们就会发现第一个能引起大家兴趣的地方:整个大厅有一个粉红色的墙面,这是我们第一次感到他对灯光、颜色、材质的处理。

门厅中灯的位置被设计在电话桌的上方,它的唯一的功能就是打电话时使用。在电话桌的前面有一把椅子,一把非常有墨西哥特色的家具,它的摆放和周围的东西50多年来从来没有改变过。半敞开的楼梯向上升起,Goeritz极少主义画作在天光下分外夺目。小的楼梯以神秘的方式通向楼上的卧室。起居室、工作室、阅览室都是两层高的空间,用矮墙隔开,但都不到顶,以不破坏梁的连续性。起居室中大落地景窗面对着一个丛林式的花园,花园有几分凌乱和破败,景窗的竖梃和横梃交叉成十字,更添神秘气氛。

主卧室是一个单独的两倍高的空间，用矮隔离墙将这个空间分割成各个不同的功用空间。这些分割不会改变空间的主要特色。住宅的木梁排成一排，强化着天窗形状和作用，并且它也是一条室内和室外空间不易觉察的分界线。墙上的一块装饰以浮雕的玻璃平面使这种室内与室外的界限更加弱化。

　　通过小而窄的楼梯可以开门到达屋顶平台，挡墙比一般的女儿墙高出许多，而且涂上浓艳的色彩，给人以强烈的视觉冲击。无疑，屋顶平台是这个屋子的灵魂所在，一个独处的空间。

　　室内和室外的关系被给予不同的处理，住宅的前面有高窗朝向天空接受光线，增加可见度。它们把房间和街道相分离，保持房间的私密性。另一方面，房间的后面对着花园，又将它转变成一个开放的建筑空间。

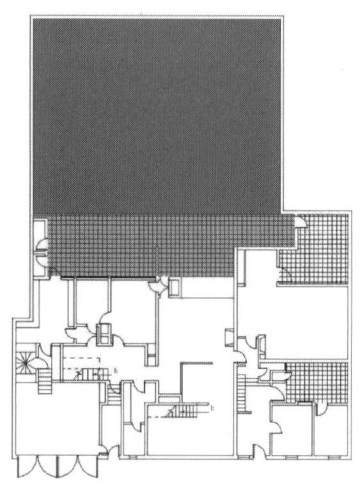
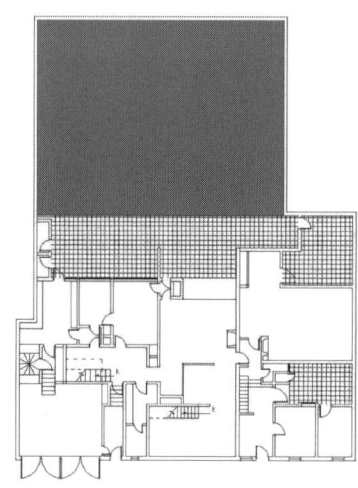

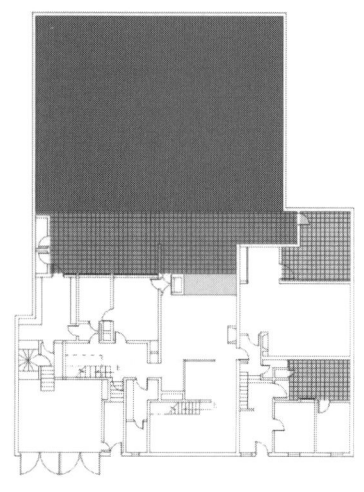

室内外空间的流动

空间分为近、中、远三个部分，层层渗透

巴拉干说：“宁静是解除痛苦和恐惧的真正伟大的良药，无论奢华还是简陋，建筑师的职责是使宁静成为家中的常客。”

开窗及采光

由左图可以看出，东西立面以及北立面都有厚重的围墙包围，建筑的南立面开窗面积不到总立面面积的 10%，巴拉干用墙体围合完整的私密性空间。除了湛蓝的天空外，外部世界被隔离在墙外，视线的焦点集中在墙内的庭院和花园。他反对表现主义的大玻璃窗，不加选择地把外景引入，破坏了屋子的私密性与宁静。因此这些临街墙厚重，将它的住宅与外界隔开。为满足功能需要，墙的上方开小窗，将蓝天与阳光引入室内。

东立面

西立面

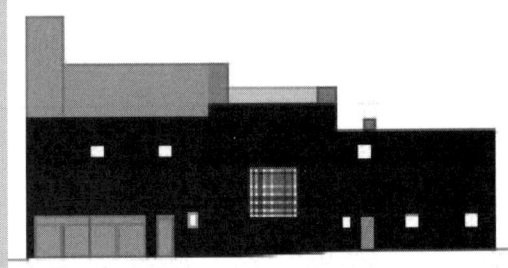

南立面

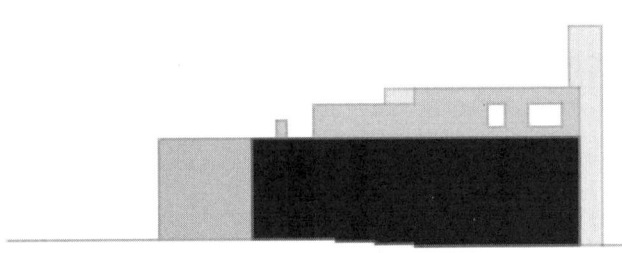

北立面

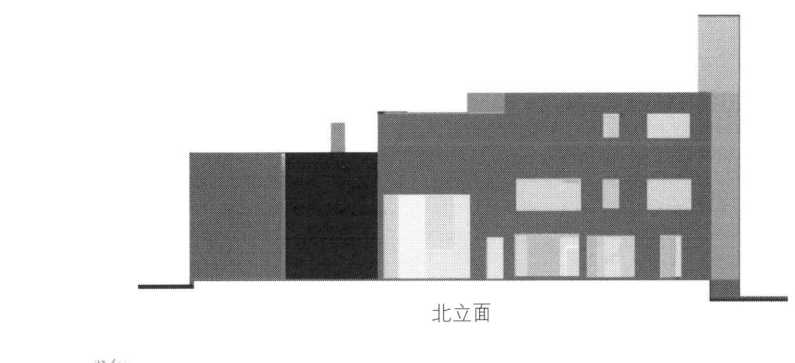

北立面

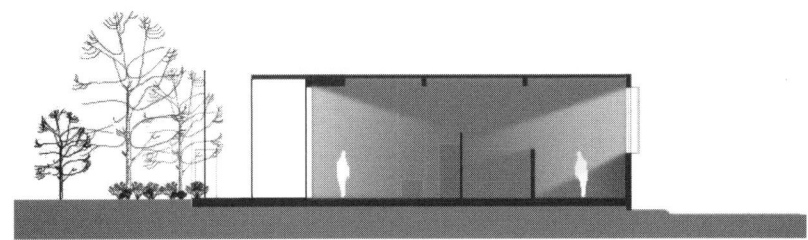

建筑北立面面向花园，开巨窗，将花园的景致与光尽量地引进室内。

起居室和书房采光

南立面

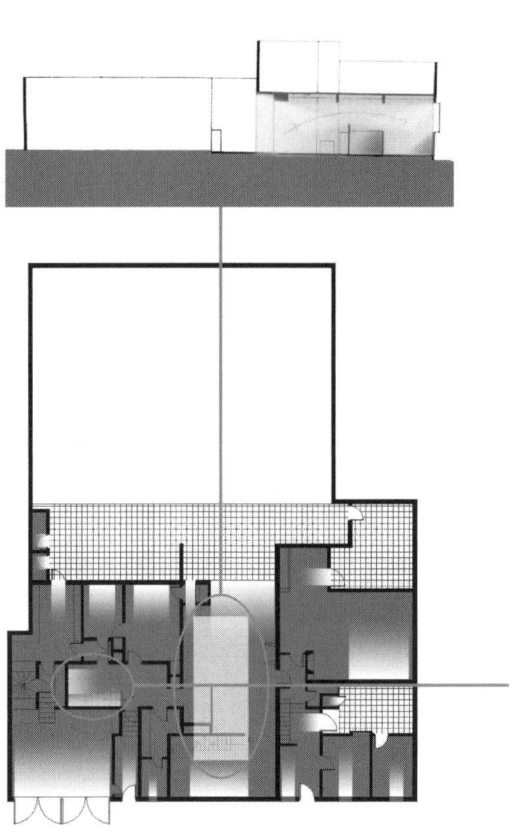

开窗及采光

分析

1. 厚重的临街墙与外界隔开，墙的上方开洞口，把蓝天阳光引进。

2. 面对花园的窗高大宽阔，把园景引入，室内外一体。

3. 楼梯间顶开天窗，泻入天光。

外观是灰白色与普通民居保持一致

室内楼梯以及家具大量使用了天然的木料，这种天然的材料给人以亲切感

书房和工作室采用黄色的装饰板，使整个室内呈现出一种宁静的柠檬黄色调

室内的个别墙面使用洋红色，使室内呈现热烈的暖色调

屋顶平台的高墙，部分使用了大红色，热烈且具有雕塑感

谈到墙面的色彩设计时，巴拉干说："混凝土墙看上去太可怕了，应当涂色。"在他看来，色彩就是墙的生命，也是各个元素之间相互联系的纽带。自宅中的柠檬黄色来自于他的朋友画家 Jesus Reyes 的绘画作品。墙面的洋红色也来自于 Reyes 的绘画作品。他还把墨西哥乡土建筑中常用的鲜艳的颜色和处理手法运用到他的作品中，这些色彩使巴拉干的建筑无论是室内还是室外始终充满了童话般美好浪漫的色彩。

在自宅里，巴拉干大量地使用了木材、石材等天然材料，甚至所用的彩色涂料都不是现代的涂料，而是墨西哥市场上到处可见的自然成分染料，是用花粉和蜗牛壳粉混合以后制成的，常年不会褪色。这些自然材料让人感到亲切和舒适。

建　构

关于设计建造过程的启示

　　巴拉干的设计作品基本上都是在他本人的监督下完成的。他的设计经常是在现场做的，他会在现场指挥工人把建好的墙再加高些以达到他想要的效果。建筑师对整个建筑景观设计与建造过程的把握对设计的成败有着非常直接的影响。同时这个过程也给了设计师许多切身的体验与感受。

　　屋顶平台的设计反映了巴拉干对空间的不断探索，屋顶平台原先设计有低矮的木栅栏，由此眺望花园，后改成木板的女儿墙，后来又改成高墙围合的内院。

围墙形体和色彩的变化，使墙体获得了静态感、雕塑感，具有纪念效果。

对生活的观察与体验

巴拉干认为作为一个建筑师懂得如何去观察是十分重要的。他所说的这种观察是不受理性分析与压抑的纯视觉的感受。通过对生活的观察与体验，我们才能够发现美，创造美。他将生活提升到了艺术的高度，使生活成为设计的主题，通过自己的设计表达了出来。然而现在我们通常是急功近利地追求设计的速度，眩目的效果，而很少有对生活的观察与体会，因此所设计出的空间是空洞无味的，毫无精神的传达与表现，很难引起使用者的共鸣。对生活的理解与热爱才是设计师们首先应当具有的品质。

不要看我所做的东西，要看我所看到的东西。

——巴拉干

建筑评价

"我相信有情感的建筑。'建筑'的生命就是它的美。这对人类是很重要的。对一个问题如果有许多解决方法，其中的那种给使用者传达美和情感的就是建筑。"

——路易斯·巴拉干

1947 年建成的巴拉干自己的住宅兼工作室是他趋于成熟、稳定的关键之作。

这幢住宅远离喧嚣，外观简朴，谦逊的融入邻里之中，而室内完全是巴拉干的风格。入口门厅中，空间以桃红色的一面墙为背景，厚实的桌面从墙中挑出，半开敞的楼梯向上升起，Goeritz 极少主义画作在天光下分外夺目。小的楼梯以神秘的方式通向楼上的卧室。起居室、工作室、阅览室都是两层高的空间，用矮墙隔开，但都不到顶，以不破坏梁的连续性。起居室中大落地景窗面对着一个丛林式的花园，花园有几分凌乱和破败，景窗的竖梃和横梃交叉成十字，更添神秘气氛。通过小而窄的楼梯可以开门到达屋顶平台，挡墙比一般的女儿墙高出很多，而且涂上浓艳的色彩，给人以强烈的视觉冲击。无疑，屋顶平台就是这个屋子的灵魂所在，一个独处的空间。

墙是巴拉干建筑中的重要元素，在上面的屋顶平台中表现得尤为明显。墙的包围使人感到自己在某一场所中的存在，视线看不出去，暗示了空间的内向与自省，那个平台勿宁说是沉思甚至修道的场所。游历这座建筑仿佛经历人生的不同阶段：上升的辉煌，寻找的黯淡，得志的惬意，末了的思索。巴拉干坦言："建筑是一部自传。"

建筑与景观的融合

住宅的设计中我们可以看到建筑景观与自然的完美结合。从每一堵墙到室内的陈设再到院中的雕塑与植物都经过巴拉干悉心揣摩设计过的，透着设计师的创作激情和生活情趣。

色彩的运用

他能够极好地驾驭各种艳丽的颜色，使几何化的简单构筑物透出丝丝温情，并用色彩塑造空间，给空间加上魔幻诗意的效果。

光的运用

将自然中的阳光与空气带进了我们的视线与生活当中，并且与那些色彩浓烈的墙体交错在一起，使两者的混合产生奇异的感觉。这是建筑与自然的对话，白墙上婆娑的树影就好像自然通过阳光空气与植物在建筑上留下的诗意画卷。

材料的运用

他的建筑材料多源于地方性材料。

极少主义倾向

"我们发现如果我们想要减少对美好景观的破坏，并创造良好的建筑形式与其相适应。因此我们不得不选择极简的形式，抽象的特征，极端的直线，平坦的表面，常用的几何形体来设计建筑物。"

——路易斯·巴拉干

巴拉干的建筑与景观作品都体现出了作者对静谧、平和、孤独等感受的诠释与表达。

参考文献
谢工曲等.路易斯·巴拉干.北京：中国建筑工业出版社，2003

10
安藤忠雄 – 光之教堂

（资源编码：110，210）

学生：李文腾　尹伊君

大师作品分析

　　20 世纪 80 年代到 90 年代的安藤忠雄，从日本群星璀璨的建筑界脱颖而出。今天，无论是他的名字在国际建筑学出版物中出现的频率，还是其作品本身的影响力，安藤已经当之无愧地达到了当今日本建筑大师的地位。

安藤其人

　　安藤 1941 年 9 月 13 日出生于日本大阪，18 岁时，安藤开始考察日本文化古城京都和奈良的庙宇、神殿和茶社等传统建筑。60 年代起，他又开始游历欧美，考察研究西方文明中的伟大建筑，绘制了大量的旅行速写草图并一直保存至今。事实上，安藤完全是通过考察真实的建筑并阅读相关书籍资料来学习建筑学的。

　　勒·柯布西耶对安藤的建筑生涯曾起过决定性的影响。安藤求学初期，曾在大阪一家旧书店里找到一本柯布西耶的书。当他翻开这本书时，顿时就对柯布西耶那些早期的方案草图着迷了。当安藤后来访问马赛公寓时，他开始对柯布西耶真实作品中混凝土材料的娴熟运用和特殊质感产生了浓厚兴趣。除了勒·柯布西耶，安藤后来也曾谈起过 F·L·赖特、密斯、阿尔托和路易斯·康对他建筑生涯的影响。

　　1969 年安藤忠雄在其家乡大阪设立安藤忠雄建筑研究所，正式开始了建筑生涯；

　　1975 年，安藤完成了他的成名作——位于大阪住吉区的东邸（Azuma House），即住吉的长屋。该建筑荣获 1979 年日本建筑学会大奖。而后，安藤又荣获了一系列的世界性荣誉；

　　1983 年，六甲集合住宅（日本兵库县神户市）获得日本文化设计奖；

　　1985 年，荣获芬兰建筑师协会第五届阿尔瓦·阿尔托奖；

　　1986 年，获得美国布鲁诺纪念奖和日本文部省嘉奖；

　　1987 年，六甲山教堂（风的教堂）获得每日艺术奖（Minichi）；

　　1993 年，获得日本艺术学院奖；

　　1995 年，在安藤 54 岁生日时，他荣获了普利策建筑奖（the Pritzker Architecture Prize）；

　　1997 年，英国皇家建筑师协会皇家金奖；法国艺术与文学荣誉勋位；

　　2000 年美国建筑师协会金奖等等。

　　此外，安藤还是英国皇家建筑师协会，美国 AIA 的荣誉会员。

　　作为一位建筑师和艺术家，安藤在许多国家展览过的设计图纸和构思草图也赢得了世界性的广泛好评和赞誉。

　　安藤 20 多年的建筑生涯，除了使用的建筑材料，安藤的作品从早期的民宅到最近还在施工的巴黎费朗西斯·皮诺当代美术馆，无论其工程规模大小，性质如何，其设计哲学自始至终一脉相承，表现出安藤对自己设计理念和价值理想的强烈自信和执着追求。总的来说，今天的安藤，已经成为一位享有国际声誉的日本建筑师，安藤的作品亦已经远远超越了他的祖国而走向了世界。

安藤的设计思想

安藤忠雄是一位善于运用建筑语言进行巧妙言说的建筑师，他的建筑由于充分挖掘和体现日本人独特的环境心理及日本建筑的内在精神而使人备感亲切，又因其对待环境所作出的匠心创意和对建筑要素的独到运用而新意迭出。

安藤的建筑之所以有深度，因为它们有一定的观念、哲理和创造性思维作为依托，而不是那种仅靠镜面玻璃来体现"现代化"或单凭琉璃瓦来体现传统的粗浅之作，也不是凭空臆造，追求新奇的怪诞之作。安藤的建筑观和美学观都是以鲜明的人文价值取向作为基础的。

安藤的设计哲理概括起来主要有以下几个方面：

- "以人为本"的设计理念
- 人与自然的不可分性
- 素混凝土材料作为建筑文化的表达和对纯粹空间的要求

不仅如此，安藤在许多作品创作中，还特别注重经由人身心体验的空间序列组织，注重由人们参与而获得的最终建筑品质的实现，而不是建筑本身的商业价值。

安藤的建筑立足于三个基本原则：

- 纯净的几何体
- 可信赖的混凝土材料
- 自然

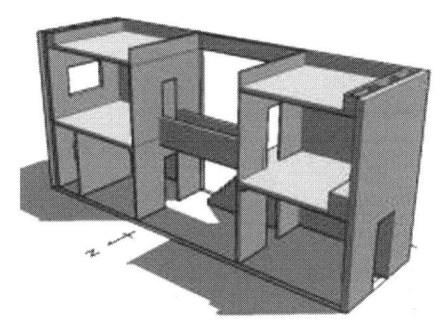

六甲山住宅

光之教堂

纯净的几何体

安藤建筑作品的关键经常是有关建筑与自然的关系。对安藤来说建筑是人与自然之间的中介，是一个脆弱的、理性的庇护所。他重复地再现他的成名作"住吉的长屋"的风格，是因为在这个设计中他在城市中建造了另外一个世界，人们的生活似乎又重回了大自然的怀抱。安藤一直在有意地缩小他的建筑词汇调色板，并在许多建筑中反复使用，从而形成安藤建筑空间的几何单纯性和可识别性。

安藤的建筑语汇也并非创举，例如，来自柯布的方盒子，平屋顶和"阳光、空气、绿化"原则，来自赖特草原式住宅的空间回转、曲折入口，来自粗野主义的"素混凝土"等等，经过他的整合，形成了他自己独特的建筑语汇。安藤的建筑特点可以用单纯来概括，用一种洁净的空间语言来表达他的建筑认知和精神追求。安藤建筑的单纯并不是单调，它通过严谨的比例关系，严格有序的空间，形体的穿插来表现安藤建筑的内涵。

可信赖的混凝土材料

带圆孔的清水混凝土墙面是安藤建筑的显著外表，安藤的建筑一般全部或局部采用清水混凝土墙面作为室外或室内墙面，这种墙面不加任何装饰，墙面上的圆孔是残留的模板螺栓。清水混凝土演奏一曲光与影的旋律。安藤在材料中掺进了日本的传统手艺，利用现代的外墙修补技术，将水泥墙面拆掉模板后进行处理，他将混凝土运用到了高度精炼的层次。在清水混凝土的施工中，传统手工艺和现代建筑之间并不矛盾，高超的木模制造工艺、优质的混凝土铸造以及严格的工程管理，共同造就了"安氏混凝土美学"。对于他精确筑造的混凝土结构，只能用"纤柔若丝"来形容。安藤相信，有质感的材料对建筑来说就是无价之宝。

在安藤的作品中，把原本厚重、表面粗糙的清水混凝土，转化成一种细腻精致的纹理，以一种绵密、近乎均质的质感来呈现，对于他精确筑造的混凝土结构，只能用"纤柔若丝"来形容。这种精准、纯粹的特质，正符合日本人的审美特性。安藤把混凝土表现得如此细腻，会让你感受到混凝土"母性"的一面。墙面上的圆孔好像是"手的痕迹"，并非工业化的产物，仿佛由手工触摸捏合而成的，通过我们的触摸，感受到"母性"的安全。

自然

安藤认为自然是对现实的一种美化方式，仅仅是通过建造园子，在园中种植植物来表示季节变化这种手法很粗糙。抽象化的光、水、风这样的自然也是由素材与以几何为基础的建筑体同时被导入所共同呈现的。他总是不厌其烦地将这种理念灌输到他的建筑中，用建筑去提炼着自然。让人在他的纯粹的构成中，通过光影摇曳，风雨变幻就能判定时间与自然的存在和变化。

在安藤许多作品中，如住吉的长屋、光的教堂、熊本县古墓博物馆等，都能或隐或现看到他对壁体开口的青睐。安藤认为，他对壁体及其与顶棚之间的开口的反复运用，并非完全是想使壁体本身具有个性，或是想用光的投射使壁体美观，而是要表现一种建筑学上具有完美比例的空间流动。同时，这种手法也柔化了混凝土壁体形成的僵硬空间，促成了空间本身与人类生活之间的对话。

经过20多年的建筑实践生涯，安藤已经形成了独树一帜的建筑思想和设计理念，特别是那种简洁、熟练的素混凝土运用和纯粹空间的文化表现已经成为安藤建筑作品的象征。

安藤的教堂建筑

教堂建筑的设计在安藤忠雄的作品群中是十分独特的，因为这类建筑首先要能唤起人精神上的共鸣，安藤忠雄正是以其抽象的、肃然的、静寂的、纯粹的、几何学的空间创造，让人类精神找到了憩栖之所。安藤的教堂建筑没有传统教堂中标志性的尖塔，但它内部都是极富宗教意义的空间。

● 风的教堂

位于大阪神户地区的六甲山顶上，建筑共包括了一个教堂、一座钟塔、一组连廊和为限定用地而建的围墙。其中，与东西成15°角的连廊和与连廊平行的教堂决定了整个建筑的轴线。通常，教堂主厅与教堂建筑是一个整体，但在这个案例中，则做了分散处理，从形态上讲，教堂是一个混凝土实体，而连廊则是一个长长的玻璃筒。长达40m的连廊由一系列2.7m见方的混凝土构架组成。连廊顶棚由玻璃天窗和"H"形联系梁构成1/6圆拱状屋顶，连廊两端均为开放，半室外的玻璃筒笼罩着柔和的光线，每每微风乍起，连廊便成"风"的通道。

参拜者通过这个连廊，走下楼梯，再转90°，打开钢门，便进入教堂。教堂的大厅包含两个6.5m直径的概念球体，是安藤心目中的"纯粹空间"，再转90°，便看到了圣坛。光线和绿色的自然经由侧墙大片落地窗渗透进教堂中。自然在这里以一种抽象方式得以表现，并形成了一个纪念性空间。

安藤在风的教堂中依旧寻求着他的纯粹空间，参照引入自然元素的设计原则。

● 水的教堂

水的教堂是一座小型的婚礼教堂，它位于北海道夕张山脉东北平原处。基地四周为野生丛林，为了建设这座教堂，专门把附近的自然水体引入基地，开辟了一个长90m×45m的人工湖。安藤以水为主题，使自然—人—建筑有机地结合起来。

该建筑由两个边长分别为10m和15m的正方形空间体量上下搭接而成。一堵作为序列引导和领域划分的"L"形墙体则包围了建筑。当人们依顺墙体从建筑背后走进建筑时，便被导向一个由玻璃围合的入口空间，于此，人们在聆听水声、风声和花香鸟语的同时，与自然彻底融合在一起。从这里通过回字形楼梯，走下幽暗的圆弧形楼梯间到达礼拜堂。这时，透过礼拜堂的大玻璃，眼里突然出现了全部的湖面和水面上耸立着的十字架，人们内心也获得了一种心旷神怡的纯洁感和神圣感。就这样，原来毫不出奇的水面，通过安藤精心安排的时隐时现的序列，焕发出了极不平凡的魅力。

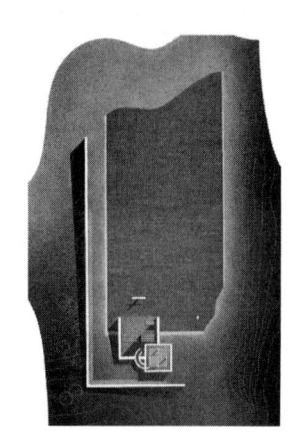

光的教堂

基地位置（location）：日本兵库县神户市

设计时间（term of planning）：1987 年 1
月 ～ 1988 年 5 月

施工时间（term of construction）：1988
年 5 月 ～ 1989 年 4 月

基地面积（site area）：839m^2

建筑占地面积（building area）：113m^2

总建筑面积（total floor area）：113m^2

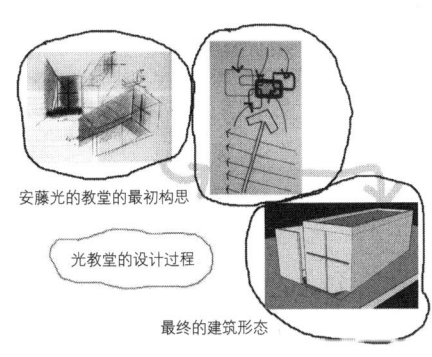

安藤光的教堂的最初构思

光教堂的设计过程

最终的建筑形态

● 场地·概况

设计极端抽象简洁的仅为 113m^2 的
大阪光的教堂，位于大阪闲静住宅街的一
角，一片普通的住宅区内，是现有的一个
木构教堂和牧师住宅的独立式扩展。建筑
的布置是根据用地内原有木造教堂和牧师
馆的位置以及与太阳的关系来决定的。

教堂内部空间几乎完全被坚实的混凝
土墙所围合，内部是真正的黑暗。礼拜堂
正面的混凝土墙壁上，留出十字形切口，
呈现出光的十字架。由于空间开口很少，
十字光线在黑暗的背景下明亮异常。

受场地地形和满足建筑功能面积的制
约，以及安藤对纯粹几何空间的追求，教
堂被处理为简洁的混凝土箱体，建筑内部
尽可能减少开口，主体限定在对自然要素
"光"的表现上。人们在内部只有透过光
才能感受到那异常抽象的大自然的存在，
与这种抽象性相一致的是，建筑也是一个
纯粹的形体，没有额外的装饰，光线通过
墙上的裂缝和开窗折射进来，赋予空间以
张力并使之神化，它们抽象地渲染着已经
建筑化了的室外光线。这是安藤忠雄所谓
的对自然进行抽象化作业。

● 平面分析

从总平面图上可以看出，教堂的入口开在面对内院的西墙上，这样可以形成完整的沿街立面。

同时矩形平面被一片完全独立的墙体分为大小两个部分，大的为教堂礼拜空间，小的则为主要入口空间。教堂空间的地面处理成台阶状，由后向前下降直到牧师讲坛。讲坛后面便是在南立面墙体上留出的垂直和水平方向的开口，阳光从这里可以渗透进来，从而形成了著名的光的十字。

通过观察还可以发现，教堂南立面并不是完全朝南，而是与东西方向轴线呈约30°的角。这显然是经过建筑师认真规划的。从平面图上可以看出，这片与墙体呈30°夹角的墙是与教堂主体矩形平面呈"平行"关系的。

教堂的功能是做礼拜，做礼拜一般为上午的时间，南立面与东西方向有了夹角之后，可以保证光线从早上到中午都十分充足，从而使人们做礼拜的时候可以"欣赏"到炫亮的"十字"光影。

同时，十字光线也随着阳光入射角的变化在室内呈现出不同的位置，也暗示了时间的变化。

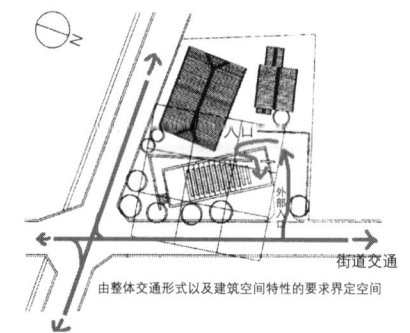

由整体交通形式以及建筑空间特性的要求界定空间

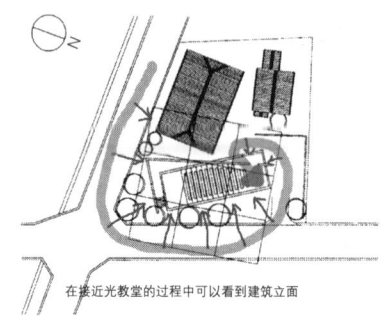

在接近光教堂的过程中可以看到建筑立面

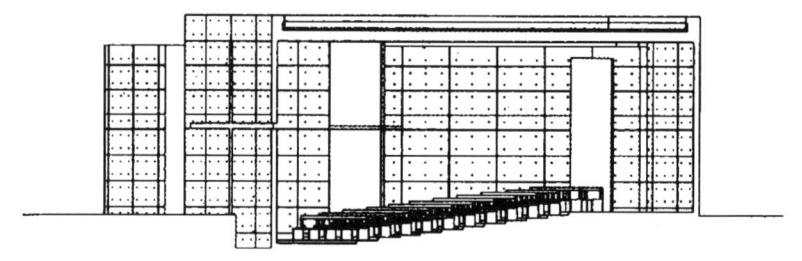

● 空间组织与布局

在安藤的观念里，建筑是人与自然的中介空间。那片独立的以 15° 角斜插进教堂矩形体量的 L 型墙体，不仅为教堂的空间感增加了"看点"，而且以最简单的方式解决了基地和工程的所有难题。教堂的基地靠近道路，除了面向内院的西墙，其他墙开窗洞是不合适的。L 型斜墙不仅分割了空间，而且把柔和阳光反射渗透进教堂室内，使室内空间神秘化，神圣化，同时也掩蔽了现存内院之中的牧师住宅，净化了教堂周边的视觉环境，而且，还隔离了喧嚣的外部世界，维护了教堂庄严神圣、静谧的氛围。

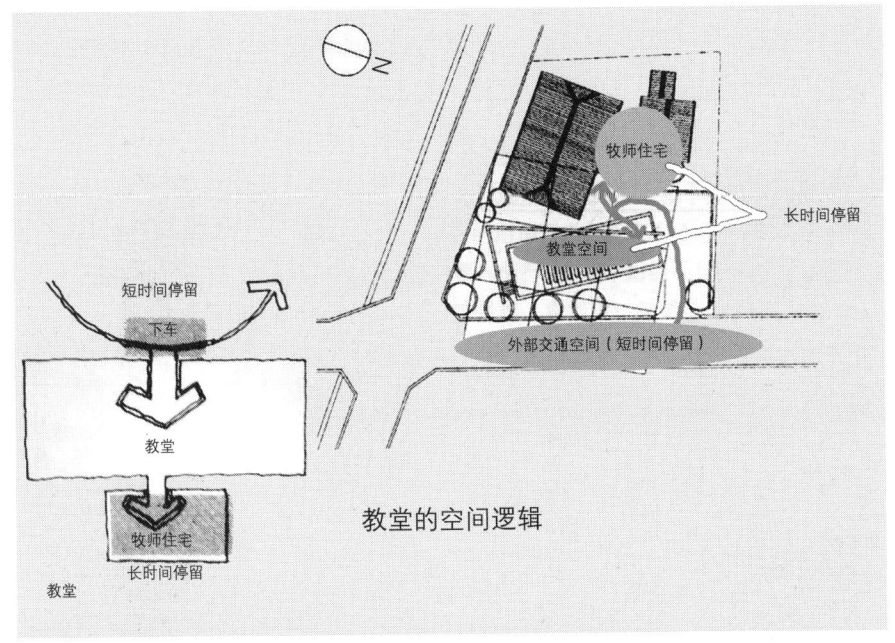

教堂的空间逻辑

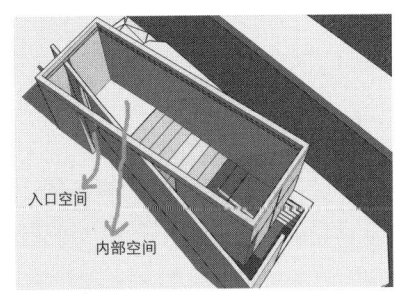

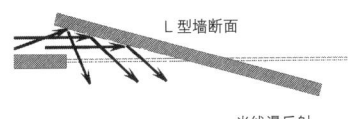

L 型墙断面

光线漫反射

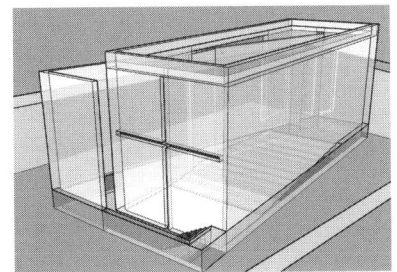

● 建筑建构

光的教堂纯粹的用材也决定了建构的纯粹。在西立面开窗部分，玻璃的钢框架直接插入混凝土墙体，体现了安藤建筑简洁的特征。构造的亮点是光十字墙体的构建，它的构造就是混凝土墙体夹玻璃，不露"马脚"，从而形成纯粹的"光十字"。安藤向来对他的建筑工艺要求甚严，从模板制作到清水混凝土的灌溉，都要求绝对精确，精工细造。

下面是安藤建筑的用料资料：

模板 900mm × 1800mm × 12mm 普通胶合板，外覆聚氨酯层（据环境不同，模板可用 2 ~ 3 次），为防水防尘需要，混凝土表面每隔二三年重新涂保护层。

混凝土强度等级 C25，水泥重含量 333kg/cm^2，水与水泥混合比 52%，细砂与总骨料比 47%（一般混凝土：硅酸盐、水泥、水、细砂、粗骨料、添加剂，最小强度 210kg/cm^2，坍落度 ≤ 15cm，水与水泥比 <55%，空气含量 4%，水泥含量最小值 270kg/cm^2）

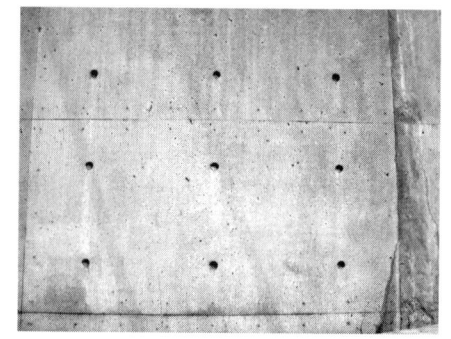

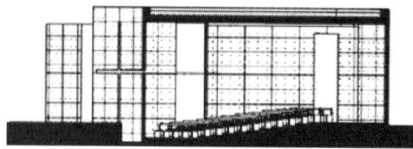

教堂剖面

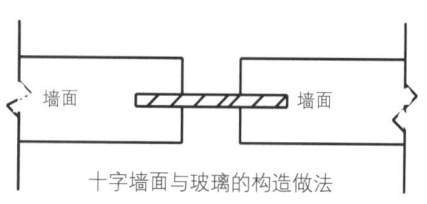

十字墙面与玻璃的构造做法

● 建筑的通风与采光

建筑的通风不是靠窗，而是靠墙体和顶部的缝隙完成的，而且，这个缝隙还是通光口，光是贴着墙或者天顶进来的。教堂内很暗，这样更能映衬出光十字以及天光渗透过来的效果，更重要的是保持十字架光在人的视觉中有强烈的发光感觉，体现了建筑的主题——由建筑表达自然的意义和建筑师的意图—光的抽象化以及建筑化。同时，这种室内采光效果也符合了日本传统和式建筑中，室内偏暗的美学观点。

● 光的教堂的加建工程——周日学校

安藤为光的教堂新设计了一个会馆，用作周日学校。周日学校与教堂的建筑特征相似，依据地形的角度放置于光教堂的西面。它是由一个开放的长方体和一道呈15°角插入的墙体构成，和原来的教堂一样。不过，周日学校则与教堂的象征性空间是不同的，更准确地讲，这里是生活的场所，更接近人们的生活空间。所以它的平面布局中包括会议室、厨房和阅览室，用来处理人们在这里的各种活动。

新老建筑之间的狭窄的连接空间，通常情况下往往草率了事，但建筑师考虑了体验自然的感受之后，确定了其与尺度相适应的形式—两个建筑入口之间用雨棚和座椅连接。雨棚的形式同样采用了墙与顶留缝的形式，可以使光线从顶部漫射进来，从而形成与室内相似的效果。

模型演示教堂内部一天中光线的变化

光线在黑暗的背景衬托下明亮异常，参拜者透过光感受到异常抽象的大自然的存在，阳光在地板上透射出的线性图案以及不断移动的十字架光影表达了人与自然的纯静关系。

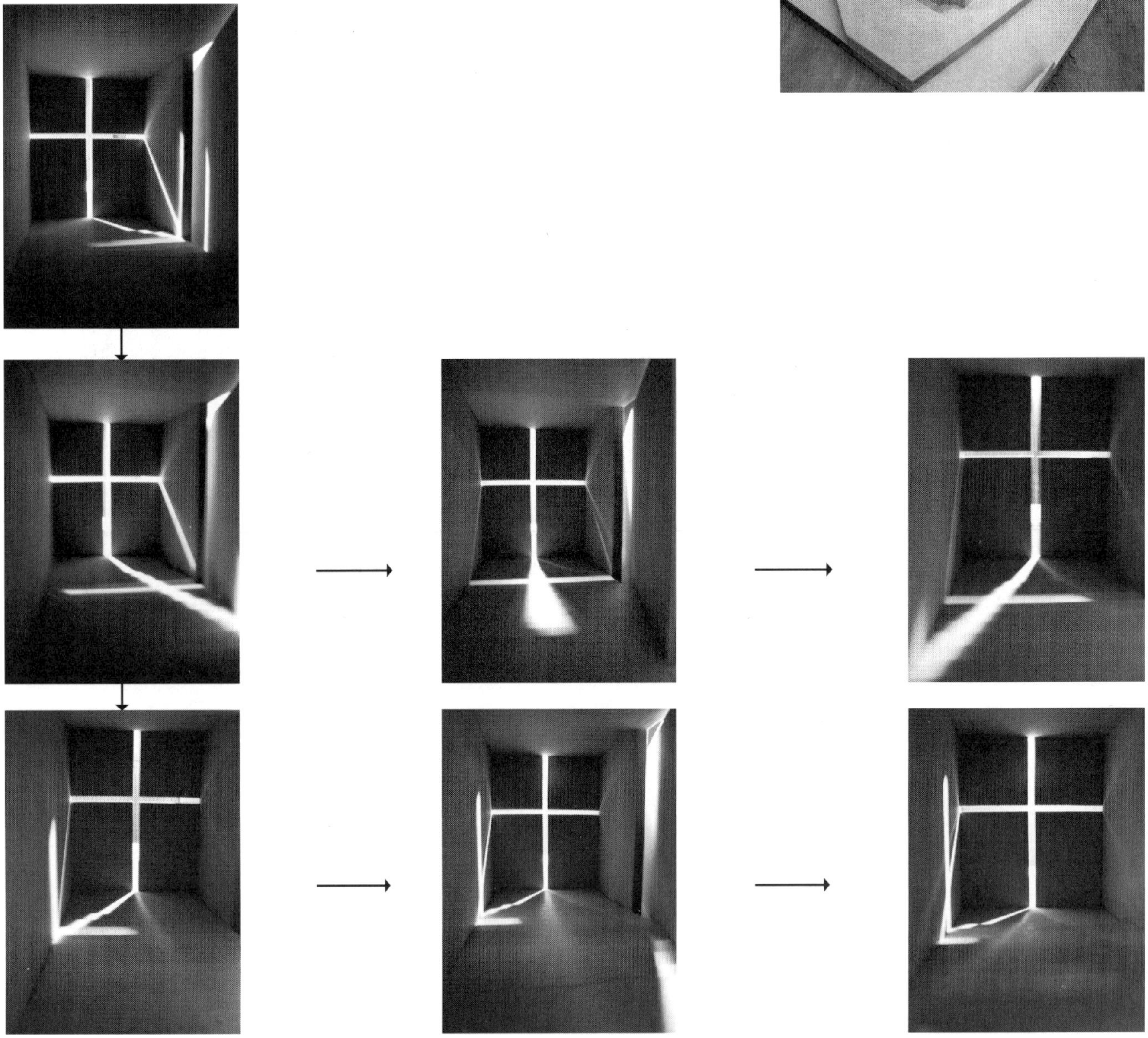

小结

第一眼看安藤的建筑，多半会觉得他的禅意扑面，与一杯苦茶的滋味当是一致。寒素枯涩的美，即早在《源氏物语》的时代，就为日本人所钟爱，这也影响到了安藤的创作。安藤以裸露的清水混凝土直墙为压倒性的建筑语言要素，也许东方人会嫌它造成了不容分说的生硬气氛，但他那种如老僧入定般的纯粹素净，西方人又极感陌生。人们喜欢用"菊花与剑"来形容日本人的双重性格，安藤则正是这种阳刚之气与阴柔之美的综合体。他将西方建筑的豁达与东方的婉约如此巧妙地糅合在一起，产生出神奇的建筑设计效果。

安藤在设计中有意识地关注建筑传统，尤其是日本的传统住宅，并深受其谦逊与淡泊的品质所感染。但他的建筑给人的印象并不是传统的，而是异常地现代，这在很大程度上归因于他喜用的混凝土材料。在20世纪，很少有人像安藤这样把混凝土材料在建筑中发挥得如此淋漓尽致。

在东京和大阪市区喧闹的迷宫曲径中，安藤忠雄的建筑似乎并无惊人之处，它们外表恬静、造型简朴，基本构件稀少，而且还采用了清水混凝土的外饰面处理、大玻璃和平滑的壁面这些典型的现代主义手法。但是，安藤的建筑是需要品味的，严谨的比例、空间中对光感的追求、对材料的精选使他的建筑简朴而纯净，正是密斯"少即是多"箴言的写照。安藤的建筑给人的是一种素面朝天的感觉，一种"清水出芙蓉，天然去雕饰"的美感。

细看安藤的教堂系列，都是充裕着他的独特的建筑理念和建筑思想。他的教堂全然不是西方的教堂形式，不过他用自己的简练充满禅意的建筑语汇同样传达了宗教的气氛，宗教的氛围和精神。他的这座小巧的光的教堂，虽然面积不大，依然满足了教堂的功能需要，在礼拜时可以容纳百人左右。它用素雅的清水混凝土和墙面"用心"地开洞，表现了安藤的理想——把光这种自然元素建筑化和理想化，让它和建筑成为一体。

光的教堂满足使用的同时，造价也很低，地面、墙壁都处理得十分简朴，并保留了粗糙表面的质感，这种处理也很好地配合了教堂的气氛。教堂传达的纯粹的空间感和洗练诚实的品质让来这里参观的人品味不尽，一位来此参观的人很为他倾倒，心想，像结婚这么世俗的事情，如果能够在这里举行，至少还有一些不凡的品位。

当然，光的教堂只有一层层高，这就不需要安藤在竖向空间以及竖向交通上用太多的心思，只需要他考虑与周边环境的空间，交通关系以及教堂内部的空间感、空间划分，安藤很好地用自己的材料、形体语言实现了自己心中所想要的效果。安藤也有一些建筑是不太成功的，像海边小屋，在Z轴上延伸得越多，对安藤的挑战也就越大。

一切都如安藤自己所说："建筑的目的不只是与自然交谈，而是试图改造经由建筑表达出来的自然的意义。"

11

卒姆托 – 奥地利伯瑞根茨美术馆（资源编码：111，211）

学生：孙婧祎　岳馨

建筑师背景资料

彼得·卒姆托于 1943 年出生于巴塞尔。他一生中获得的最重要的训练是作为他父亲的木工学徒。

1. 关键词之一：感性

卒姆托情感丰沛，对生活充满热爱。关于这一点，卒姆托对自己的解释是"我的知觉和周围的事物之间有一种相互作用。"

"我塑造着真实，塑造着空间中环境的氛围，塑造着那些点燃我们知觉的东西。"

"于是在我的工作中，我必然会把我的建筑当作身体来建造，把它当作器官皮肤。"

卒姆托的这一性格特点在建筑上的体现之一就是对建筑材料的恰到好处的运用。正如卒姆托所说"我关注材料之间相互和谐并随之产生的魅力。我关注材料那惊人的特性。"

"空间中的气温对我很重要，阴凉，使人凝神的冰爽和轻抚躯体的温暖荫庇。"

因此卒姆托善于调动参观者的各种感官来感知建筑。

也正因为卒姆托是性情中人，12 年前，他非常不愿意将他 4、5 人的小事务所的工作方式由手绘图改为计算机绘图。

2. 关键词之二：淡泊

卒姆托与主流保持距离。他很少在媒体上发表言论，他更愿意用自己的建筑作品说话。

3. 关键词之三：极致

卒姆托的作品很少，但都经过长时间的设计。

当卒姆托事务所的工作方式由手绘图改为计算机绘图后，绘图速度有所提高，但这并没有增加其事务所的承接项目，而是增加了每个项目所绘制的图纸数目。

总而言之，彼得·卒姆托对待建筑的方式非常接近于禅宗：一切都是关于存在、感知和沉思，并最终超越日常生活的庸俗。

卒姆托所接受的正规建筑教育包括两部分。其一是在巴塞尔的一所工艺学校，另一部分则是在纽约市的普瑞特艺术学院。然而他的大部分建筑知识是在瑞士东部偏远的格劳宾登州学到的。

他于 60 年代后期在那里定居。他一开始在当地的历史保护委员会担任建筑师，接着担任一个住宅发展机构的测量员。最后于 1979 年在哈尔登施泰因的小村庄开始他的建筑实践。他的建筑表现出一种对当地建筑的明显尊重。

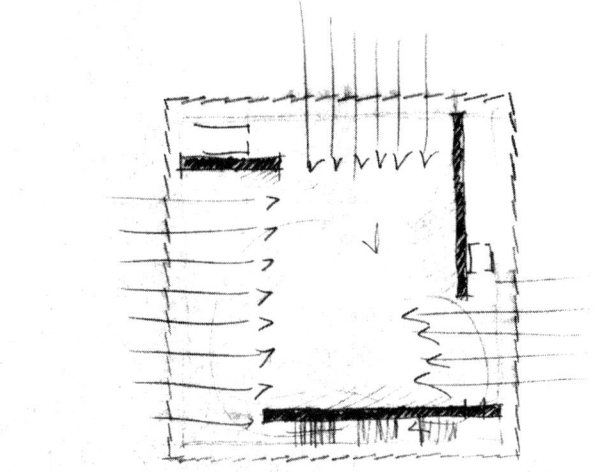

场地分析

奥地利伯瑞根茨（KUB）美术馆位于市中心，且与科恩市场（Kornmarkt）剧场相邻。伯瑞根茨美术馆的光的形象确立了它在康斯坦茨湖边一排公共建筑中的主体地位，它那塔一般的外形定义了城镇的风貌。

区别于老城镇的小建筑，它和科恩市场剧场在老城镇和康斯坦茨湖之间形成了一个新的广场。广场的设计基于不同建筑尺度之间的对照，老城镇轮廓线结构的细微差别，建筑之间的舒缓节奏和康斯坦茨湖的自由广阔空间。康斯坦茨湖的光辉穿过了"发光体"美术馆和石头堆砌的科恩市场 剧场之间的缝隙，并将它们的影响延伸到广场上，这将带给通往 KUB 美术馆的人们一个全新的空间体验。

伯瑞根茨美术馆的行政建筑，被设计为一个独立的实体。它不仅用于艺术作品的管理，并且是广场主题氛围的转换者。端庄典雅的黑色建筑传递着都市的奢华气息。这种气息只属于美术馆。

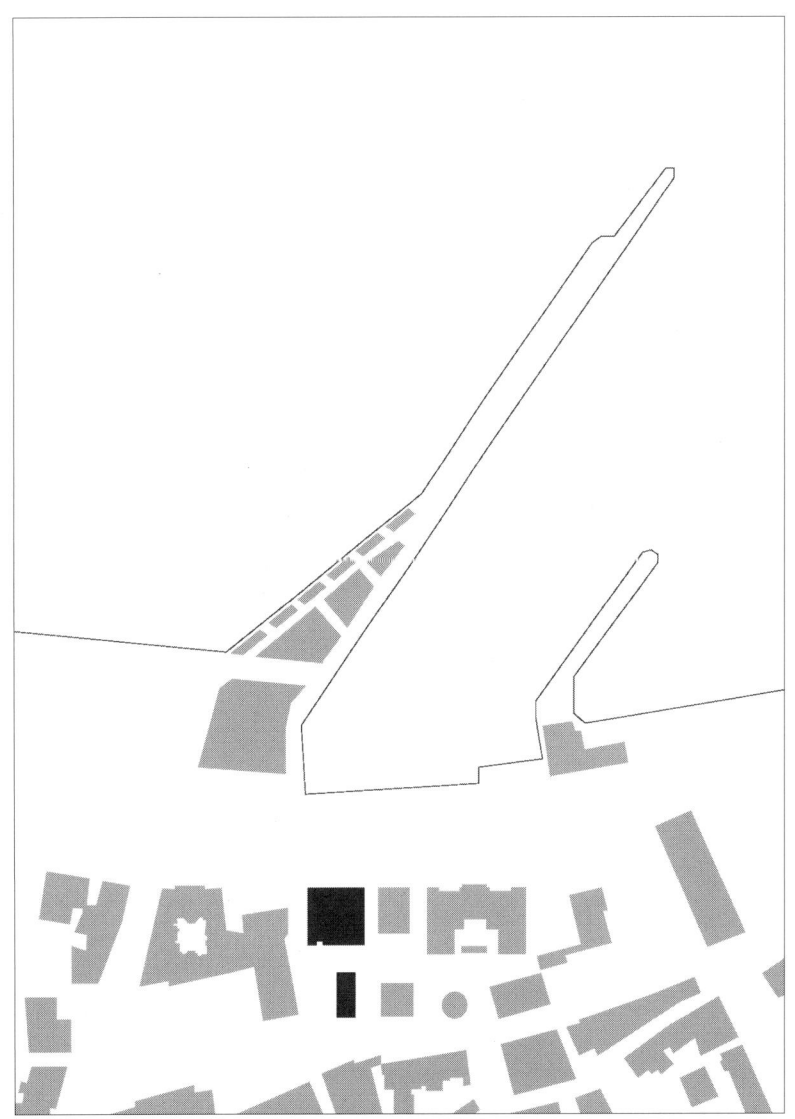

空间分析

不可察觉的空间的流动性在浮现。空间的好奇心被唤醒。整个建筑的螺旋空间引导着我们，它在入口处紧紧地吸引着我们，又缓缓地将我们引入建筑的内部。

3道板墙突出了主要空间——展厅的整体性，隐蔽了次要空间——交通空间。

3道板墙在一层的方形平面中组织得如同一个风车一般，这种布局创造出游客能一览无余的开放空间。风车布局还形成了美术馆总体上的环形格局，就像一螺旋，让人们隐约地联想到弗兰克·劳埃德·赖特设计的纽约古根海姆博物馆。

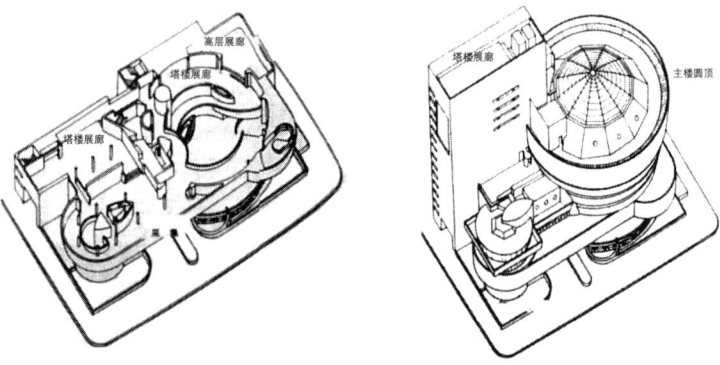

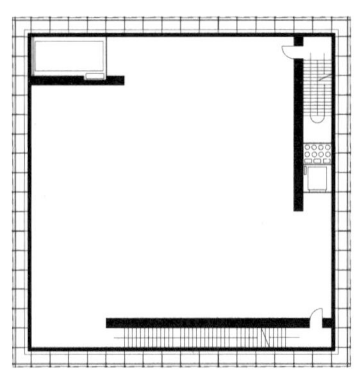

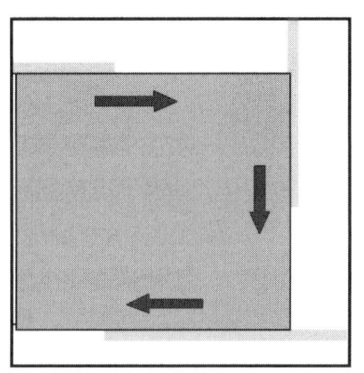

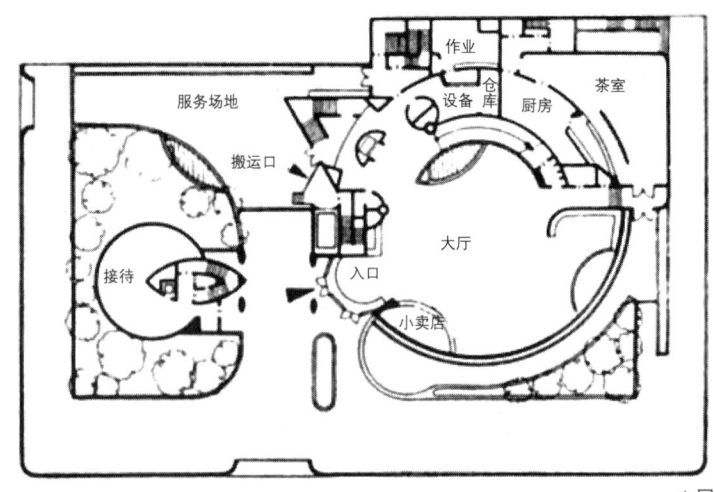

1层

功能分析

伯瑞根茨美术馆由主体建筑和辅助建筑两部分组成。卒姆托为了使主体建筑有一览无余的展览空间,将办公、售卖、餐饮等功能都置于辅助用房内。它的一层包含一个餐馆和美术馆商店,以上两层为美术馆的办公室。

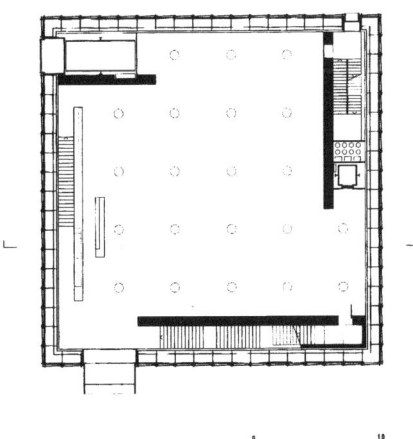

主体建筑地上四层均为展示空间,地下两层包含仓库和卫生间。

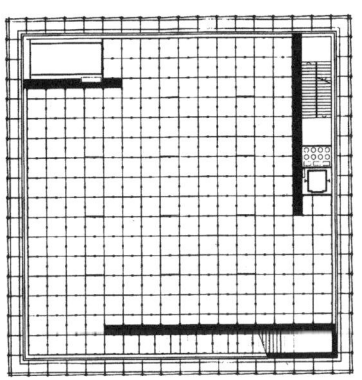

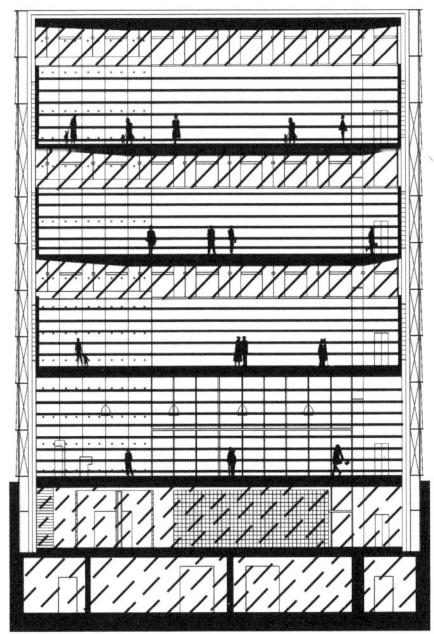

库房 ///// 设备 ≡≡≡ 展厅

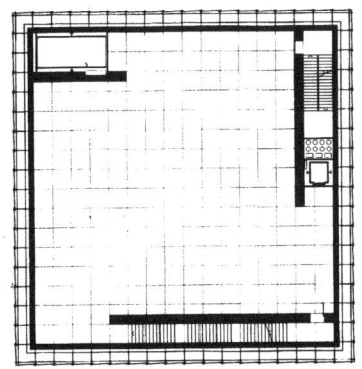

交通分析

伯瑞根茨美术馆有三个主要的竖直交通空间,人员、货物分别从不同的交通空间进入各层展厅。

参观者从位于南立面上的主入口进入美术馆后,便可以看到向地下的主楼梯在入口的右侧。绕过楼梯间向东走,在隔墙的尽头有一扇小门,可通往楼上。小门的对面就是人流电梯。绕过电梯向北走,在隔墙的尽头也有一扇门,里面是消防用电梯间,紧急时人们可以从位于北立面的紧急出口逃生。

展厅的西北角有一个封闭的死角,其实它的里面就是运送货物的货运电梯。工作人员将艺术品从西立面上的货物入口运送进来,通过这部货物电梯送到地下室的仓库和各层展厅。

除主要的交通空间外,一层大厅的西侧还有一个隐蔽起来的小楼梯,为工作人员使用。楼梯前有遮蔽物,其边缘刚好和主入口相齐,巧妙地将辅助楼梯隐藏起来,而将入口右侧的主楼梯暴露给参观者。

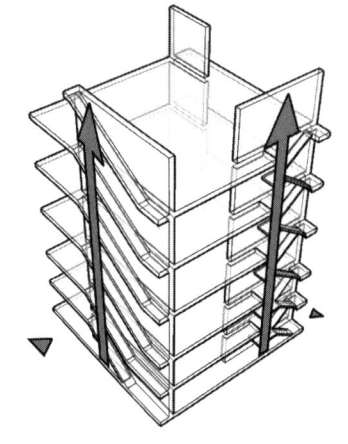
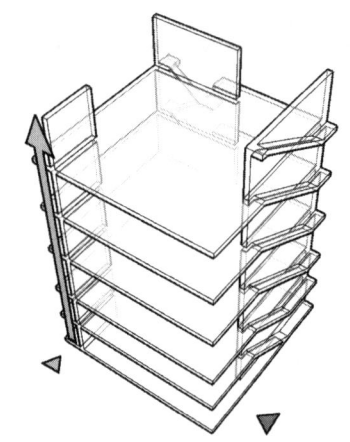
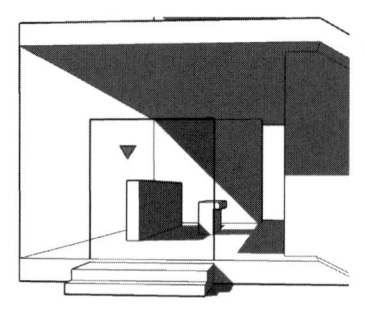
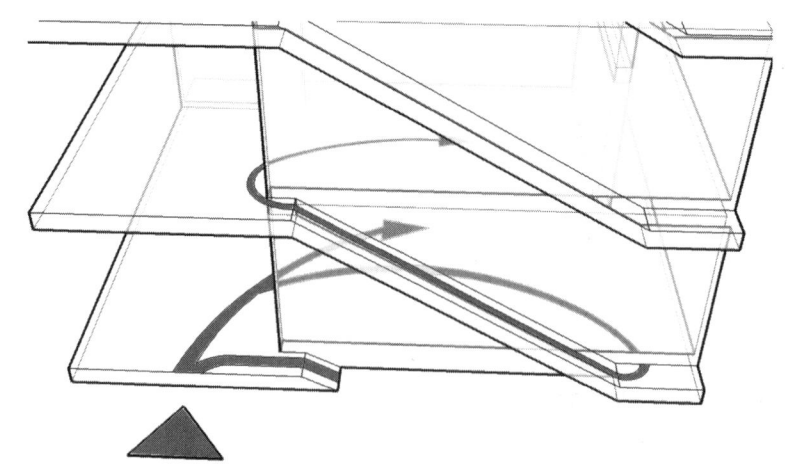

结构分析

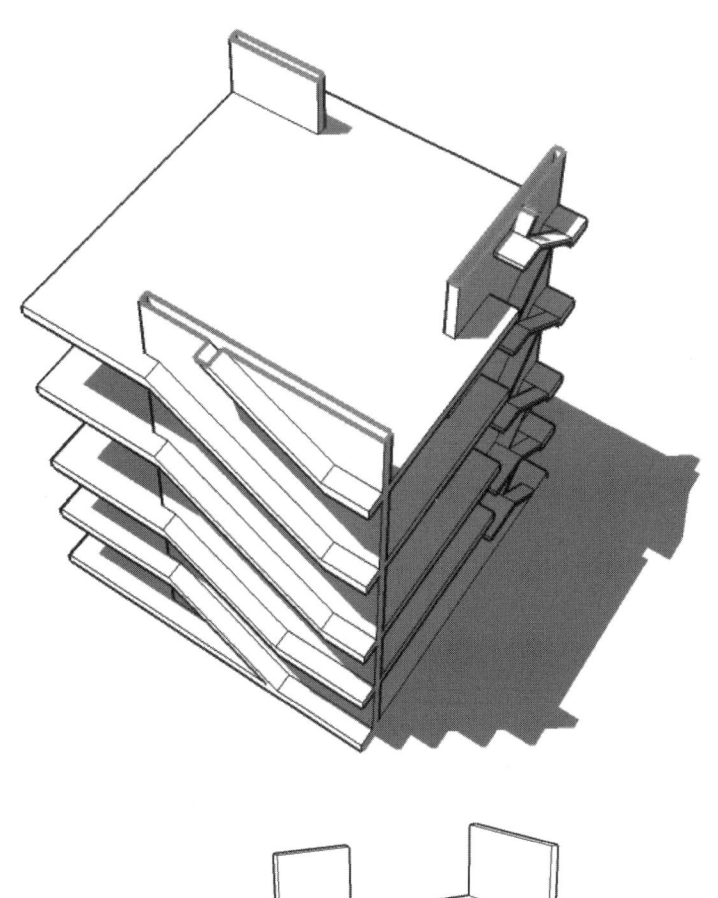

伯瑞根茨美术馆并不是由柱网承重的，当我看到它时我曾经那样想。而实际上，它真正的承重部分是隐藏在建筑内部的三面厚重的墙体，它们承载着建筑竖直方向上的所有重量。它那轻如蝉翼的表皮并不承担任何重量。

中间厚，四周薄的楼板架在墙体之间，与墙体共同组成了伯瑞根茨美术馆的结构体系，如同建筑的骨骼。

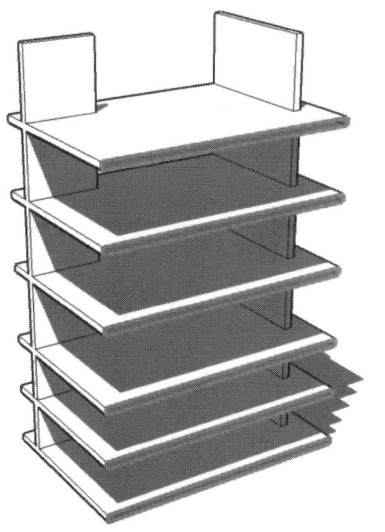

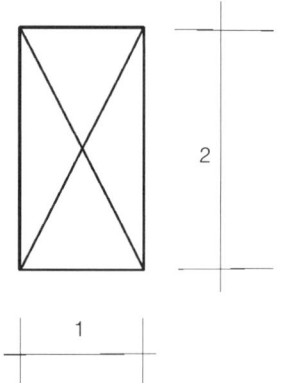

立面的体量和轮廓

立面每块玻璃板的长宽比为 2：1

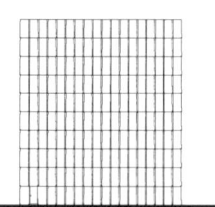

立面玻璃的分割

立面分析

卒姆托最初提出的方案只是一个大的"空盒子"以作为容纳当代艺术展览的舞台。美术馆矗立河畔，像是对天国的祈求。它与整个城市的肌理不同，却讨人喜欢。对"水晶外壳"的运用使水、光线和人的身体融为一体，呈现了一种现代主义对轻盈追求的瞬息，是对密斯理想的"近乎于无"的状态的最大实现，源于反抗重力走向虚无的根本冲动。然而它分层的半透明表皮掩饰了其准确的形状和尺度感。它不再是不变的焦点，而成为一个含蓄朦胧的物体。

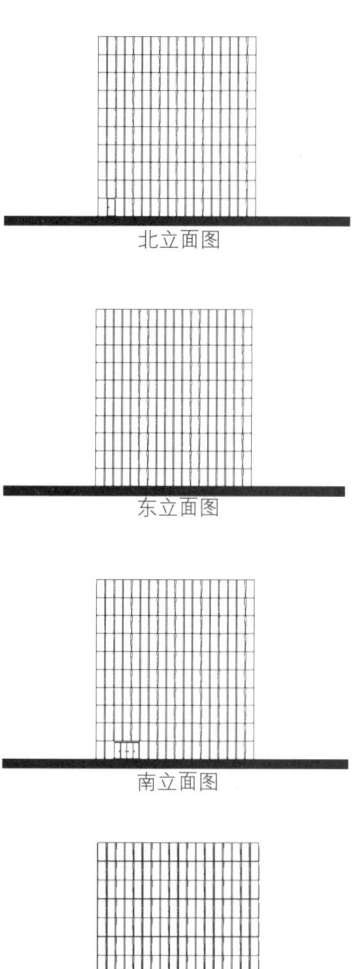

北立面图

东立面图

南立面图

西立面图

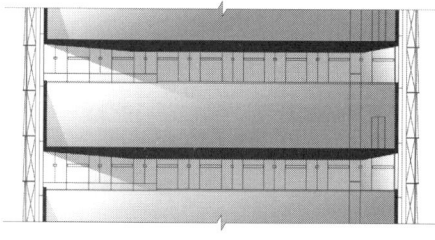

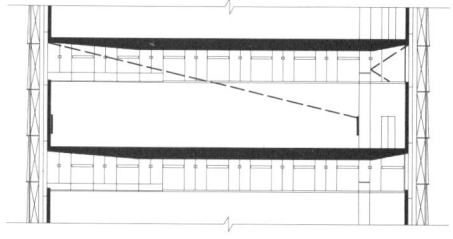

采光分析

　　美术馆尽可能多地采用了竖直方向上的采光方式,每层楼板下都留有 2.5m 的夹层，用于采纳自然光和放置人工采光设备。

　　自然光线从夹层侧面的半透明表皮射进来，经过半透明吊顶的散射进入展厅。这种独特的采光方式使美术馆尽可能多的利用自然光线。

　　实际上，这种采光方式也存在着弊病。由于墙体的遮挡，一些用于陈列展品的墙面采光量很少。举北面货运电梯前的墙面为例,如果它被用来陈列展品,那么离展品最近的光源与展品之间的距离为 22.87m。这使得美术馆更加适合进行数码媒体方面的展览，而一般的艺术品展览的效果却不佳。

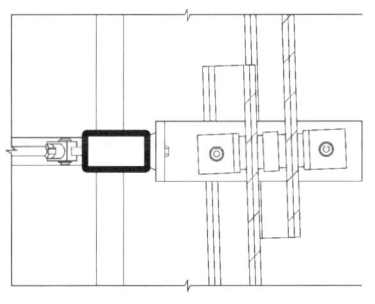

建构分析

　　玻璃建筑构思为一个壳体，由尺寸相同、精刻雕蚀的玻璃板组成。每块矩形玻璃板都保持完整，没有打一个孔，安置每块玻璃板的金属支架将它们吊在合适的位置，再通过巨大的夹钳将其安装在后面的钢支架上，玻璃板的缝隙是敞开的，玻璃的侧边缘暴露在外，按一定角度倾斜像鱼鳞一般。

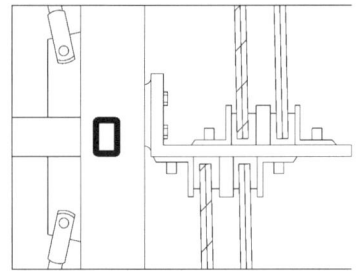

评价

　　卒姆托在伯瑞根茨美术馆中设计的主题是光，他考虑更多的是作为建筑本身的东西，运用单纯的构想、抽象的思维、冷静的思考同建筑设计中的理性分析，在伯瑞根茨美术馆中将建筑形式与具体功能成功结合在一起。

　　在伯瑞根茨美术馆中建筑场所以及光影空间，巧妙地融和起来，并将它们融入具体的技术手段、建造方式和材料运用上，从而创造出鲜明个性的建筑作品。

　　与其他瑞士建筑师相同，伯瑞根茨美术馆建筑形体极为简单，但墙体构造方式是极为复杂的，建筑表皮在这里承载的作用已超出外墙装饰的概念，已成为建筑所要传达其本身意义的手段。

参考书目

世界建筑 . 2005（1）

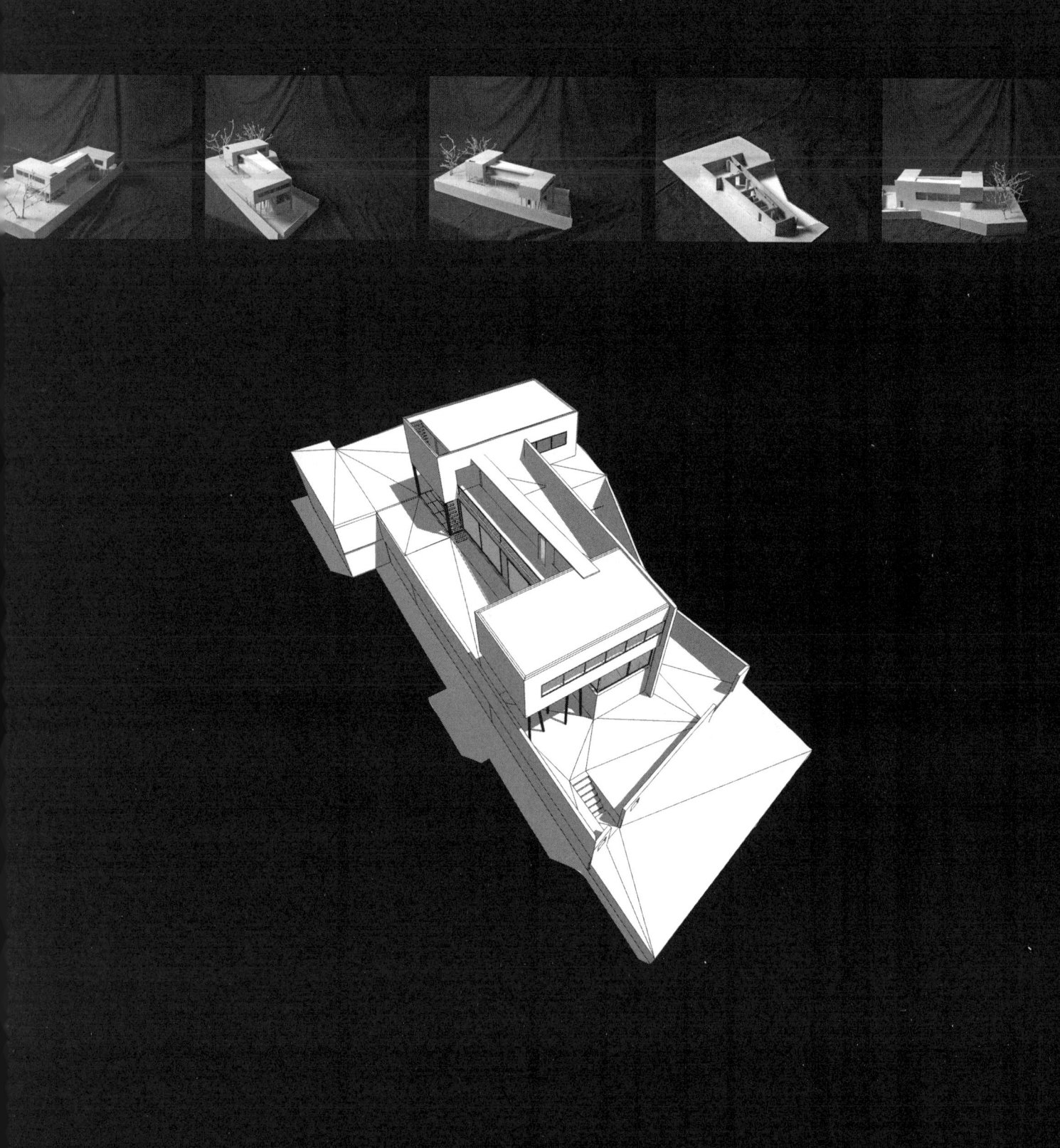

12

库哈斯 – 巴黎别墅

（资源编码：112，212）

学生：周吟　王维

建筑简介

　　建址为巴黎塞纳河畔一高地，远可眺望巴黎全景，近有树林围绕，邻近房屋均为 19 世纪的老屋，是富人们的度假住所（图 1-1）。不远处还有两幢柯布西耶（Le Corbusier）的别墅。业主不甘逊色，要求其住宅不仅仅是一幢房屋，还要是一件艺术品。男主人想要一座玻璃房子，女主人要求屋顶要有游泳池。

　　场地很狭窄，库哈斯提供了一个尽小占地面积的尽量大的空间：悬于玻璃层上的两个金属"盒子"。两个金属"盒子"一红一灰，分别为主人夫妇及其女儿的卧室，混凝土结构的泳池置于其间。理论上可在游泳时一瞥 EIFFEL 铁塔远景（图 1-2）。父母及女儿的卧室相对独立，各自有独立的楼梯直通。卧室的带状窗提供了眺望远景的足够视野。

　　在这栋别墅中，库哈斯融合了近代建筑史上各式各样的构件与元素。他的做法并非直接挪用，而是将来源不同的设计工具结合在一起。例如"自由楼面设计"、"自由正面设计"、类似密斯清楚排列的镶嵌玻璃、与地心引力的对抗（图 1-3）。

　　库哈斯提供了那三个重量不菲的"盒子"的支撑结构的解决方案：位于纵轴上的一排独立柱支撑中部的泳池，悬空的女儿房由一系列倾斜交错的细杆支撑，夫妇房的支撑结构由工程师提议：一个形状奇特的大型悬挑梁置于其下。库哈斯的独特之处在于：他将那排支柱用木橱围住，具有隔墙及壁橱的双重功能，木橱并不全封闭，保留南北方向的通透性。

图 1-1

图 1-2

图 1-3

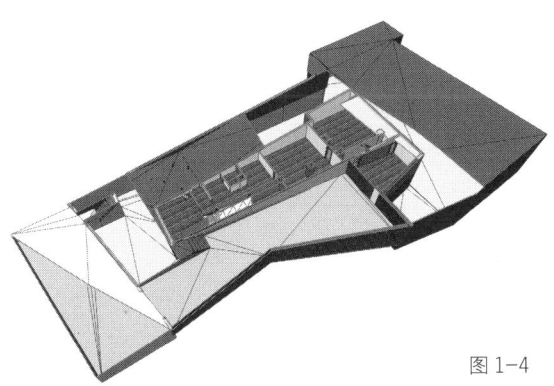

图 1-4

底层大部分置于地下，安置了设备间及入口空间。地面为自然的草木。房屋北侧为铺沥青的道路，通往车库，车库亦置于草地之下（图 1-4）。

中间层几乎全通透，其构思为此住宅的精华所在。起居室置于西侧，可滑动的玻璃落地窗提供了尽可能亲近的内外联系。库哈斯还别出心裁地安排了一扇可滑动的竹排置于玻璃窗外侧，随意滑动到某一位置，投下别致的光影效果，想象一下，在有月光的夜晚，夏虫在园中鸣，丝帘随晚风轻摆，躺在清爽的床上，捧一本沁心的书……

女儿卧室的支撑结构，在这些倾斜交错的细杆及弯曲的小径之间可否找到林间漫步的感觉（图 1-5）。

厨房亦置于中间层，位于中央木隔墙南侧，由扇形的半透明聚酯褶板围出的封闭空间，保留住宅东西方向的通透（图 1-6）。

图 1-5

图 1-6

材料与立面

统观达而雅瓦，立面仿佛就是材料的展示，波形板、混凝土、玻璃、石墙（图2-1）。

无法剥离的立面材质的构成，仿佛破碎凌乱的没有意义随意的拼贴，又昭示了建筑空间上的切割移分。这就是为什么材料要与立面一起说明的缘故。库哈斯用不同的材料划分立面，其中掩饰了许多区块在建筑中的真正含义。柱并非是柱，墙也并非是墙，一切埋藏在一个隐喻的环境中。

如果抛弃建筑原有的材料所划分的区块来看，一个整体的构件会被重新划分为多个区域。我们且用一面墙分析（图2-2）：清水混凝土的墙体被材料归结为一个整体，实际在建筑结构上，它一部分是起支撑结构，一部分是一般的围护构件（图2-3）。它打破了建筑构件各司其职的原有形态，以一种解构的形式出现。如果没有材料在建筑立面上的解构，达而雅瓦的立面将陷入庸俗的境地。

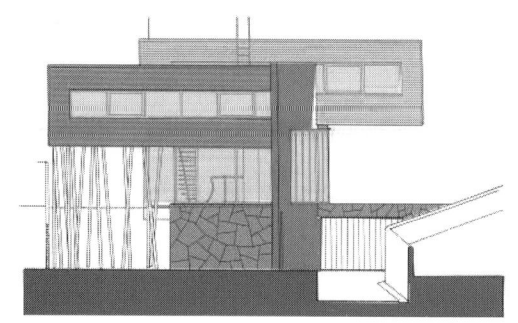

主立面（东侧）

图 2-1

图 2-2

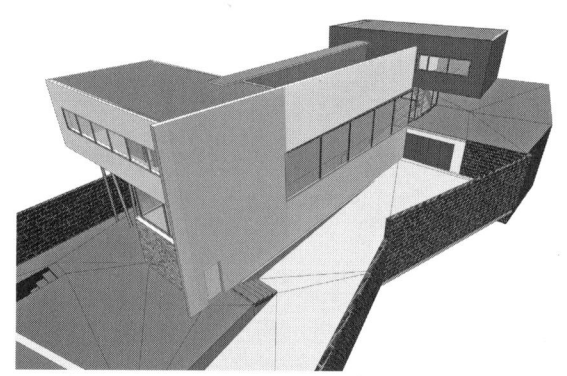

图 2-3

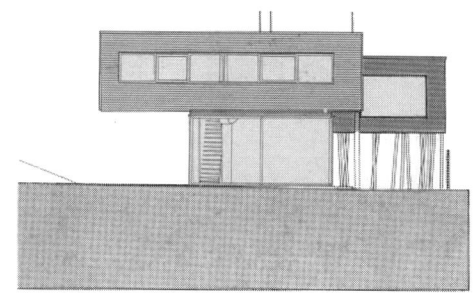

后花园的立面（西侧）

图 2-4

立面上附着的材料同库哈斯的拼贴画一样看似随意却意义深刻，它有效地划分空间，排除干扰的组件（图 2-4），同时对你实施催眠：库哈斯运用大量 T 形构成（图 2-5），消隐建筑的结构，产生漂浮的感觉，破坏你对空间的原有认识，你只能跟随库哈斯设定的路线前行，一步一步到达建筑师描绘的空间境界。

结实的石墙给一层造成稳定感，玻璃的透明忽略二层存在，波形板的弱化效果使两间卧室更显轻盈。达而雅瓦抓住你对建筑第一眼的感觉，基本展示了建筑师要表达的漂浮效果（图 2-6）。

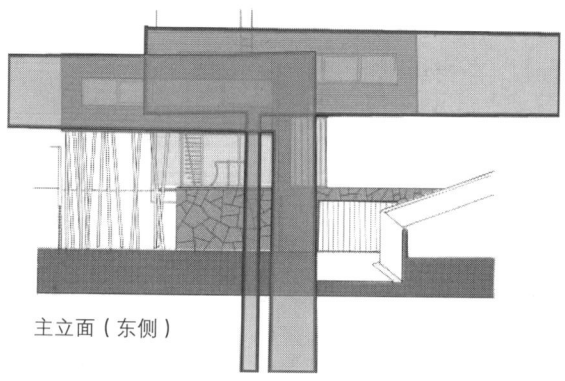

主立面（东侧）

图 2-5

图 2-6

场地

建筑的选择决定于建筑本身与周围环境之间的相互影响（图3-1～图3-4）。

达而雅瓦在时间上建于拉维莱特（La Villette）公园之后，同样存在条状的区域分布（功能、接合、重组）。库哈斯选择用区块的处理方式不久后被用在城镇规划的设计上。库哈斯将整个复杂的结构分成三条纵长的区块，安排在基地上。第一块区域规划成花园，嵌入建地上方，延伸至入口步道。建地末端希望能保留一区块空地，让没有建筑物的区域形成一个十字形，表示重视新的邻居关系，长形的建筑构成第二个带状区块，第三个区块上则铺上柏油，当作车库的通道（图3-3）。

建筑的主体沿着建地上方轴线发展，将上方楼层的卧室划成两组，与主体建筑呈垂直。这样做是为了要保存视觉关系，控制现有建筑之间复杂的调和性。区域的划分虽然严格，每一个区域的设计却极为自由。从狭长区块的宽处走过，就像是以蒙太奇手法来组织空间一样，如同看到电影中串联起来的景象。区域划分也开始应用在需要较大弹性的建筑计划上，尤其是还在设计阶段的时候。

许多城市规划与设计中的大型建筑物都采用这一方式。库哈斯在两方面受到很大影响：一是纽约某些摩天楼的个别楼层作用不同，二是荷兰将海普新生地切割成带状的土地与河川（这是根植在这个荷兰人身上的特性）。

达而雅瓦整体建筑在一个坡面上，像航行在19世纪建筑群上的破冰船，特殊的场地构造，造就了达而雅瓦的特殊空间组成（图3-5）。

Site situation

图 3-1

图 3-2

图 3-3

图 3-4

图 3-5

建筑构造

　　建筑结构从来都是被建筑师忽视，或者说是建筑师无力涉及的一个区域。然而这种结构和建筑设计分离的设计方法很容易导致建筑的瓶颈出现，建筑师缺少对技术真正含义的理解和技术构思创新的激情。库哈斯就对此颇为不满——我们很难相信，一个建筑构件占建筑面积的三分之一，占建筑预算的一半，建筑师却无权过问，建筑思想也从来不探讨这一点。我们对此无法有所期盼，无异于向现实妥协。

　　在达尔雅瓦设计中，库哈斯花了两年时间来思考一个公寓如何可以浮在空中，并且从某种意义上解决了这个问题。在萨伏伊别墅中漂浮感是通过底层立柱支撑二层方盒子获得的，但这种方式过于传统直接。库哈斯采用了一种相反的方法去思考，结构不再是简单明了的为了支撑建筑而不得不为之的机械的建构元素，库哈斯使用他独特的手法使建筑的建构元素变得富有生气（图4-1）。

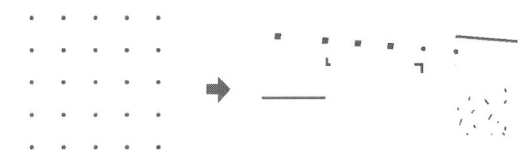

图 4-1

　　在达尔雅瓦中，我们先将库哈斯希望漂浮的部分作为整体思考，然后从建筑中分解出不同粗细、不同形状的起支撑作用柱。支撑部分给人最直观的感觉是圆柱、方柱、角柱、斜柱、墙板的并置和混合（图4-2）。

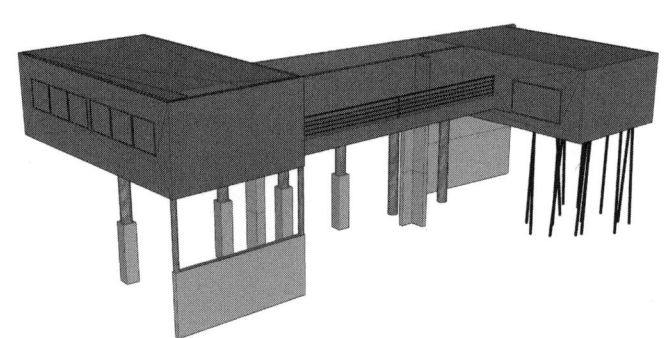

图 4-2

　　然后，我们再将漂浮的部分作为三部分来研究，父母房：父母房是这三个房子中悬挑最夸张的，库哈斯通过两对粗细不同的柱、一个形状夸张的弧形梁和盒子本身的600mm厚的楼板来实现（图4-3）。

　　游泳池：游泳池有一个厚度更夸张的斜面楼板，因此库哈斯采用了一排位于纵轴上的一排独立柱来支撑，而这种线性的支撑显然是不够的，库哈斯巧妙地使用了两个角柱来辅助。他将那排支柱用木橱围住，具有隔墙及壁橱的双重功能，木橱并不全封闭，保留

图 4-3

南北方向的通透性；而他又赋予角柱以设备管道的功能，使这些结构构件轻松地融入整个空间（图 4-4）。

女儿房的结构采用了十五根斜柱支撑在悬挑出来部分的外围一圈，而在另一侧采用的是一块从一楼到三楼的墙板。库哈斯在这部分的手法是三部分中最稳定的，但由于"斜"这一手法的运用，这部分看起来却是最具有悬浮感的（图 4-5）。

库哈斯采用一种新的方式来定义结构——复杂的、富有潜力和变化的元素。并且在设计上，采用了局部、混合、并置等手法来完成。正因为有了这些结构方面创新的支持，库哈斯的很多富有挑战性的建筑和动态空间才得以实现。

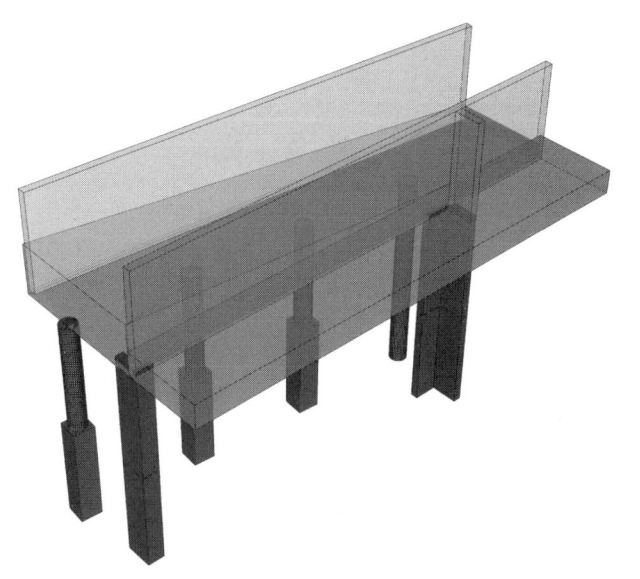

图 4-4

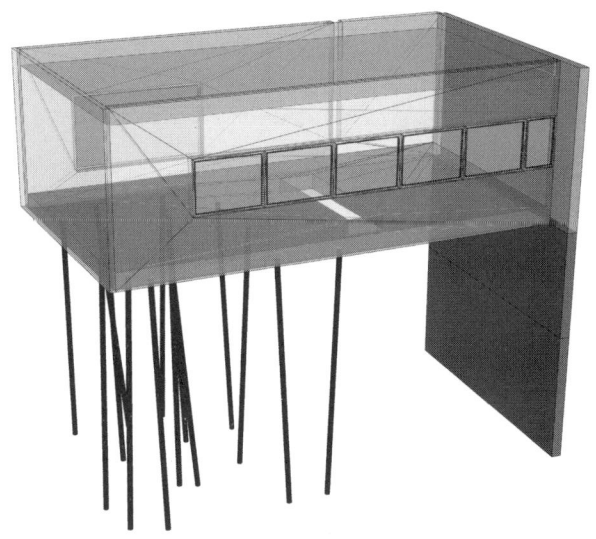

图 4-5

交通与空间

在交通组织上，库哈斯在入口门厅到二楼起居室之间使用了一个和室外坡道相呼应的水泥坡道。在这个别墅中的坡道，无论是室外地形的草坡还是室内的水泥坡道都是使用近乎水平的交通元素来巧妙地解决垂直高差带来的空间距离问题（图5-1）。

库哈斯在这使用的是四维连续法形成空间的一个重要特征——空间在高度上的直接连续。在此之前已经有很多建筑师使用过这一手法，比如柯布西耶从萨伏伊别墅（图5-1）开始就已经开始探讨空间在高度维度上的连续性，而赖特的古根汉姆博物馆更是将坡道和功能结合形成一个完全流畅的展览空间。

库哈斯在达尔雅瓦的中心，也就是通过坡道将人们引入二层的起居室以后，借助众多的楼梯，将使用空间分散到四周，从而产生一种离心关系。萨伏伊别墅主要借助于设在轴线上的坡道，基本上以一种线性的方式引导人们在其中的运动。

在萨伏伊别墅的运动主要是贯穿整个建筑的坡道上发生的（图5-2）。人的视觉是在动力的牵引下运动的，各个有形空间保持着柯布西耶精心控制的集合关系。不同人所经过的空间都同属于家庭生活的公共部分（同质的）。因此，我们可以将这个过程看成一个有两个镜头经蒙太奇手段连接而成的（图5-3）。

而达尔雅瓦，它拥有多个入口，因此光进入建筑的起居室（公共空间）就有四种可能（图5-4），而进入起居室之后又存在多种路径通向屋顶、父母房、女儿房、工作室等。不同人物在别墅中的镜头会不一样，也就是说父亲一般是从车库内进入工作室，然后再上到起居，再进入卧室。而仆人可能从草坡旁的门进入空间。因此，不同的人会有不同镜头的组合，也就拥有多条流线的共存、并置、交叠，构成立体的流

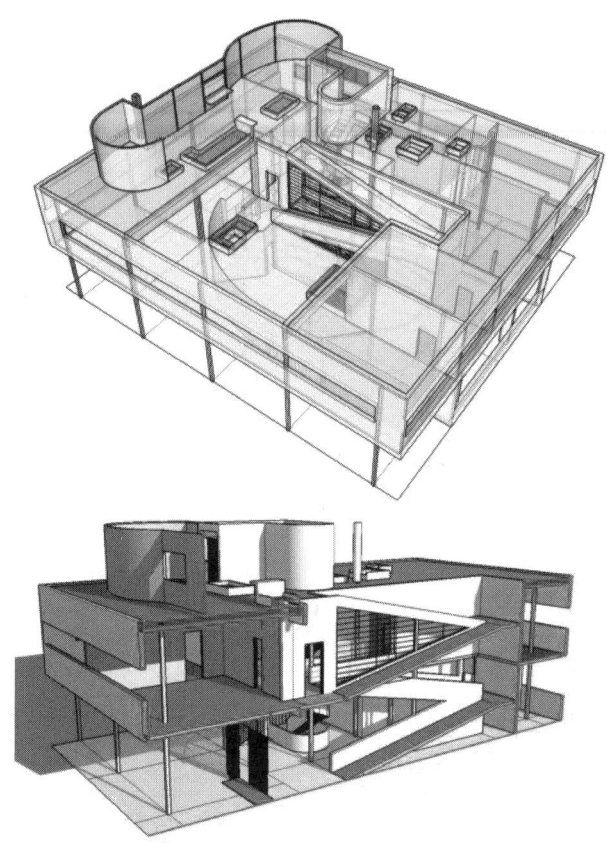

图 5-1

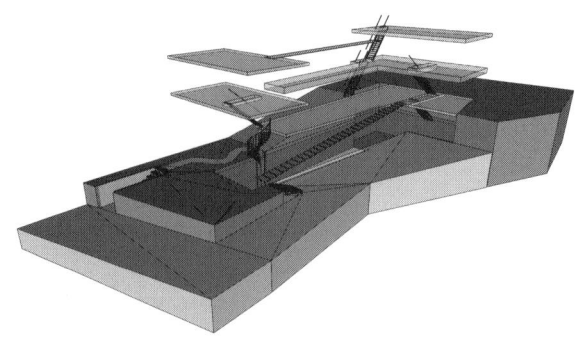

图 5-2

线网络。

就空间性质而言，1. 库哈斯似乎并不愿严格控制空间的尺度比例。2. 材料的运用强调多样性，不追求整体感。3. 结构方式的多样性（如前面提到的四种结构异质方式）。而萨伏伊别墅刚好与之相反，尺度是经过精确推敲的，材料的运用具有很好的同一性，结构方式也基本上以柱板（少量加有过梁）为主。这种比较说明，萨伏伊别墅建立的是统一的、一元的空间结构，空间的使用方式是固定的，运动与空间是一对一的静态关系。而达尔雅瓦建立的则是断裂的、多元的空间结构，空间的使用方法和空间感受具有相当的可变性。

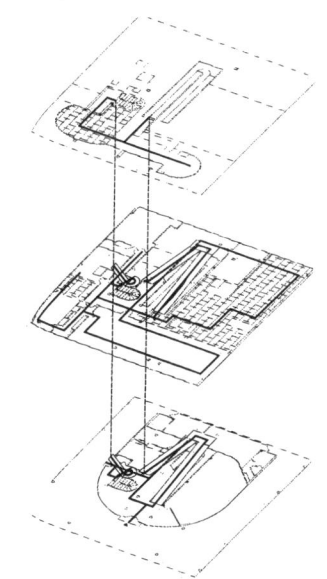

图 5-3

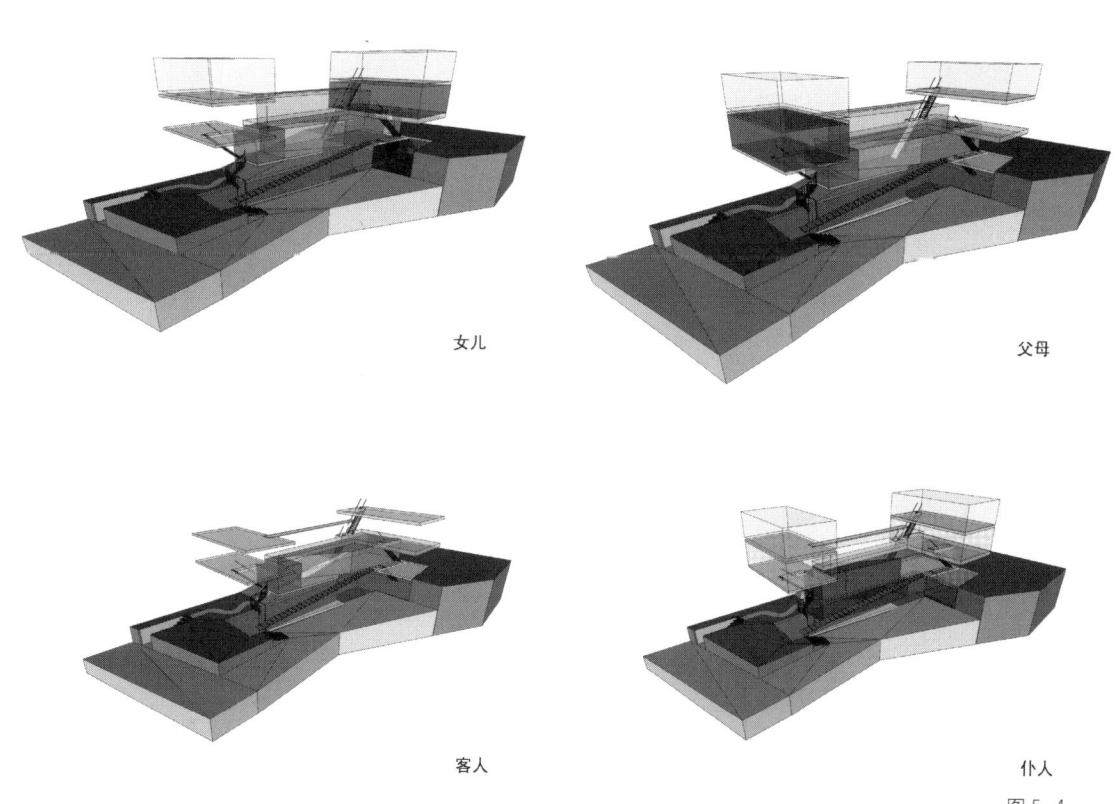

女儿

父母

客人

仆人

图 5-4

我们按使用者将达尔雅瓦的楼梯使用进行分析，首先分析的是男主人，使用了最多的空间：起居室，卧室、阳台、屋顶平台、游泳池、工作室及车库。他的活动因为功能的竖向叠置而使他的活动建立在车库旁的那个楼梯以及通向顶楼的楼梯。

而女儿的活动建立在自己的阁楼上，她除了饭厅和起居以外，使用其他功能都没有太直接的交通联系，但如果她想到顶楼或是游泳池，那么她必须经过起居室到达建筑的另一端，然后通过楼梯上楼，所以，女儿的活动建立于迂回。

客人的活动主要是在起居室，而客人进入这个建筑的方式也会更多的是通过坡道，室内的或是室外的坡道，直接进入起居室。活动的范围也更多是游览——用一种散步的心态好好地体会这种空间。

仆人理论上可以到达很多的空间，但她更多只是能到达，而不是使用这些空间，她使用的只是她自己的房间和厨房比较多一点。她需要的是快速从她的私人空间到达她的工作区域。因此，仆人的交通主要集中在旋转楼梯那部分。

最后得出的结论是每个楼梯都会有一个特定的使用者，而坡道作为一个有活力的元素，使空间的体验有更多的可能性。而在这个建筑中，饭厅、厨房、起居室组成的二层为三个相对私密空间的中心，比起柯布在萨伏伊对中心的偏移手法，库哈斯似乎更喜欢将公共空间集中起来处理，而这点正体现了库哈斯早年《癫狂的纽约——曼哈顿回溯的宣言》中他对"内容的拥挤"这一拥挤理论的强调。

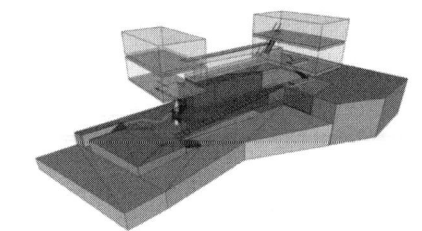

图 5-5

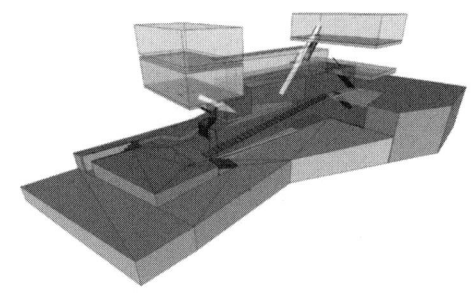

图 5-6

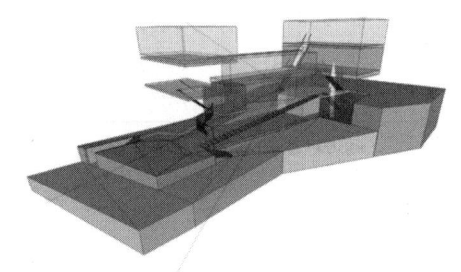

图 5-7

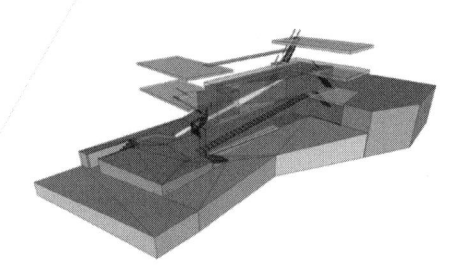

图 5-8

空间功能

在一层安排有车库、工作室以及仆人使用的房间（图6-1）。

二层主要是活动与交流的空间，也是整个建筑的公共区域（图6-2）。

三层是主人们的私人空间，包括两间卧室和一个屋顶游泳池（图6-3）。

库哈斯在空间功能上满足了业主想要的玻璃盒子与屋顶游泳池的要求，同时保证了父母与女儿的隐私。在使用上，所有的人都有一个中心点，就是二层的公共活动区域，它也是维系整个功能的核心（图6-4）。

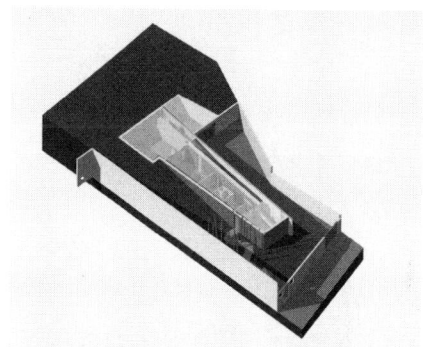

图 6-1

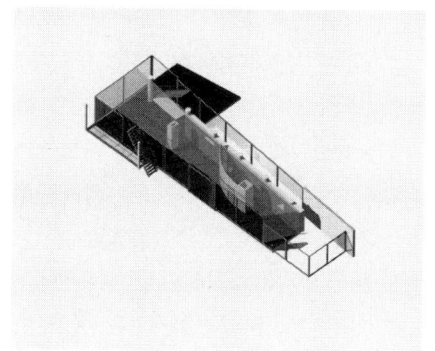

图 6-2

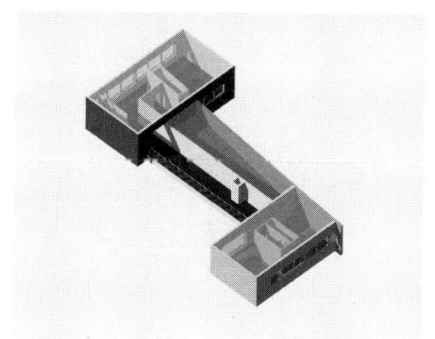

图 6-3

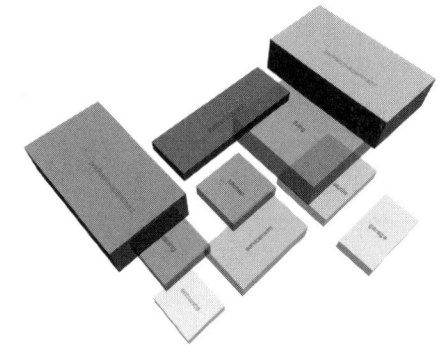

图 6-4

关于库哈斯的作品

我并不十分喜欢 KOOLHAAS 的作品，总觉得其作品缺少一种感性的美。

我不大喜欢库哈斯对材料的似乎不讲究的堆砌……

他也向来不注重细部的设计，在他看来细部是金钱的堆砌……

而且许多时候库哈斯的建筑都不是美的，甚至是"丑"的，

不过其中蕴涵的极其理性的逻辑构思却是值得研究与吸收的。

小的东西常常蕴涵最精密的构思。现以达尔雅瓦为例作一些粗浅研究。

库哈斯在达尔雅瓦结构上的手法让人耳目一新，并开始对结构有了新的看法——结构不再简单，不再成为建筑设计最后一步的添加物，而是将结构当作一种富有生气的元素来创作！

库哈斯是以概念著称的建筑师，虽然他的建筑有时无法在审美上符合我的逻辑，但他提出的概念总能让我们激动不已。

早年的电影剧本的写作让他对时间和蒙太奇手法有深刻理解，在建筑中他也同样运用，使自己的建筑具有一种多元的建筑体验，而不是仅仅安排一条主线让人去体验。

在他这个早期的建筑上你能很容易找到一些现代主义大师使用过的元素，但他却用自己的理解重新诠释和组合了这些元素。最后如你所见，达尔雅瓦像一个异动的精灵"漂浮"在那里。用他的狂野和不稳定感述说库哈斯对建筑的理解。

他总是坚持用自己的方式在建筑学领域与重力进行对抗，一次次地用不同的方式让他的建筑脱离地球本身的束缚。

当所有人都在谩骂都市的时候，他看到的是大都会"拥挤"魅力，大都会的包容，他是一名具有前瞻性的建筑师，他永远在对大都会，对大都会发生的事进行不断地研究。

他在过去十年以设计的角度出发去做研究，把围绕我们身边的城市和生活的问题一一探讨，是已超出了他作为建筑师的工作范畴了，例如早在我们研究珠江三角洲的发展前，REM KOOLHAAS 已伙同他的 OMA 做了不少相关工作，总结出版专著。

库哈斯——一个让我对建筑耳目一新的建筑师，不单是形式上的，更是对建筑的理解，对城市的理解，对结构设计的理解。

生平简介

　　荷兰没有山，只有风——库哈斯，从某种角度看荷兰是特殊的。这样一个低地国却具有欧洲最高的人口密度。它的历史就是一部和洪水斗争的历史，生存是最重要的。在这一前提下，荷兰文化和社会生活中意识形态讨论较少，导致了它的实用主义的基本价值观。而库哈斯的世界观也同样深深植根于荷兰的土地上，荷兰式的实用主义占据了他观念的重要部分，从理论到实践。这是他挑战传统，创造出更有生命力和精神力量的建筑之源泉，也是其建筑思想的"危险性"所在。因为荷兰的特殊，有人说荷兰的文化是一个在特别的临界点上生存的"拥挤文化"：多样而极端。这个特征同样适用于身为荷兰人的库哈斯。在一个有限的范围内获得最大限度的自由，这样的荷兰精神作用于一个善于思考的建筑师身上，创造出一个富有个性的大师来（图7-1）。

　　1944年　瑞姆·库哈斯（Rem Koolhaas）出生于荷兰鹿特丹，在战后贫瘠的土地上和渴望重建的环境中成长。

　　1952年　他8岁的时候离开荷兰，随父亲迁居独立后的印度尼西亚雅加达，在此居住了4年。12岁回到荷兰，此时荷兰已经在战后的重建中整饰一新。

　　1963年　19岁起库哈斯有了第一份工作，他最初的职业是记者而非建筑师。他开始在荷兰的一家周报《海牙邮报》担任记者，并为该杂志的文化专栏撰稿，同时在一个年轻的电影小组从事电影剧本的创作。在这一期间库哈斯访问了当时的苏联，在那看到了一些早期苏联的结构主义、共产主义的一些东西，受到一些政治和建筑上的冲击。

图7-1

图7-2

1968 年　24 岁是他一生事业的转折点，他放弃了记者和剧作家的工作，随后赴伦敦在风格激进的建筑协会学院学习建筑。他有两个理论性的建筑方案便是在这段时间内完成的：1970 年的"作为建筑的柏林墙"与 1972 年的"放逐或建筑的自囚"（图 7-2）。

1972 年　库哈斯奔赴大洋彼岸，留在美国进修。他对纽约这座城市十分着迷，于是开始着力研究都市文化对建筑的影响力并最终出版了《狂乱的纽约：曼哈顿的回溯宣言》。这个阶段，瑞姆·库哈斯向往实际发展，于是决定返回欧洲（图 7-3）。

1975 年　他与伊利亚和左伊·山戈斯夫妇（Elia and Zoe Zeng-helis）、玛德伦·维森多普（Madelon Vriesendorp）在伦敦创立了"都会建筑事务所"（OMA），尝试以建筑实践证明书中提出的理论原型。该事务所的目标为重新定位建筑与现代文化之间的关系。

1978 年之后　他们在荷兰的业务开始扩大，于是在鹿特丹开设了一个分所，专门处理 OMA 的工作。同时，他成立了戈罗兹塔特（Grosztstadt）基金会，独立管理鹿特丹分所的文化事物与艺术活动，如博览会和出版刊物等。

1982 年　拉维莱特公园（图 7-4）。

1982 ~ 1991 年　达而雅瓦别墅（图 7-5）。

"在我本人看来，我作为作者和作为建筑师的成分不相上下。"

——库哈斯

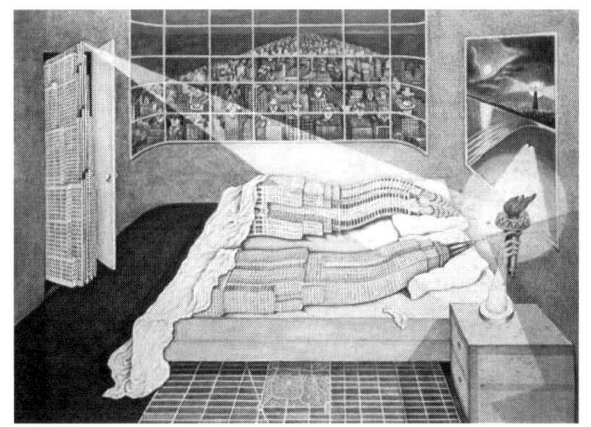

图 7-3

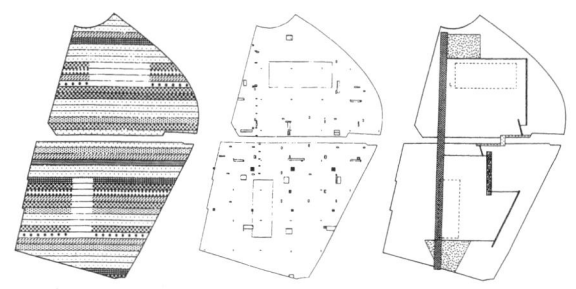

图 7-4

参考文献

1. 世界建筑：大都会建筑事务所. 2003 年第 2 期. 北京：世界建筑出版社
2. Richard C Levene and Femando Marquez Cecilia. 瑞姆·库哈斯 1987 ~ 1998. 林尹星主编，薛皓东译. 台北：惠彰企业有限公司，2002
3. 建筑师（112）. 2004 年第 8 期. 北京：中国建筑工业出版社
4. 大师系列丛书编辑部编著. 瑞姆·库哈斯的作品与思想. 北京：中国电力出版社，2005

图 7-5

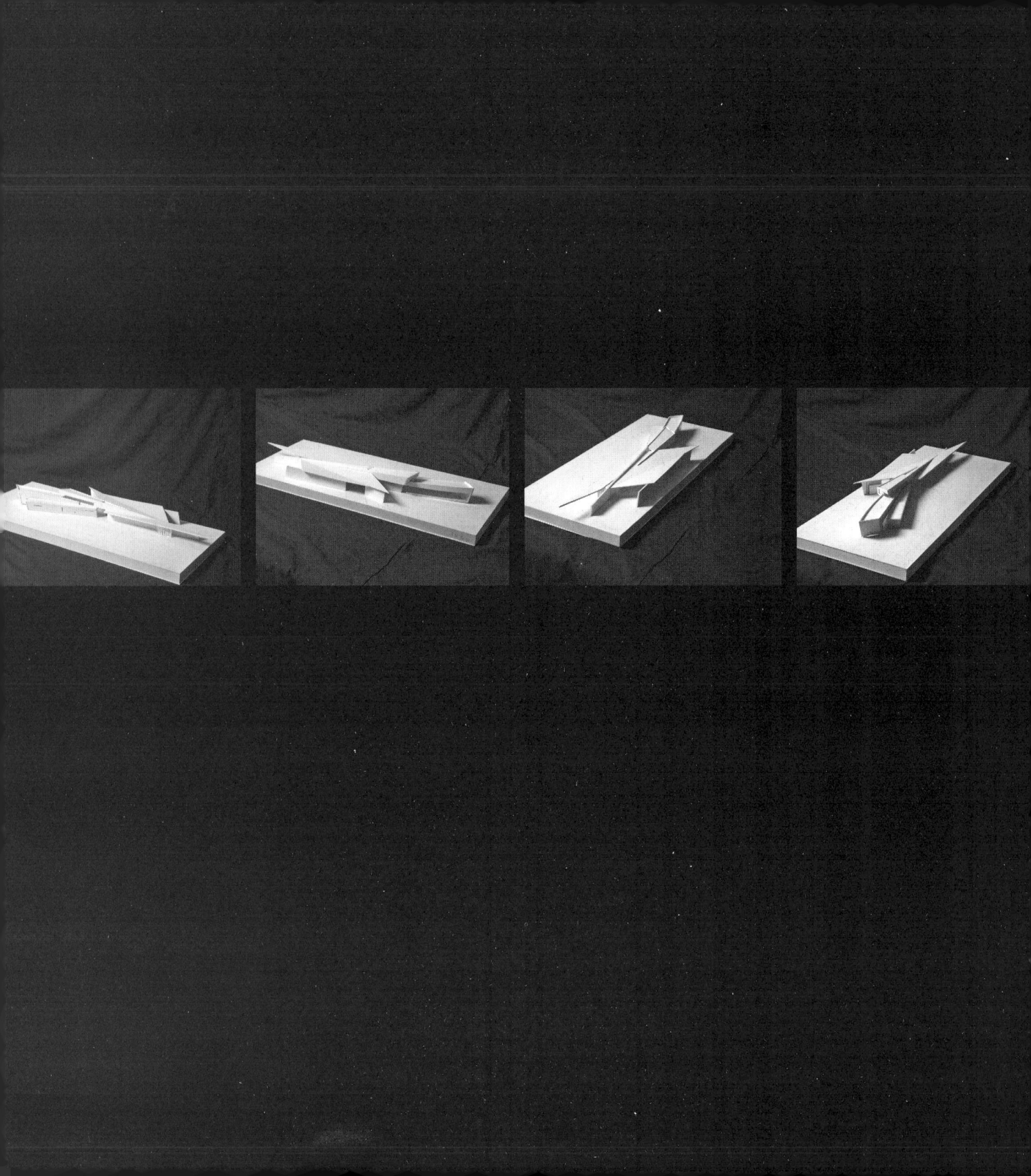

13

哈蒂德－维特拉家具工厂消防站

（资源编码：113，213）

学生：李政　郭欣

扎哈·哈蒂德生平

扎哈·哈蒂德说她和库哈斯，伊东丰雄都属于注重建筑结构的解构派，但是她给我们的印象却太超前，许多人说扎哈是形式主义者，其实扎哈是在方法论上与众不同。扎哈·哈蒂德说她一直都在探讨抽象的东西，她的眼睛像一把锋利的刀解构和打散了我们通常所看到的城市，当你发现这些碎片和城市的脉络有着内在的深层联系时，才知道扎哈是把城市作为充满活力的复杂体加以研究。然而所有这些都来自扎哈的激情，她对城市充满人文性的关注。

在某种意义上说扎哈的建筑就是要构筑全新的城市景观，让潜藏的城市脉络复活，扎哈即使设计一个普通的车站和停车场以及滑雪跳台这些小设计，她都做得极其精致，让人感到城市和环境的联系。她认为停车场设计本身的好坏并不重要，重要的是营造一个空间的氛围。这个氛围就是城市是流动的，因此把这

种流动视觉化，在扎哈·哈蒂德那里建筑就被设计成流线型。

扎哈·哈蒂德并不只是做建筑，她也设计家具和室内空间，但是当别人说那是家具时，她会马上解释说那是创造。扎哈·哈蒂德的设计充满感性，但从她的教学大纲可看出她的思维基于很强的理性。2003年在维也纳实用美术博物馆举办的个展上出品的新作，和为台湾设计的美术馆方案，可看出扎哈的设计越来越呈现有机性，体积和空间都越来越多元和复杂。造型也从那种锐三角、板块状转变为模糊的多维造型，如果我们把这一时期看作是几何形态期，那么现在这种又像生物又像液态的造型，可称为生物液态型，扎哈·哈蒂德给我们展现了刷新知觉的空间。

扎哈·哈蒂德的成名作德国维特拉工厂消防站（1993年建成）。在此建筑方案出台、尚未实施之际，由于其充满幻想和超现实风格名噪一时，而这些绘画式的作品被认为只是纯粹性的艺术化方案，实施的可能性很小。显然这个方案具有一定的冒险精神。每一个面墙都不垂直，且墙面都呈锐角相交，且建筑的各个部分都有所倾斜，以常人的视角去观察，主体部分都有塌垮的趋向。而且屋顶的外檐平台向内倾倒，人们所惯见的平衡概念被打破了。正是由于这种不平衡性，建筑物整体的效果反倒轻洁、飘忽了，但建筑物各组成结构的材料具有的坚固和稳定等特性并没有被故意抹杀。扎哈·哈蒂德透过营造建筑物优雅、柔和的外表和保持建筑物与地面若即若离的状态，达到了这一理想效果。对此，扎哈·哈蒂德认为："因为绘画具有很大跳跃性，致使人们容易产生误解"。人们总想孤立地看待建筑物的各个组成部分，总认为跳跃性太强容易导致结构混乱。或许这也正是构成主义作品的困境之一，因为这些作品独自成为一个封闭的个体，不需要与观者或是环境进行任何的对话，也可能扎哈·哈蒂德的设计中一直带有着孤傲、唯我色彩的原因。在德国维特拉工厂消防站的设计案中，她开始尝试新的设计手法，让基地的特性融入建筑设计之中。在此案例中，建筑物的体量像是从基地的一端抛向另一端的三道抛物曲线，这三道曲线化做彼此错落、交织的空间，有些空间从建筑物的中央穿越而过，也有的空间缓缓地没入地面而消逝。哈蒂特有的

锐利斜角还是存在，却多了对"摺叠"（折叠）这个概念的尝试，以及对流体曲线的兴趣。在此设计之后，扎哈·哈蒂德对交错、缠绕的形式、空间的效果以及环境的回应等问题的掌握越来越成熟，例如辛辛那提的当代艺术中心、千禧圆顶展示区、法国卓斯特停车场与车站等都是此时期的作品。

扎哈·哈蒂德在建筑设计领域里取得的数度辉煌：香港的山顶俱乐部；在1982年获建筑设计金奖的伦敦伊顿广场公寓；柏林的Kufurstendamm大街（1986年）、杜塞尔多夫艺术和媒体中心（1989年）、卡迪夫湾歌剧院（1994年）以及广州市歌剧院的设计方案等竞赛中均获得一等奖。

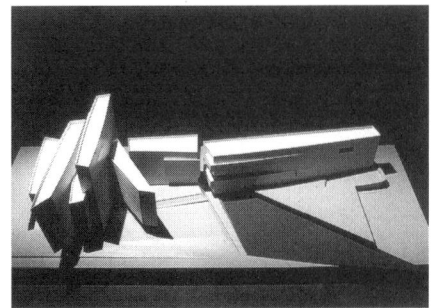

建筑概况

当年一场大火，把旧的厂房烧了，所以在家具厂里建了个消防站。现在消防站已变成了一个供人参观的建筑。原本停消防车的地方，现在变成了陈列室。

这幢大楼是想给人两种感觉：倾斜的墙本身有着一种爆炸的感觉和紧缩滑动。

消防站的造型基本上是一种线性方式，它分为车库、休息室、餐厅、会议室、浴室、厕所、花园几个空间。三角形的造型方式使这些空间处在一种强烈的运动中，尤其是内部的照明布置仿佛是在指引着空间的运动方向。流动的空间是整个消防站的特色。

整个大楼建造的材料是完全暴露在外面的，没有任何的修饰，用清水混凝土这一种单纯的材料和倾斜的墙壁表现了一种另类的轻盈。

场地分析

1. 这是一座由弗兰克·盖里（Gehry）设计的家具厂的工作中心，大楼的基本概念是当人进入这栋办公大楼的时候每一个房间都会被分为一个一个的"城郊小屋"。"城郊小屋"的 功能有社会的中心、自助食堂、会议房屋和视听室。 大楼的主体空间与"城郊小屋"用悬空的楼梯相连接，就仿佛是在同一个房屋中庭边围绕一样。

2. 这栋建筑是一个美国风格的建筑设计。 设计师弗兰克·盖里（Gehry）。这栋建筑现在成了整个家具厂的博物馆总计 700m² 的展览区域。

3. 由尼古拉斯·格雷姆肖（Grim-shaw）设计的工厂大楼仅仅建造了 6 个月。尼古拉斯·格雷姆肖（Grimshaw）所面临的 挑战是尽可能在短的时间里并且在不充裕的经费的情况下设计并建造出具有合理功能的工厂。

4. 1993 由安藤忠雄（Tadao Ando）设计建造的会议中心——是在日本以外由日本设计师设计的第一幢大楼。 这栋建筑是一小型并且恬静的会议中心。

5. 在 1993 年英国的设计师扎哈·哈蒂德被邀请设计这座消防站，这是她的成名之作。

这座建筑是周围风景地带的一个扩展。它同时也是整个工厂的一个结束点，它处在整个工厂的入口，是一座表情孤傲的建筑。

6. 生产大厅——在 1994 年由葡萄牙

设计师西扎（Alvaro Siza）设计。 大楼接近扎哈的消防站。整栋建筑是砖红色的，与它旁边紧邻的消防站产生了明显的对比。另外他还设计了其通向格雷姆肖（Grimshaw）大楼的一个在下雨的时候可以遮挡的拱形框架结构。

3

4

1

5

2

6

造型特点

扎哈·哈蒂德20世纪70年代求学期间，开始对20年代的苏联前卫艺术感兴趣，包括马列维奇和塔特林、康顶斯基的构成主义。80年代后现代主义方兴未艾，但她并未随大流，却一直默默地情有独钟地探索着前卫艺术。至上主义是属于绘画和雕塑范畴，在建筑界并未得到尝试，因此，就是这个构想成了她创造新型建筑的来源。她认为它们"试验永远不会停止，而且永远不会有结论"。她的作品中建筑造型犹如爆炸中的建筑碎片，"以锐利的线条，强烈的动感，震撼的力度，在宇宙空间中飞舞"。她对建筑的表达，实际上也就是描绘了自己的风格："过去我认定有无重力的物体存在，而现在我确信建筑就是无重力的，是可以漂浮的。"她在"香港顶峰俱乐部"投标中，所描绘的超时空的作品，表现了比现实建筑更具震撼力和扩张力的感受与冲击。如"爱尔兰首府"的投标，锐角三角形和长弧曲线展现在图上，在色彩绚丽的设计方案上迸射着炸裂的建筑碎片，四周的壁面呈三角形向空中突发地爆裂开。她表述：没固定的概念，我是寻找一种突破障碍的新东西，细长的造型正是解构建筑的特征之一。

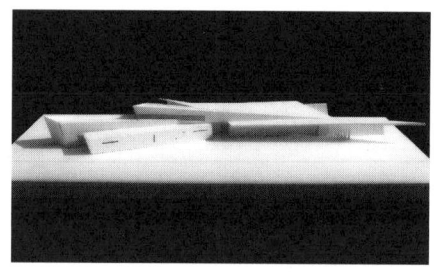

平面分析

1. 车库，作为展览空间现在被使用
2. 休息空间
3. 厕所
4. 会议房间

　　整个建筑的平面中，锐利的三角形成为大的建筑体块，两面的墙体都是呈一种三角形的布置方式。虽然是长长的延伸，但并不是单一的正方体的横向延续，而是三个似三角形的锐角并排重叠在一起。这三个三角形之间有着互相的切割关系，一个三角形插入另一个三角形的体块中。三个相同的三角形元素虽然相同，但是它们的体量感不同，最上面的体量最大，随着向下，三角形的体量不断缩小，使整个建筑具有了一种像书法中顿笔的形态，产生了强烈的运动感。

　　同时内部的家具布置也遵循了这种相同的运动感，二楼内部厨房的柜台、窗柜等也都是沿着整个建筑的运动方向布置的，它们的形状也都是呈三角形，这就加强了建筑长轴方向流动的动感。

　　建筑全长约 100m，管理部分约 8m，车库部分宽约 12m。

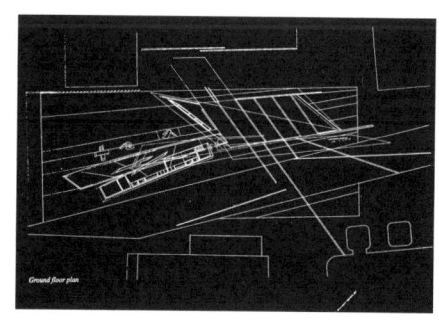

Ground floor plan

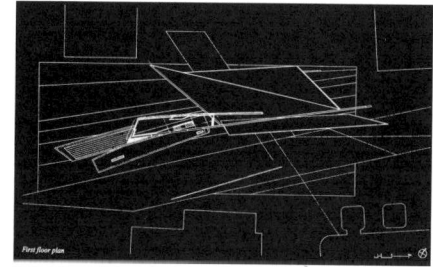

First floor plan

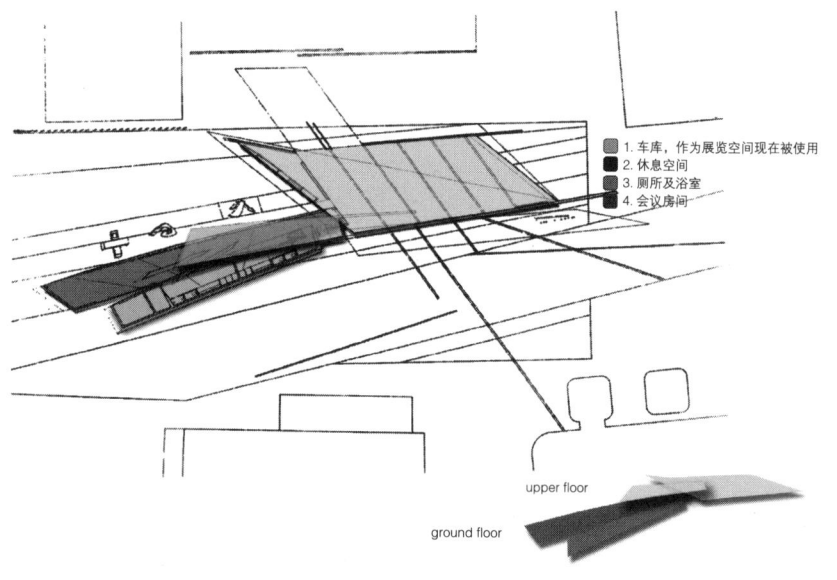

1. 车库，作为展览空间现在被使用
2. 休息空间
3. 厕所及浴室
4. 会议房间

upper floor

ground floor

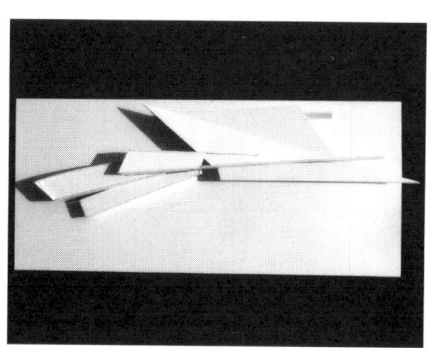

233

交通组织流线分析

在设计的初期阶段，消防站的南边是一条直线形的马路，再往南边是一片农场地带。因为他所面对的这个线性的地带，所以他采用的基本结构是一个线性的结构方式，同时他的交通方式采用的也是一种线性的方式。

流动的空间，扎哈·哈蒂德的建筑的特点便是流动的空间，建筑师在设计这栋消防站时曾经希望让这座消防站不仅是一个消防站，还可以是一个有着其他功能的场所。这是一个灵活的空间。如果它的大门关闭了，它就变成了一个全部封闭的空间。它的中央部分有很多的门，消防队员们可以在这个主入口把消防卡车开出去，在旁边还有一个装备区，在最旁边的一个房间是这个消防站的厕所，队员们可以在里面方便和洗澡。二楼可以供消防队员吃饭，还有在平时做讨论、研究救火方案之用。最重要的部分就是消防车的车库了，消防车可以在建筑中部最大的入口进出。另外在建筑的北面还有一个小的庭院，与它紧相连的是消防站的休息部分。在休息部分有一面大的玻璃窗面向花园，可以让人饱览花园的风景，同时还有一扇小门可以让人进入到花园中去。

■ 1. 人的通道
□ 2. 消防车通道
■ 3. 垂直交通

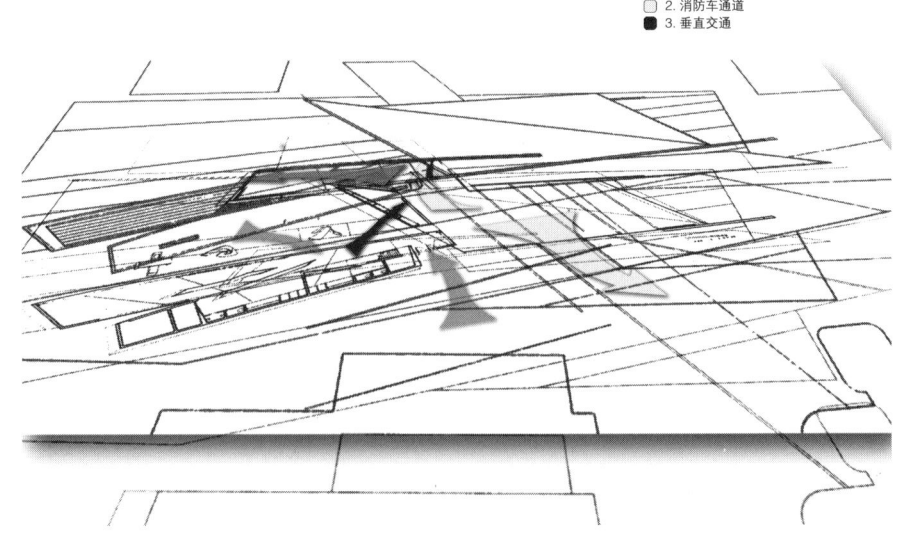

空间布局及组织分析

"走廊"是这座消防站的基本概念。这座消防站处在一个狭长的地带中，犹如一个城市的边缘，它可以和在家具厂的其他建筑形成一种线形的关系，使这些建筑有条理，而不是一种繁乱的关系。当你在建筑里面的时候，你会感觉里面的空间流向外面更广大的空间。你会感觉内部的空间是外部空间的一部分，而内部空间与外部空间的分界线是很细微和逐步的。

当这个建筑关闭的时候，它形成的是一个完整的封闭的大的空间，而当它敞开时，形成的是一个更大的可开放的空间，整个建筑融合到了环境之中。

它的空间是流动的，倾斜的，破碎的，它不是一个孤立的物体，它的作用是作为风景的边缘的发展，是一种对空间的划分而不是对空间的占有。

扎哈·哈蒂德在设计这个建筑时有两个目标：

1. 通过家具、地形等把建筑整合在一起，使其成为一个整体。

2. 使室内的空间与室外的空间能够互相转化。

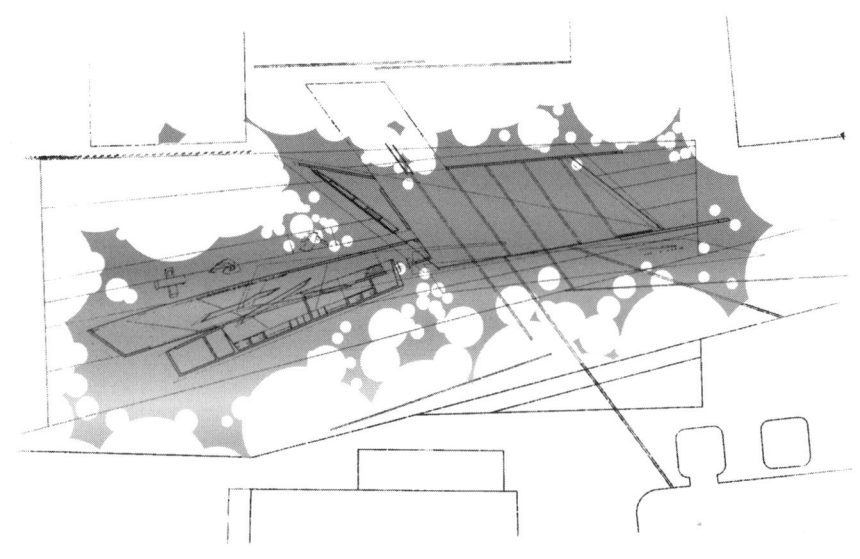

结构分析

　　仔细看消防站的内部，这座建筑的内部是没有一根柱子的，在这种情况下，建筑的墙不仅仅起着墙的划分空间的作用，同时还要作为支撑建筑屋顶的柱子的作用。在这种情况下，屋顶落在墙上，墙体由于是起着支撑的作用，所以墙也是结构的一部分，这就使建筑的任何一部分都成为了结构的墙，整个建筑成为一个整体。

　　由于建筑的所有墙都是倾斜的，所以普通的钢筋和混凝土的结构肯定是不能胜任做建筑的结构要求的，这就要求建筑材料要选用特殊的加固混凝土，同时在建筑里有很多的尖锐的边和角，如果不进行处理的话就会轻易地碎掉。所以墙体的内部都进行了钢筋的强化处理，使得那些锐利边缘可以长时间保持。

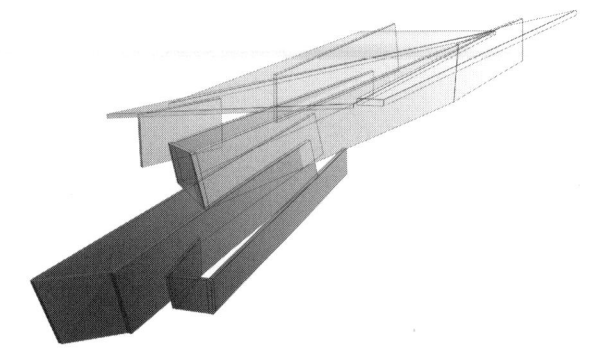

　　同时扎哈·哈蒂德在提到建筑材料的时候说，她曾经考虑过使用钢材和其他金属，那样的话建筑的外表皮就需要有一层包裹，但是她希望这个建筑的功能与结构是融合在一起的，同时具有内部空间与外部空间的融合，让人一旦进入屋子里感觉和外面是一样的。这样一来包裹的材料不会给人一种轻盈的感觉，而混凝土成了最后的选择。

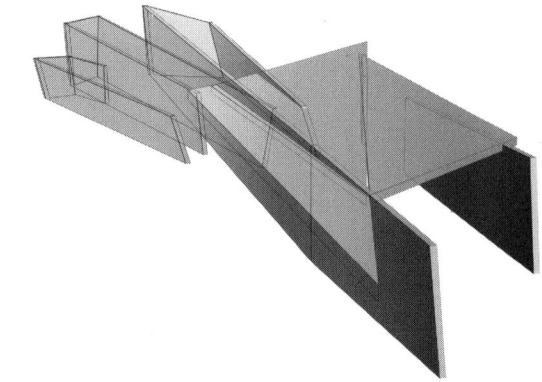

　　在选用颜色的问题上，扎哈·哈蒂德觉得如果给这座建筑上了色，就会使它看上去很小，而且平面化，同时混凝土的两面的质感是一样的，更容易让内部与外部的空间融合。

评价

与一般的建筑师不一样的地方在于扎哈·哈蒂德并未提出一套清晰的建筑设计蓝图，而是以一张张极其抽象、宛如艺术家创作般的图画来替代。在此设计图中，扎哈·哈蒂德表现出她个人独特的绘画风格，让绚丽的色彩以及流畅的线条跃然纸上，将碎片般的几何图案编在一起，甚至连香港著名的摩天大楼景观与太平山顶都成为抽象的冰裂碎块。虽然这幅获奖的作品中有着片段、不连续的空间感，但在建筑设计的主体部分，却不能够让参观者精确、完整地判读每一个应有的空间，因此与其说它是一张完整的设计图，倒不如说是一位艺术家在表达她的创作与灵感。

以扎哈·哈蒂德的设计为例，那些看似纷乱、脱序、破碎的尖锐色块，挑战着讲求方正、工整、井然有序的建筑盒子，让那些习惯于以90°三角板敲打自己脑袋的建筑师们看得目不暇接、眼花缭乱。

的确，扎哈·哈蒂德的设计图简直就是一幅精美的艺术创作，而且，她就是靠这些只存在于画面上的建筑物而成名，因此有很多的批评家借此嘲讽这位建筑师，直到1993年德国维特拉家具工厂的消防站完工之时，扎哈·哈蒂德才得以摆脱纸上建筑师的梦魇。在此案例中，扎哈·哈蒂德尝试将原本平躺在画布上的锐利方块跃然纸上，并以朴素的清水混凝土作为建筑主体，一改过去色彩鲜明的作风，让很多希望看见彩色水泥或是塑料玩具的批评家们大感惊讶。这一栋空间上

充满流动性与交错感的建筑物中，让每一片充满个性的墙面都以顽抗地心引力的姿态，漂浮、倾倒或撞击般地编织在一起。维特拉家具工厂消防站让扎哈·哈蒂德的理念得以实践，同时也展现出一位杰出的建筑师对空间、构造、材料与结构等元素应有的掌控能力。即使如此，扎哈·哈蒂德却不得不去面对她的设计无法与当地的环境相互对话的事实，虽然她不承认消防站的设计无法呼应当地的环境，即使如此，这栋建筑物就像是崩解前的太空船，从外星球唐突地迫降在郊区的荒地上，无法融入基地四周的背景。

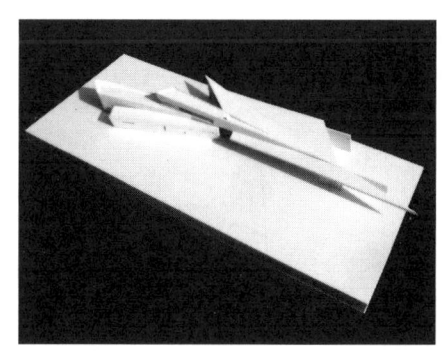

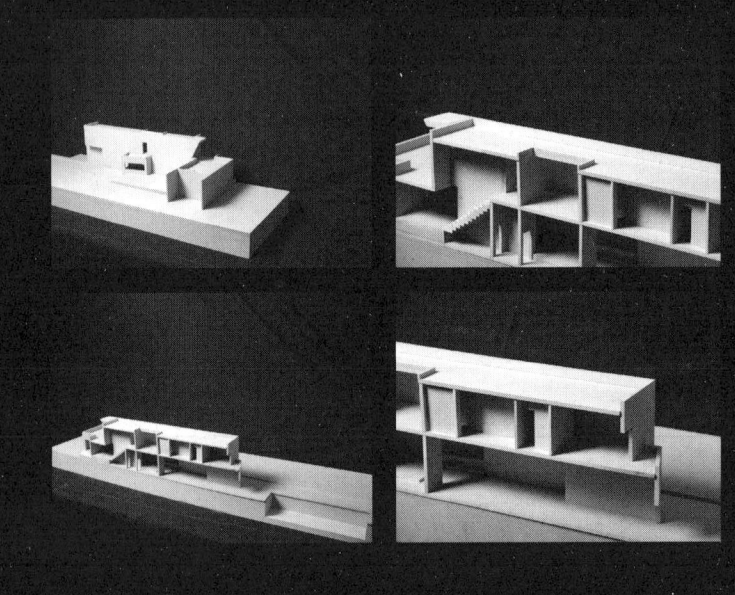

14

西扎 – 维埃拉·迪卡斯别墅

（资源编码：114，214）

学生：于清波　贺剑威

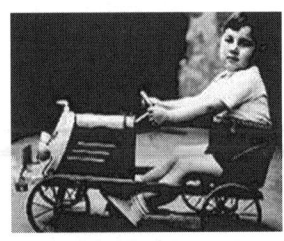

阿尔瓦多·西扎于 1933 年出生于葡萄牙波尔图附近的小城马托西纽什。1949~1955 年在波尔图高等美术学校学习建筑专业。毕业后曾在建筑师费尔多塔沃拉手下工作，直到 1958 年开始了自己的事务所。西扎早期的业务大多是在家乡马托西纽什。他对当地地形特征有着非同寻常的敏感。这在他的博阿·诺瓦餐厅和海洋游泳池的设计中体现得尤为突出。西扎对"场所精神"的敏感还体现在 1967~1977 年间设计的一系列小住宅中，如卡多佐住宅和贝雷斯住宅等。1977 年开始的马拉古埃拉居住区的设计是西扎事业的转折点。经过十多年的持续不断的与开发商和政府部门合作，马拉古埃拉居住区提供城市规划与设计的一种新模式。1988 年此项目因此荣获设立于哈佛大学的威尔士亲王城市设计奖。

应该是先了解了西扎的作品然后才去了解西扎。西扎是一个和蔼的老人——直觉是这样告诉我的。他喜欢吸烟，喜欢吸烟的时候想问题。喜欢在无数的草图中提取灵感。作为密斯·凡·德·罗奖（1988）、普莱茨克奖（1992）的获得者，西扎是当今数得着的优秀建筑师之一。他的建筑作品大多在葡萄牙和西班牙。建筑大多是白的，有时带有一点天然石头的黄和灰。看似简单，实际上空间的变化却相当复杂，理性里又充满了感性。

了解西扎
Understand Siza

总归西扎的建筑，显然我们的确难以为之贴上某种"风格"或"主义"的标签。他的建筑不但用文字形容极其困难，甚至用图和照片等视觉化手段来进行描述也会显得蹩脚。西扎自己就非常强调亲临其境对于理解一座建筑的重要性。或许这种"不可描述性"正是建筑更接近其本质的证据。尽管如此，我们仍然可以通过一千个具体实例的分析，通过西扎本人的有限的言论，总结出西扎建筑的基本语言。希望这种"望文生义"式的总结与西扎的建筑本身相去不远。

"西扎最好的建筑其实不是真正的建筑，它们是嵌入了当地文脉中的空间与光的容器"（威廉·柯梯斯语）。此话虽不太通俗，却一语道破了西扎建筑的"天机"。的确，重视与地方文脉的结合、重视空间的变化、重视日光的利用，是西扎建筑的主要特征。在西扎那里，文脉的概念是广义的，它不但指当地的地形和周围景观，还包括当地的技术条件和经济能力。葡萄牙传统上是个很闭塞的国家，即使到了二战以后也是如此，直到20世纪60～70年代才开始逐渐开放。西扎求学与开业之初，正是这种大环境的闭塞，使得他以及

同时代的建筑师们更有条件专注于本土的问题。虽然在西扎早期的作品中隐约能看到柯布西耶和阿尔托的影子，但他的起点基本上是"本土性"（locality）的。值得注意的是，西扎既没有受传统形式的束缚，形成狭隘的、局限的"地方主义"；也没有受外界潮流的干扰，追随中性的、全球通用的"国际式"，而是发展出一种从事物本源出发进行创造的能力。他的建筑带

有一种"普遍性"（universality），这是一种存在于城市中的特质，是一种经过了几个世纪的介入、杂交、添加、混合各种不同影响而形成的准确无误的可识别性。我们可以看到，西扎在本土之外（柏林、海牙）所做的作品，与他在本土所做的有着明显的不同。西扎承认，作为外来建筑师，在国外项目的设计中，对待某些问题会比当地建筑师"粗鲁"甚至"粗暴"一些。但他认为这是十分必要的过程，而这一过程可以释放出强大的能量。他并不认为自己比当地建筑师更有能力。同样，他也不认为自己不如当地建筑师。新鲜感也是一种补偿：当一个人进入一个新环境，用新的眼光观察事物，就会产生更强烈的接触和学习的需求和愿望。置身其内会得到一个非同寻常的感知事物的角度，更有利于理解那些令我们感动和印象深刻的事物。评论界认为，西扎在柏林以及其后的设计，和他以前的作品有很大的、令人吃惊的区别，而他自己倒不觉得有那么明显，虽然他也承认与外部世界的接触对他的设计有影响。他认为这是他职业生涯中的重要经历，但他从不认为这能导致一种设计语言上的"决裂"。

西扎的建筑中存在着空间上的不可名状的整体性：

非几何化的

动态的

多灭点的

多透视点的

西扎的建筑的空间特征，只有通过立体主义绘画或是大卫·霍克尼的照片拼贴，再加上足够的空间想象能力才能反映出来。

体会西扎
Experience Siza

VIEIRA DE CASTRO 住宅

这座为一个当地的商人修建的私人住宅位于波尔多以北的小镇的山顶上，修建用去了超过 14 年的时间。

该项目包括了住宅、门房、游泳池和景观园林等内容。地盘面积约在 20000m²，位于圣卡特琳那山南坡，可以俯瞰整个城市景观。新住宅建于山腰处一个长条形平台上，正式的入口设在地盘的东面，服务性入口在西面。

新住宅位于地盘的西南部分，共有两层。通过一条林荫小路，人来到一扇用 CORTEN 金属做成的雕塑般的大门前，就像用来限定游廊的粗石墙一样，这扇门也是西扎的作品。一条穿过长方形的室外游泳池和岩石群之间的小路引导人们走向朴素的入口，一个微斜由轻细雕刻的木制通道把人们带到起居室，在那里可以看到邻近山脉和乡村景色、烟囱、起居室和餐厅的家具，还有厨房的家具，每一件东西都是西扎设计的，业主很明显的耐心等待了很久，直到最后一件家具完成。虽然这是个为富裕的业主设计的房子，它仍然是一座富于简朴色彩的现代住宅。

第一层包括了入口中庭、服务区、厨房、餐厅、起居室以及两个浴室。第二层设有四间卧室，带有四个浴室，每间房间还配有大小不等的阳台。经正式入口进入室内后便是两个采光充足的双层高空间，然后是起居室，这是一个向东南方向延伸的突出空间，在此可以望见游泳池以及刚才经过的室外庭院。

建筑外墙采用混凝土建造，外墙面为"Dryvit"系统，内墙面为砖墙。门槛与窗台采用大理石材料，门框和窗框采用金属或木材。室内选材包括橡木地板和非洲木材制作的门及饰面、石膏墙等，潮湿区域采用葡萄牙产地的"Lioz"大理石。

游泳池的面积达 60m²，前面带有一个休息区，另配有桑拿房、水疗按摩房、浴室和机器房，装饰材料和住宅主体建筑相配。

关于
VIEIRA DE CASTRO 住宅

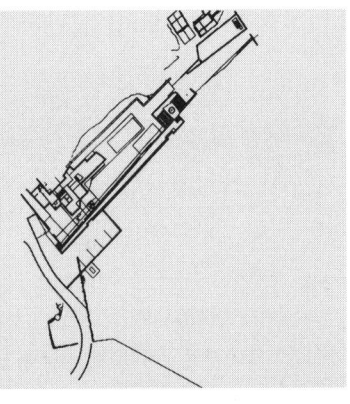

在研究 VIEIRA DE CASTRO 住宅的建筑形态的时候，空间的复杂性和其界面的不确定性造成很大的难度。与古典建筑以及经典的现代建筑空间不同，西扎建筑的空间在形态上是不完整的；曲线或斜线的墙体常常以貌似偶然和随意的曲率或角度出现在平面中；屋面和地面也常常是倾斜的、多层次的；有时甚至建筑室内、外的关系都是含糊不清的、图底反转的。

　　在研究西扎的建筑中，空间的复杂性使得我们对研究人的行进路线的组织起着混淆的作用。在室内还是室外，西扎对于坡度的运用使运动的人与所在的空间产生动态的关系。可以想象视线的转折和遮挡常会带给观者以惊喜和期待。

建筑分析 –1

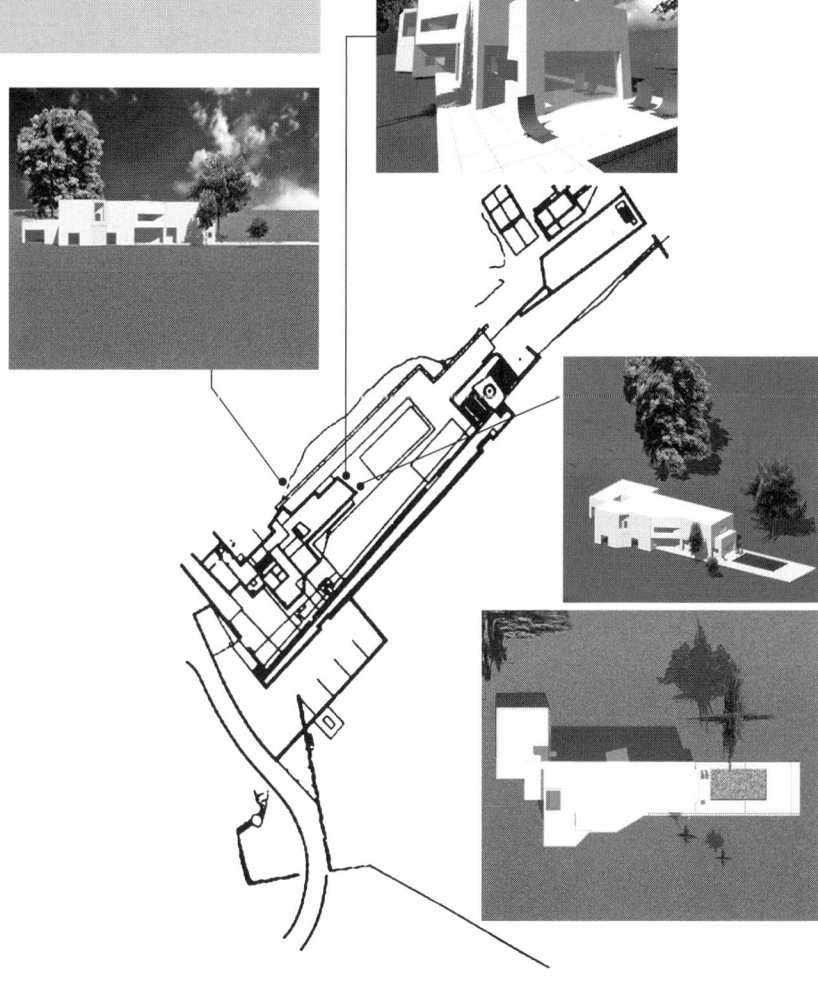

243

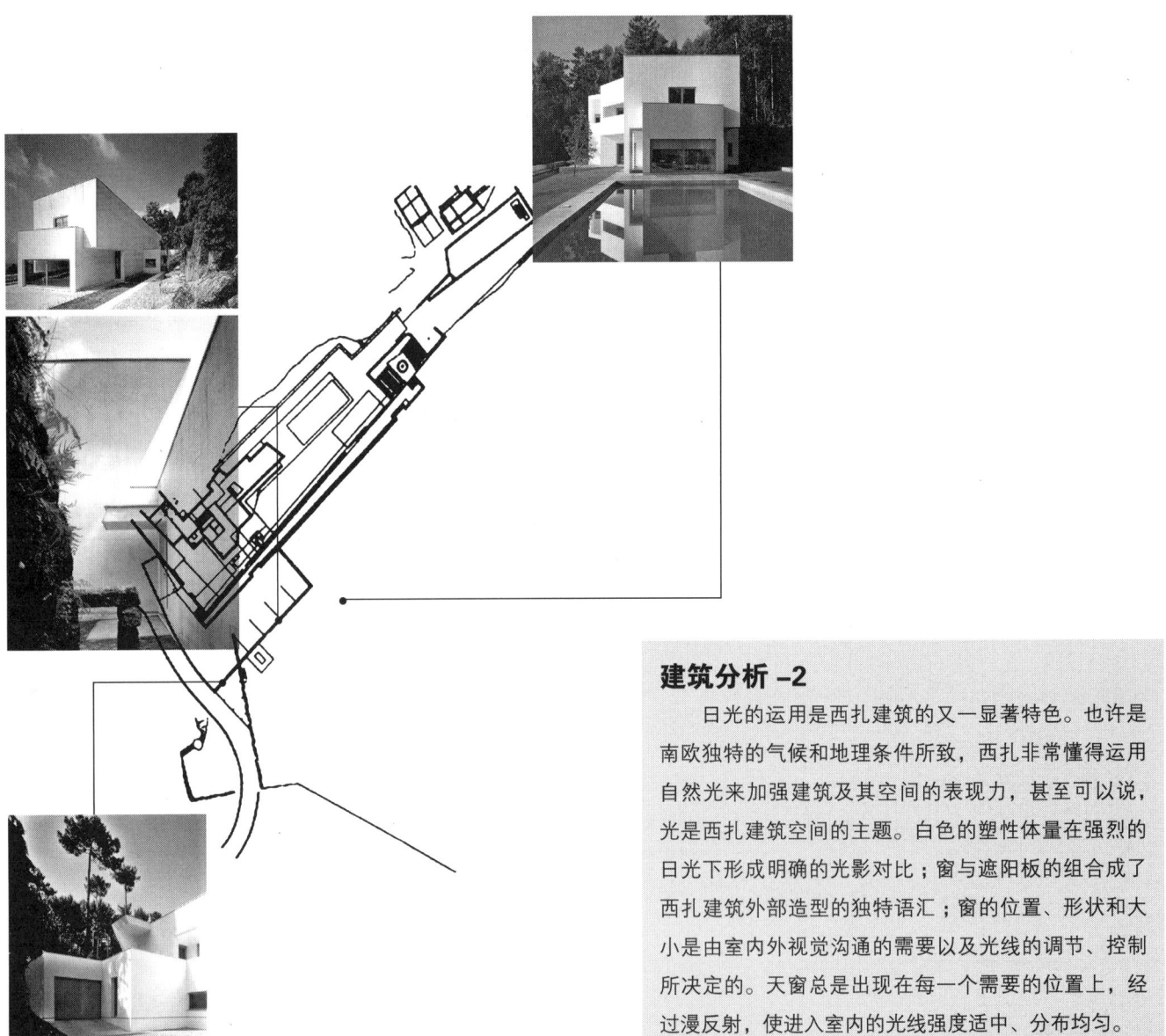

建筑分析 -2

　　日光的运用是西扎建筑的又一显著特色。也许是南欧独特的气候和地理条件所致，西扎非常懂得运用自然光来加强建筑及其空间的表现力，甚至可以说，光是西扎建筑空间的主题。白色的塑性体量在强烈的日光下形成明确的光影对比；窗与遮阳板的组合成了西扎建筑外部造型的独特语汇；窗的位置、形状和大小是由室内外视觉沟通的需要以及光线的调节、控制所决定的。天窗总是出现在每一个需要的位置上，经过漫反射，使进入室内的光线强度适中、分布均匀。

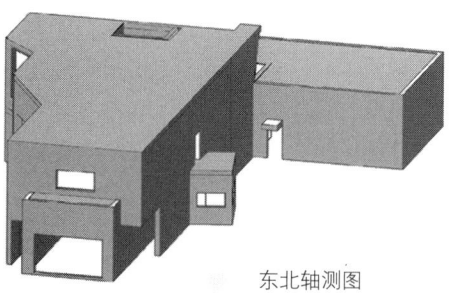

东北轴测图

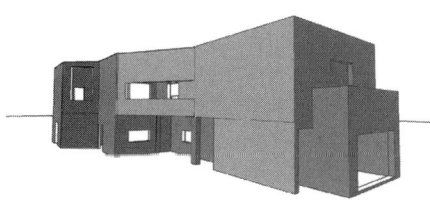

东南轴测图

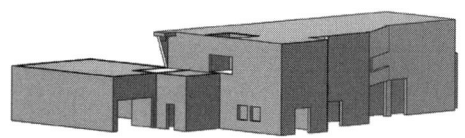

西南轴测图

建筑分析 –3

在西扎的建筑中，形式和功能之间存在着一种复杂的、非线性的关系。这一点与功能主义的现代建筑截然不同。西扎认为，新房子的感觉总是不如旧房子的好。原因除了可用空间的大小外，最主要的是新房子中形式和功能之间的显而易见的、线性的关系总使人感到不舒服。

"当你进入一所老房子时，你会感受到一种强烈的整体性，这种感受是你即使看过上千张照片后也是无法想象的。"（西扎语）

西扎的建筑中就存在着这种空间上的不可名状的整体性；是非几何的，动态的，多灭点、多视点透视的。西扎本人观察空间、表现空间的方法正是带有动态的特征，这一点可以从他的速写中得到证实。西扎的速写往往把自己正在画画的手、速写本、甚至自己的脚等通常属眼睛余光所及之物一并画到画面中，显然他在作画时头部在转动，观察点是动态的、广角的。

建筑的流线分析

通过一条林荫小路，就来到一扇用 CORTEN 金属做成的雕塑般的大门前，就像用来限定游廊的粗石墙一样，这扇门也是西扎的作品。一条穿过长方形的室外游泳池和岩石群之间的小路引导人们走向朴素的入口，当进入室内时，一个微斜，由精细雕刻的木制通道把人们带到起居室，在那里可以看到邻近山脉和乡村景色、烟囱、起居室和餐厅的家具，还有厨房的家具。

建筑餐厅内的吹拔

建筑的起居室

建筑一层通往起居室过道和通往二层的楼梯

建筑一层餐厅与起居室间的隔断

建筑局部分析

非几何化的楼梯间造型

户外露台与建筑后面的圣卡特琳那山山体相连接

阳台

建筑的二层设有四间卧室，带有四个浴室，每间房屋还配有大小不等的阳台，如平面图上所标注的数字（1、2、3、4）。通过 B 处可以到达户外露台，露台与建筑后面的圣卡特琳那山山体相连接。

吹拔

建筑的内部有着两处贯穿一二层的跃层空间，而且吹拔的上部通常都伴随着开窗，这样使得光线能够弥漫在整个空间中，这样解决了建筑内部的采光问题，使建筑的内部紧紧地融合成一个整体。

楼梯间

楼梯间的创造，图片所展示的既是结构，又是西扎创造的非几何的、动态的空间形体。为了达到空间的复杂性，西扎在自己的建筑中通常会出现曲线和斜线的墙体、柱子，这种不确定的元素在图片上就得到展现，而且在建筑的外立面上大量的出现。

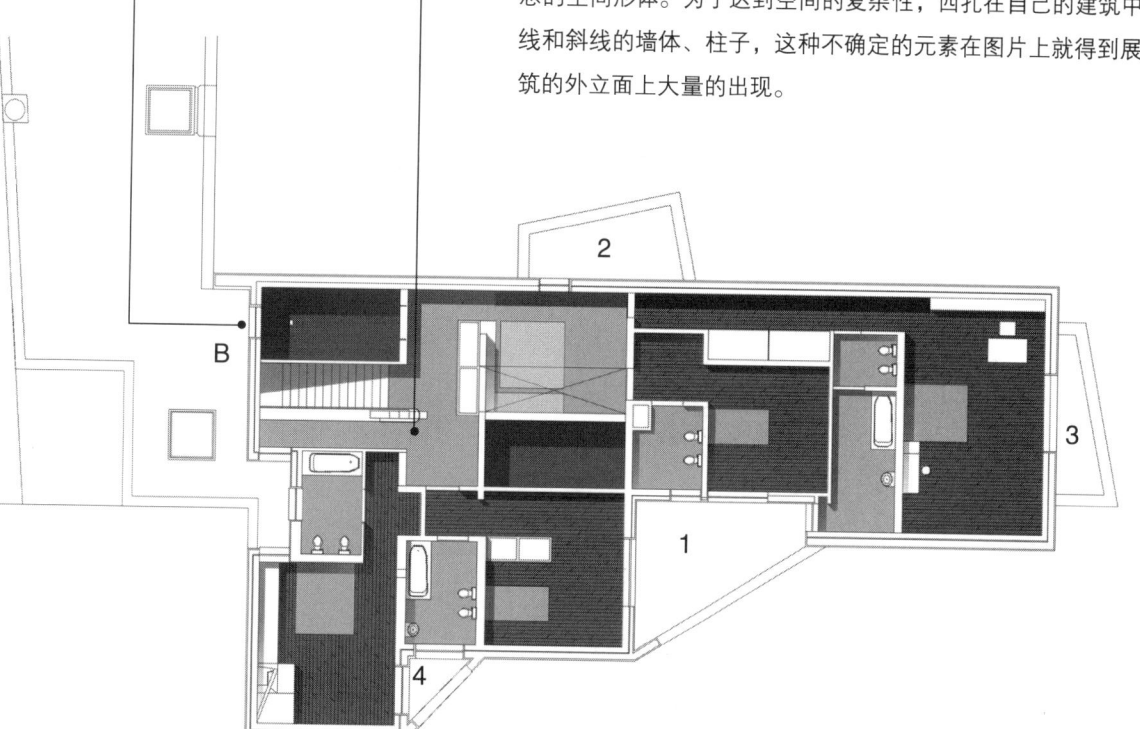

关于细节

阿尔瓦多·西扎于 1933 年生于葡萄牙波尔田附近的小城马托西纽什。1949 ~ 1955 年在泣尔图高等美术学校学习建筑学专业。西扎对于材料和细部都十分重视，室内的家具、灯具甚至小到所陈设的艺术品，西扎都一一设计到位。关于建筑师的设计还有一种说法，就是西扎的建筑是没有家具的，家具有时固定在地面上，并与地面的材料保持一致，有时与墙体面、窗台、栏杆等其他建筑构件合为一体，灯具则暗藏在天窗下部悬吊的遮光板和顶棚之间的缝隙中，使人工照明的光线能像自然光一样漫射出来。

西扎相信施工工艺和构造做法等对建筑品质有很大的影响。在葡萄牙，建筑师通常要把设计和施工做法一并交给施工单位，所以西扎对于建筑细节的把握更胜于同时代的周边国家的大师们。

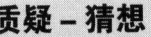

质疑 – 猜想

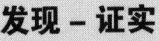

发现 – 证实

我们发现建筑师在 VIEIRA DE CASTRO 住宅中为业主添置的艺术作品 通常都挂在墙的左侧末端，这是建筑师为暗示游人的导示手法还是为均衡室内不稳定感的做法？不得而知。

隐蔽的建筑主入口

建筑师有意把建筑的入口建在建筑的东面，人必须绕行整个建筑，并且穿过游泳池才能见到隐蔽的入口。这会给业主带来宁静的生活，当然也带来一些不便。建筑还设有一些服务性入口，包括车库的入口，车库内有通道直接可以步入室内空间。

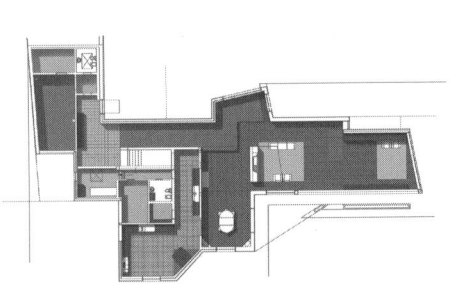

"当你进入一所老房子时，你会感受到一种强烈的整体性，这种感受是你即使看过上千张照片后也是无法想象的。" （西扎语）

质疑 – 猜想 Oppugn-guess
不完整的图纸
不确定的室内形态

　　诚如西扎所说，我们来观察，揣测西扎建筑中空间的构成的时候，我们会为室内空间的整体性所折服，建筑一共有二十来个窗户，其中有长条形的带状开窗，有落地的与室外互通的开窗，还有没有安装窗框的阳台上的开窗，还有一些是天窗，这些门和窗洞使得建筑内的空间感受变得更复杂，空间到空间的相似性往往扰乱我们的研究，虽然在做建筑外立面的时候我们并不需要花太多的时间，但简单平实的建筑表皮包裹的却是极其复杂的空间，看到平面图形很难想象实际的空间效果。

　　以图片为例，建筑的餐厅上有跃到二层的空间，靠近建筑屋顶处有很大的方形的天窗，由此会向下倾泻光线，但光线不能直接照落在餐厅内，而是经过几次微妙的反射，光才柔和地撒在餐桌上，而且建筑内部的复杂性不是简单停留在建筑的空间透叠穿插上，他所设计的空间在形态上都是不整体的：室内的楼板通常会出现倾斜和带有斜线的墙面、柱子，这种角度是没有规律可循的。

　　建筑内的地面也是倾斜的，这种倾斜的坡度由于在建筑的平面图上没有明确的标高，所以对于研究西扎的真正的室内形态带来很大的不便。

建筑形态与空间组织
建筑的功能性（构造性）问题解决
保暖（构造）

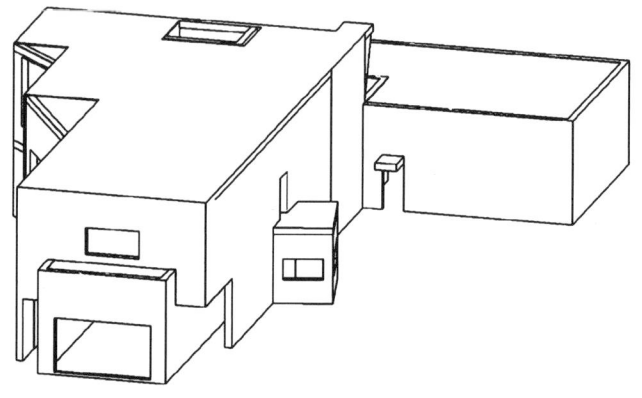

  建筑的室内和室外的模糊关系：建筑单体和后面的山体与建筑周边的景观围合成不规则的内庭院庭院布置，建筑从空间形体解析来看是由若干个不规则的建筑形体组合而成的，在这些形体相互穿插组合的过程中，形体与形体之间会形成不稳定的闪烁的空隙，这些空隙，有的被做成落地的长窗，有的便成为连接室内外的通道。

  在二层，空间的界定变得更加不明确，阳台作为外部空间被充当真正的室内空间。

坡道（散水和行走）

  在西扎的建筑中，人的行进路线的组织也对空间的复杂性起着重要的作用。无论是室内还是室外，坡道的使用使人和所在的空间产生动态的关系。

质疑 – 猜想

坐落在里斯本以东 130km 肥沃的山丘上的 EVORA 长期以来都是罗马人的军事中心，它是一座有保存完好的城墙的有 4 万居民的小城，西扎的 MALAGUEIRA 社区住宅从 1977 年开始兴建，是一个为经济上稍差的人口而设计的现代住宅区。它共有 1200 个单元，而且如果以后规划中的综合基础设施也能完成的话，它将为居民提供非常舒适的带庭院的私人住宅。虽然是联排式的，每栋房子仍然有自己的特色，这是因为建筑师所设想的不同的外观，还因为居民对自家庭院不同的布置和规划。这里被茂密的绿地包围，被分成了独立的几部分。EVORA 社区住宅可以被视作一件成功的作品，是一个由表面无装饰的预制块状房屋组成的极具现代主义风格的社区。

Bairro da Malagueira vora, Portugal

1977 ~ 1997

1977 年开始的马拉古埃拉居住区的规划设计，是西扎事业的转折点。马拉古埃拉居住区位于距里斯本 120km、有三万人口的小城埃沃拉。居住区占地 27 万 m²，由 1200 户住宅及相应的服务、公共设施组成。住宅共分两种户型，平面呈 "L" 形，2 层，带庭院，并联布置在单面临街的 11m × 8m 的基地上。水、电、通信等管线集中高架于贯穿全区的人行道之上，形成输水道式的拱廊。公园、商店、广场、教堂、学校、餐厅和汽车旅馆等公共设施正在不同阶段的设计实施中。经过十多年的持续不断的与开发商和政府部门的合作，马拉古埃拉居住区提供了城市规划与设计的一种新模式。1998 年此项目因此荣获设立于哈佛大学的威尔亲王城市设计奖。

Faculdade de Arquitectura da Universidade do Porto Porto, Portugal

1985 ~ 1986

正是由于西扎有过设计社会住宅的经历，再加上当时国际社会对葡萄牙政治变迁的关注和兴趣，1982 年西扎被邀请参加柏林的国际住宅展（BA）。从此西扎开始了在本土之外的不同文化背景之上的建筑实践。除柏林克罗伊兹堡的公寓之外，还有荷兰海牙的凡德温尼公园住宅、西班牙巴塞罗那的奥运村气象中心、荷兰海牙的施德斯威克沃德社会住宅等。这些国外的项目使得西扎有机会频繁地外出旅行，他与外界广泛接触，看到了许多以前从未看到的东西，这对于封闭成长起来的建筑师是具有重要意义的，柏林和荷兰的项目使西扎赢得了国际声誉，同时也赢得了更多的大型工程的项目。如赛图巴尔教师培训学院、波尔图的建筑学院、加利西亚现代艺术博物馆、阿威罗大学图书馆等，此外他也被邀请参加一些重要的国际竞赛，如巴黎的法国国家图书馆、芬兰的赫尔辛基博物馆等。无疑地，西扎通过多年来脚踏实地的工作，已经牢固地确立了自己在国际建筑舞台上的位置。

波尔多大学建筑系馆是西扎的母校以及后来他执教的地方。系馆位于横穿波尔多的 DOURO 河高高的河岸上，被分成了地上地下相连的很多块，其中最大的一个体量——北翼——形成了三角形内院的围合，楼中包括了办公室、演讲厅、一个尚未使用的半圆形的展厅，还有一个顶棚上有一道令人惊讶的天光的图书馆。在河边的建筑是教室，每个都不一样，临街的立面明显地表现出了拟人的特征，这也是一个常常出现在西扎部分作品中的元素。

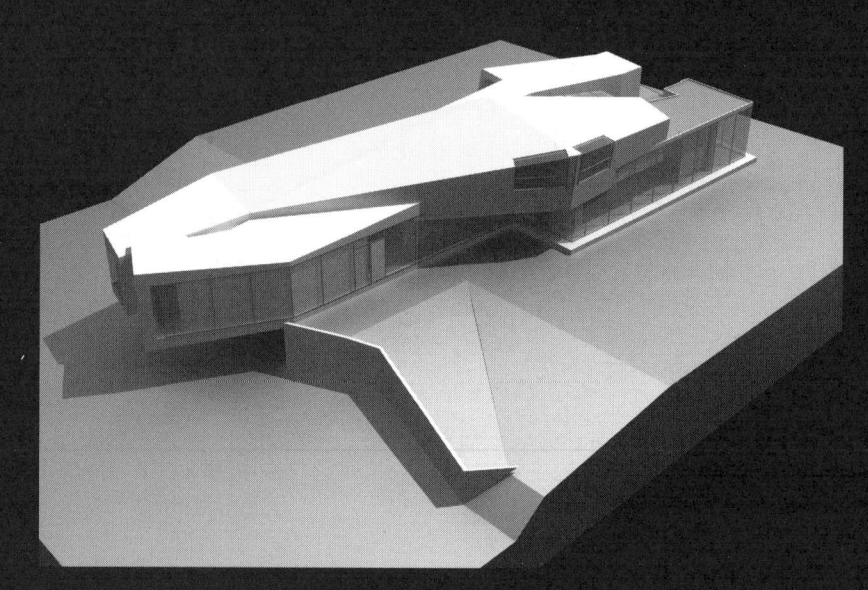

15
本·范·伯克尔 – 莫比乌斯住宅

（资源编码：115，215）

学生：李申　蔡鸿奎

本·范·伯克尔简介

本·范·伯克尔（1957 年生于乌得勒支，荷兰）曾在阿姆斯特丹 Reitvel 学院和伦敦建筑联盟学习建筑学，1987 年获建筑联盟荣誉学位。

1988 年与卡罗琳·博斯在阿姆斯特丹成立范·伯克尔和博斯建筑设计事务所，设计了卡布办公楼、鹿特丹埃拉斯姆斯大桥、奈梅亨海特沃克霍夫博物馆、乌得勒支大学麦比乌斯住宅和核磁共振设施。

1998 年，本·范·伯克尔和卡罗琳·博斯成立了一个新公司——联合网络工作室。联合网络工作室成为集合了建筑、城市开发和工程建设诸多领域专家群的网络。

当前的工程有阿纳姆车站地区重建、斯图加特新梅赛德斯奔驰博物馆（德国）、格雷兹音乐厅（奥地利）和热那亚普罗迪桥港重建（意大利）。

本·范·伯克尔曾在全世界多所大学演讲授课，现任法兰克福国立造型艺术学院概念设计教授，其讲授的核心内容是建筑作品整合虚拟与现实组织的手法以及工程施工。

关于莫比乌斯圈

莫比乌斯圈（Mbius strip, Mbius band）是一种单侧、不可定向的曲面。因 A.F. 莫比乌斯（August Ferdinand Mbius, 1790 ~ 1868 年）发现而得名。将一个长方形纸条 ABCD 的一端 AB 固定，另一端 DC 扭转半周后，把 AB 和 CD 黏合在一起，得到的曲面就是莫比乌斯圈。

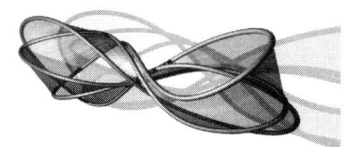

莫比乌斯带

关于莫比乌斯圈的单侧性，可如下直观地了解，如果给莫比乌斯圈着色，色笔始终沿曲面移动，且不越过它的边界，最后可把莫比乌斯圈两面均涂上颜色，即区分不出何是正面，何是反面。对圆柱面则不同，在一侧着色不通过边界不可能对另一侧也着色。单侧性又称不可定向性。以曲面上除边缘外的每一点为圆心各画一个小圆，对每个小圆周指定一个方向，称为相伴莫比乌斯圈单侧曲面圆心点的指向，若能使相邻两点相伴的指向相同，则称曲面可定向,否则称为不可定向。莫比乌斯圈是不可定向的。

但是，莫比乌斯圈具有一条非常明显的边界。这似乎是一种美中不足。1882 年，另一位德国数学家费力克斯·克莱茵（Felix Klein，1849 ~ 1925），终于找到了一种自我封闭而没有明显边界的模型，后来以他的名字命名为"克莱因瓶"。这种怪瓶实际上可以看作是由一对莫比乌斯圈，沿边界黏合而成。

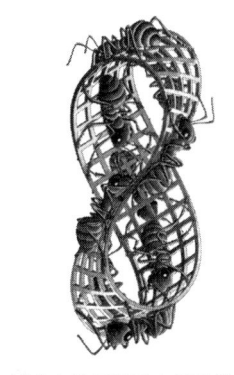

埃舍尔关于莫比乌斯带的作品

数学中有一个重要分支叫"拓扑学"，主要是研究几何图形连续改变形状时的一些特征和规律的，"莫比乌斯圈"变成了拓扑学中最有趣的单侧面问题之一。莫比乌斯圈的概念被广泛地应用到了建筑，艺术，工业生产中。运用莫比乌斯圈原理我们可以建造立交桥和道路，避免车辆行人的拥堵。

"莫比乌斯带"在生活和生产中已经有了一些用途。例如，用皮带传送的动力机械的皮带就可以做成"莫比乌斯带"状，这样皮带就不会只磨损一面了。如果把录音机的磁带做成"莫比乌斯带"状，就不存在正反两面的问题了，磁带就只有一个面了。

画家埃舍尔对莫比乌斯带的视觉效果也很感兴趣，埃舍尔利用它创作了许多作品。它有一个令人感兴趣的性质——它只有一条边和一个面。这样，如果你在莫比乌斯带上跟踪蚂蚁的路径，你将发现它们不是在相反的面上走，而是都走在一个面上。

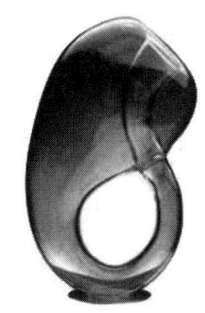

克莱因瓶

方案背景

　　基地位于阿姆斯特丹的近郊，周围环境十分优美，绿化丰富，水系充足。基地内有高差变化。

　　业主夫妇希望找到一位与众不同的建筑师为其设计一座新住宅，一座颠覆传统居住形式的住宅。由于夫妇二人都是SOHO族，除一般意义的起居室、卧室外，根据他们独特的生活方式还需要有其他四个部分：两间独立的大工作间、客房及一个两车位车库，他们希望体验一种既相互独立又和谐统一的全新生活方式。

　　同时，建筑师亦欲借此机会来探讨当代居住新概念。建筑师以一天中人的活动、位移为主线，运用数码技术，将拓扑几何中的"莫比乌斯环"作为设计的构思图式（diagram）推动了设计概念的深化和建筑空间的形成。建成后的莫比乌斯住宅水平延展开来的体量，低悬在台地上螺旋交缠的运动空间，为使用者带来了对环境的不同认知。

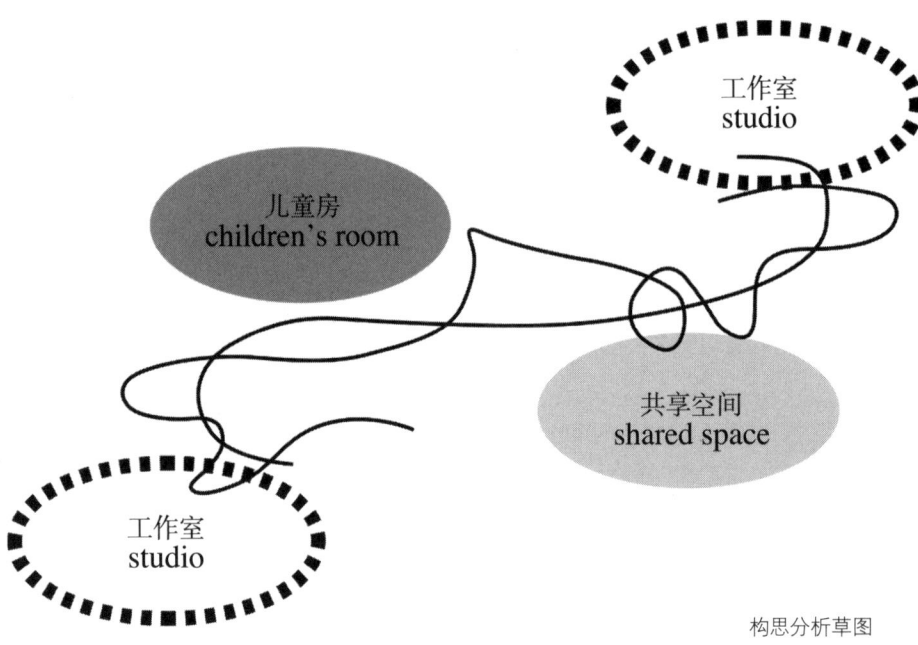

构思分析草图

基地分析

在莫比乌斯住宅的设计中，建筑空间的创造并非建立在破坏自然的基础上，而是通过分析和研究基地现实环境，以制定相应的设计策略。将拓扑几何中莫比乌斯带这一构思图式转化为具象的建筑形式的过程，并不是简单的照本宣科，而是浓缩、提炼其本质后，运用相应的建筑语汇——光、材料、地景等的精彩转译。

基地占地 $2hm^2$，按照特性被分为截然不同的区域。周围景色优美，建筑师通过采用大面积的玻璃墙及莫比乌斯路径使视野开拓，将拘禁在室内的单调穿行转变为延展于整个环境的悠闲漫步。"室内、室外、厨房、花园——某时某刻这些分别都消失了，人们进入了一个同一的曲面空间。"

资料照片

图示

莫比乌斯住宅就是恰当地将几何学上的概念运用、升华为建筑语汇的实例。以"莫比乌斯"命名不但是引喻建筑物质上螺旋交缠的形式，而且也暗指居于其间的生活方式，将是由生活与工作，公共与私密紧密交织的连续体验，一个无穷无尽的循环往复的日常休息、工作学习、生活娱乐空间。"莫比乌斯带"不但是空间设计的主旨，其原则也蕴含在诸如材料的组织、细部的设计等中。

这个互相缠绕的曲线图示表达了一个相互缠绕的组织，描绘了两个人怎样在一起生活，分开以及在某一点相遇，这变成了共享空间。这两个实体运行自己的轨道，但在某些时刻汇合，又有可能在某些时刻颠倒角色，这个想法延伸到可以包含建筑和结构的物质性。

莫比乌斯住宅使程序、循环、结构紧密结合成一体。这个住宅混合了多种情况，把不同的行为压缩成一种结构：工作、社会生活、家庭生活以及独立的时间全部都能在环形的结构中找到他们的位置。这个行动跟随着一个活跃的一天的模式经过这个环形结构。行动的结构转变成两种主要应用于这间住宅的物质：玻璃和混凝土相互依存而又转换位置，混凝土结构成为家具而玻璃立面变成内部隔墙。

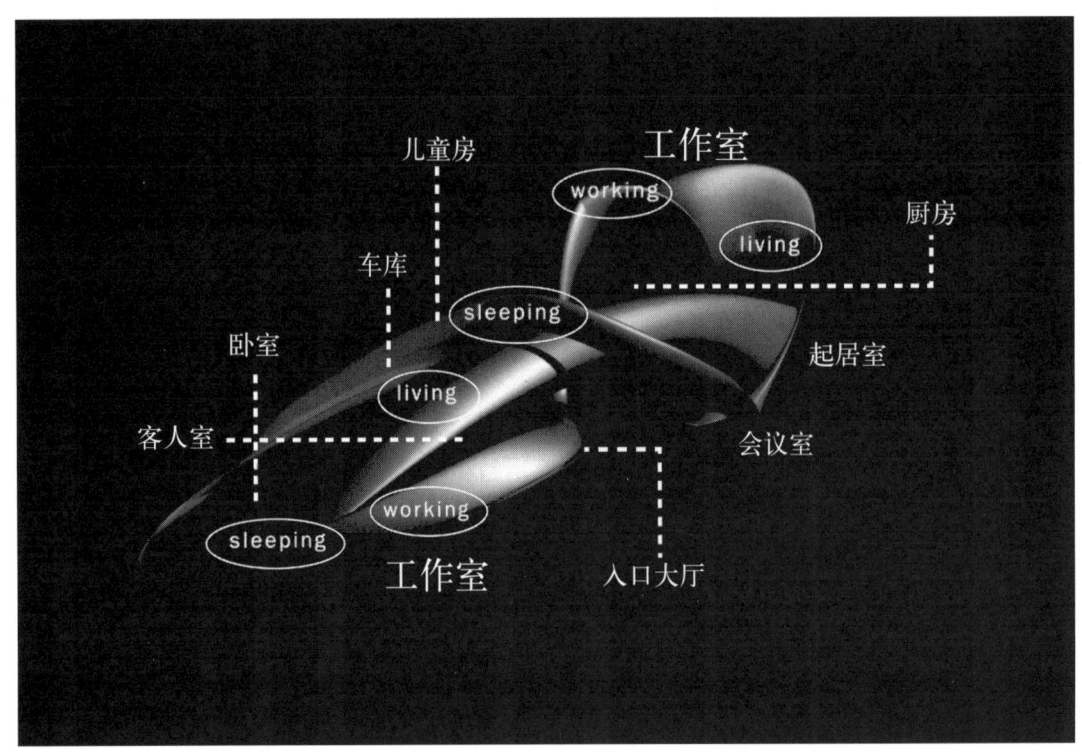

作为一个描述 24 小时家庭生活的构思图示，它获得了一个实现莫比乌斯带的时空尺度。基地和它与建筑的关系对设计同等重要。基地的面积是 4hm²，分成特征截然不同的四部分。随着莫比乌斯带的内部组织，居住在房子里变成了漫步在景观中。

莫比乌斯的数学模式并没有逐字逐句地转换在这栋建筑中，而是概念的、概括的，表现为可以在建筑元素中找到的路。所以，当莫比乌斯图案引入持续的路径的形式时，它在这栋建筑中以另一种形式表现出来。

这个简单的、引入的构思图示的工具化是关键。互相缠绕的曲线是建筑的形式的暗示，但是这只是开始，图案的建筑是通向延展和终端的城市主义的过程。这个图案把建筑从语言、表达和含义中解放出来。

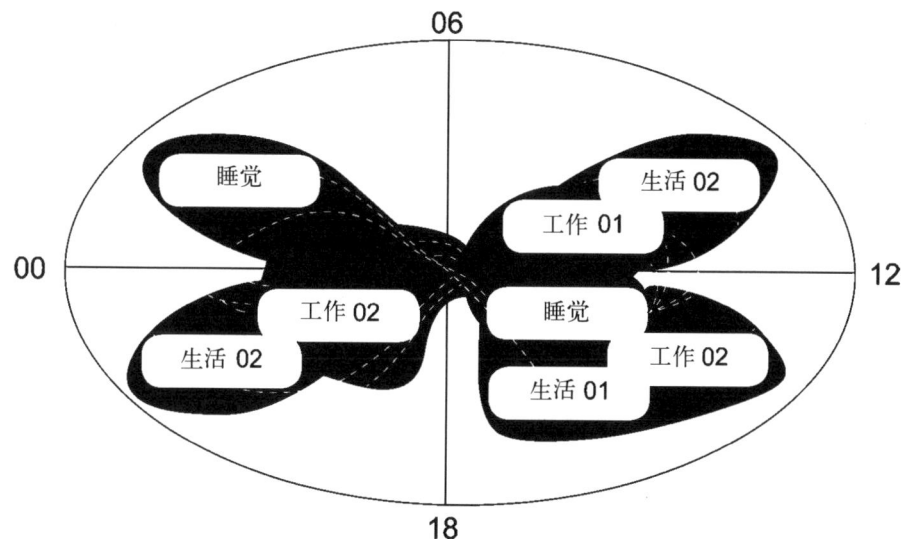

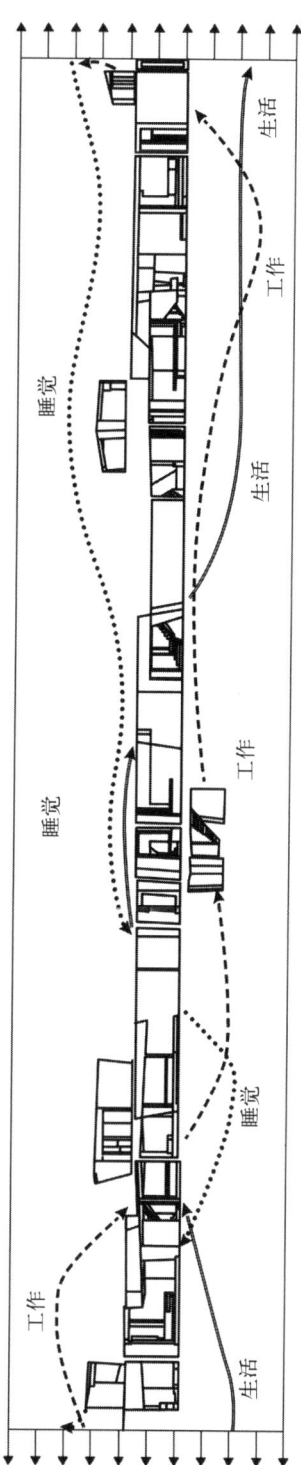

功能流线分析

　　地下层为客房，西面有独立出入口，并设一部楼梯与上层连通。地面一层设有两个出入口，一个隐藏于南面突出物的西侧，进入后，通高的厅作为路径的起点，由迎面的楼梯可达地下层。另一个，从某种意义上可以说是主入口——车库入口，因为到这样偏远的地方人们都是乘车而来，而且它位于建筑的中部。因此，通常人们都是从北面的便道进入车库，然后右拐来到客厅，此时右手边是男主人的工作间和卧室，前方是上述的另一入口，继续往前左转，穿过一边是玻璃墙的狭窄走廊，来到建筑的后部，

这里有厨房、餐厅、客厅、起居室，然后从后面的楼梯上二层，到达女主人的卧室、工作间、储藏间及两个孩子的卧室，它们中间有一个东西向的走廊（一边是平台），继续往西走从另一楼梯下来就又回到入口处的厅了。

　　莫比乌斯住宅的核心是楼梯，这个垂直交通的枢纽成了莫比乌斯带形成的关键扭转点：上层的卧室和下层的主生活区被楼梯扭转了轴线方向，从而形成了一种无限延展的三维空间新秩序。

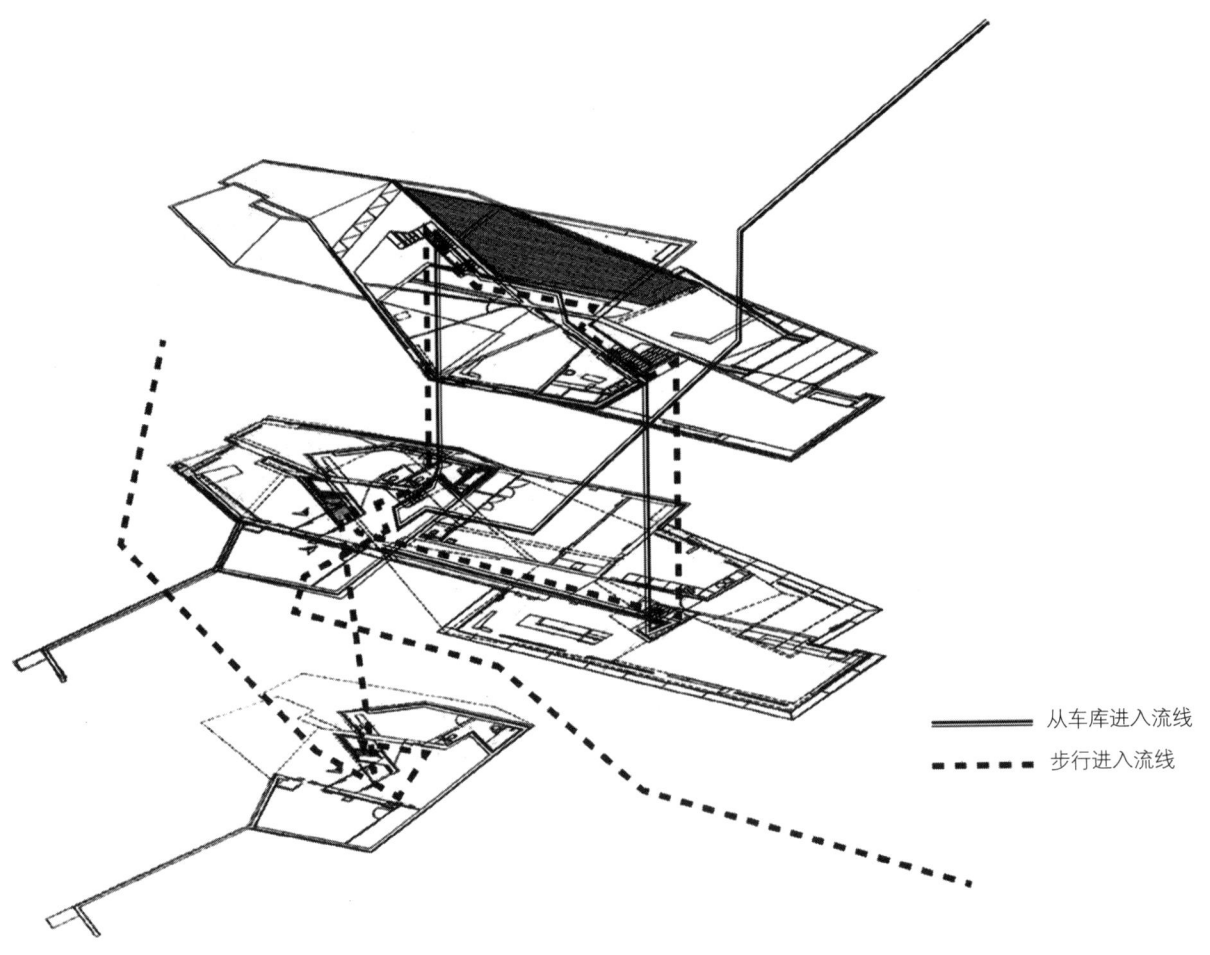

——— 从车库进入流线

- - - 步行进入流线

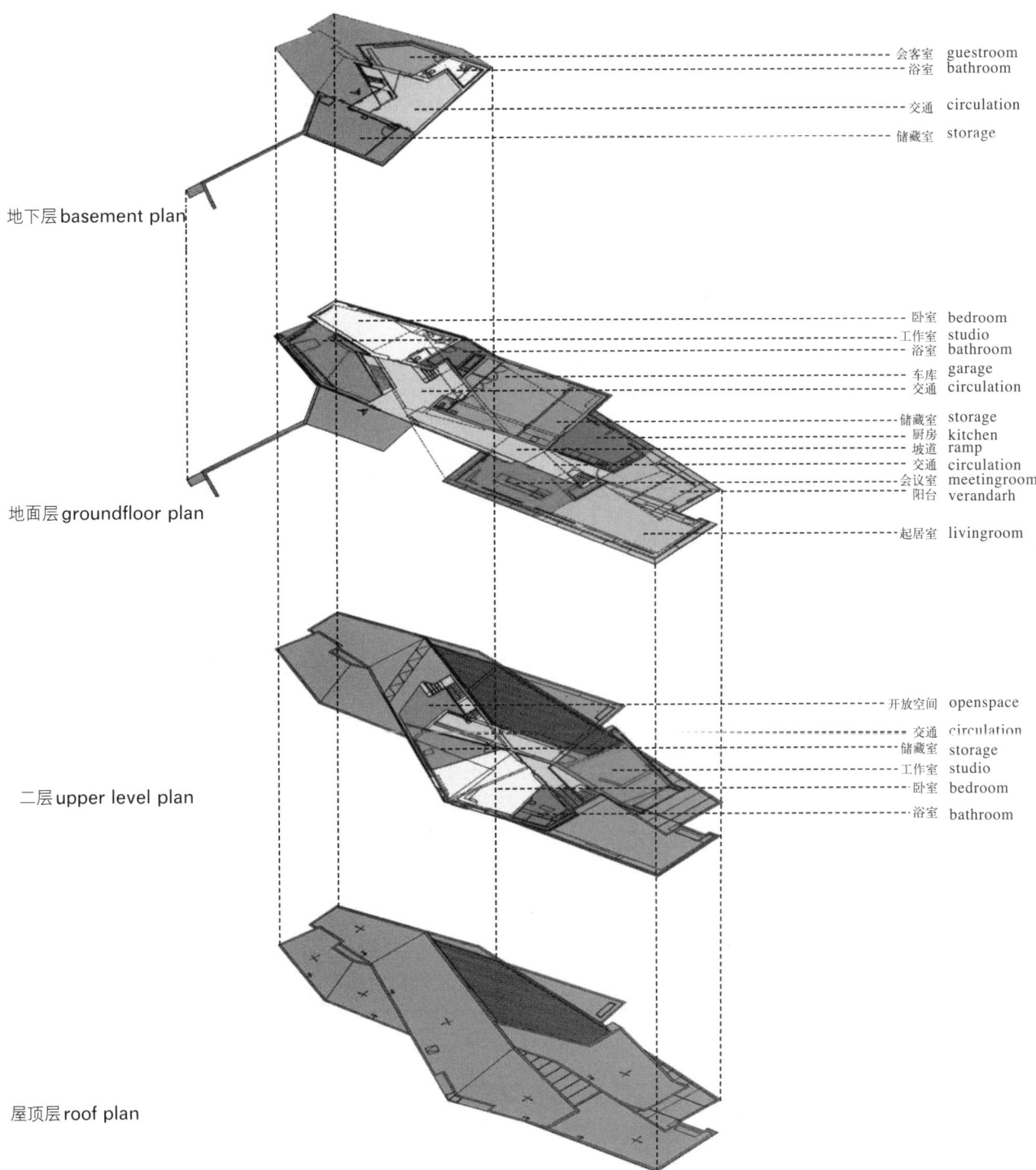

会客室 guestroom
浴室 bathroom
交通 circulation
储藏室 storage

地下层 basement plan

卧室 bedroom
工作室 studio
浴室 bathroom
车库 garage
交通 circulation
储藏室 storage
厨房 kitchen
坡道 ramp
交通 circulation
会议室 meetingroom
阳台 verandarh
起居室 livingroom

地面层 groundfloor plan

开放空间 openspace
交通 circulation
储藏室 storage
工作室 studio
卧室 bedroom
浴室 bathroom

二层 upper level plan

屋顶层 roof plan

261

形态生成

　　莫比乌斯带是一种相互缠绕而又永恒循环的体系。这个住宅的样式不仅仅是在形式上引入莫比乌斯带，而且生成了循环的功能链，工作、社会生活、家庭生活的功能链各自独立同时又在某一时空交界处汇合，形成共享空间。这种形态的逻辑生成了全新的生活方式：随着一天中时间的推移、空间的转换形成不同的空间体验，而这种体验的发生完全符合莫比乌斯循环体系的运行。

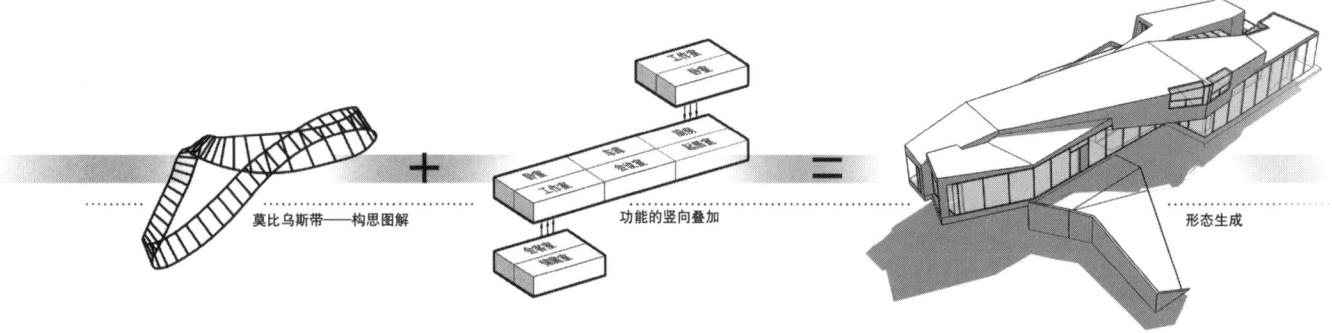

莫比乌斯带——构思图解　　　　功能的竖向叠加　　　　　　形态生成

立面图

南立面

西立面

北立面

东立面

材料和细部

　　"莫比乌斯"交错环绕的原则同样体现在玻璃、混凝土这两种主要材料的非常规运用上。传统意义分工明确的玻璃、混凝土概念被颠覆，两者职能变得含糊不清：大片的玻璃面有时会插入作为结构的混凝土当中；混凝土浇筑的家具——桌子、浴缸、脸盆等，像是从地面冒出来似的；隔墙采用全透明的玻璃面。

　　在手法上还可窥见解构主义的痕迹：采取分解的观念，强调打碎、叠加、重组，批判地继承 20 世纪以来各种既有语汇之间的关系，使之产生新的意义。

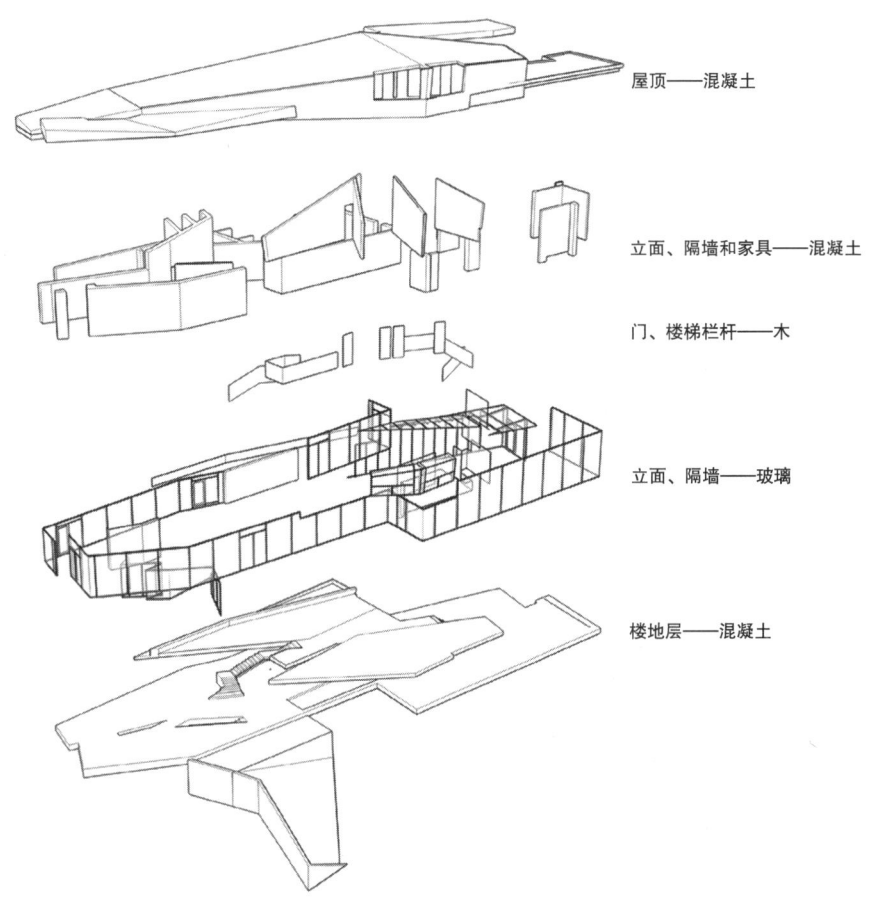

屋顶——混凝土

立面、隔墙和家具——混凝土

门、楼梯栏杆——木

立面、隔墙——玻璃

楼地层——混凝土

模型图片

资料照片

资料照片

模型图片

西入口

屋顶平台

南入口

东北面

总结

　　这栋低矮扁平的私人住宅构成联系周边不同风格建筑的纽带。环形空间引入了尽可能多的风景。住宅在最大程度上水平延伸，比紧凑或高大更好，在室内透露出漫步乡间的理念。

　　莫比乌斯带，在平面和剖面上体现出一种空间特性，而用于室内时，则表现为一个工作、生活和睡眠 24 小时的功能环。正如这个环将内与外进行交换，材料也遵循这些转变。

参考书目

1. Ben van Berkel&Caroline Bos,Techniques–Network Spin, Netherlands:Rosbeek, 1999
2. El Croquis 72[1]
3. 建筑创作 2006 年第 8 期
4. 付已榕，无限的空间——莫比乌斯住宅之挑战（同济大学建筑与城市规划学院，上海，200092）
5. http://baike.baidu.com/view/332867.htm
   http://baike.baidu.com/view/65561.htm

资料照片

16

坂本一成 –Hut T 别墅

（资源编码：116，216）

学生：孙蕙

坂本一成介绍

建筑师坂本一成1943年出生于日本东京都，学生时代在东京工业大学度过并取得东京工业大学研究生院的博士学位。1971年毕业后在武藏野美术大学建筑系任专职讲师，1977年晋升为副教授。1983年至今任教于东京工业大学，身为教授并开设了自己的事务所——坂本一成研究室。

主要作品有散田住宅、水无濑商店住宅、云野流山之家、代田商店住宅、南湖之家、散田公寓、祖师谷之家、HOUSE F、公共都市星田、熊本市营麻住宅区、幕张海湾新城和帕提奥斯4号街等，其中HOUSE F获得1990年的日本建筑协会作品奖、公共都市星田获得1992年的村野藤武奖。

坂本一成集结出版的著作有《现代建筑/空间与方法》(1986年)、《作为构成形式的建筑〈公共都市星田〉巡礼》(1994年)、《对话·建筑的思考》(1996年)等。

坂本一成

House in Hago,1978

Machiya in Minase,1970

Machiya in Minase,1970 室内

建筑思想——日常的诗学

坂本一成形容自己的建筑是 "poetics in the ordinary"（"日常的诗学"），这种看上去并不醒目的提法为我们呈现出了另一幅画面，为了日常的、普通的生活和事物而设计的空间场所。为了实现自己的想法，他在自己钟爱的住宅设计中穷尽心血、毕生努力着。

坂本一成设计的住宅皆起源于它们的环境，每一个设计都是新的，为了特定的环境和委托，从它们中间的任何一个独特的因素中寻找出发点，为业主创造与环境交流的机会。在构成建筑的众多要素当中，坂本一成最关注的，永远处于第一位的是空间——为日常创造的能够让人们过着没有障碍和富足生活的空间，不受条例和规章束缚的空间。空间是设计首要考虑的方面，然后形式才呈现出来，

坂本一成的住宅空间有一个共同的特点——开敞空间的运用。在坂本一成早期的住宅中，他曾尝试创造一种私密的宇宙，他称之为 "box-in-box"（"盒中盒"）的原则，后来这种想法发展成按照相互关系布局房间。如今在坂本一成的建筑中，出现最多的是开放、连续的空间。这跟人们通常把房间理解成由墙壁界定出的封闭空间很不一样，在建筑中创造开放空间需要在空间之中建立联系，创造出向外开敞的房间，它们可以相互连接，相互融入。

正如坂本一成自己所说的，他渴望把建筑空间从结构中解放出来，追求一种我们还没有见到过的自由空间，这种类型的空间将我们的身体和精神从诸多束缚中解脱出来，并使得其自身与世界的交流成为可能。这样的空间并非存在于特别的场所中，而是存在于我们度过的每一天里，日常生活的持续之中。

House in Imajuku,1978

House SA,1999

House SA,1999 室内

House in Soshigaya,1981

Hut T 概述

Hut T 东北立面

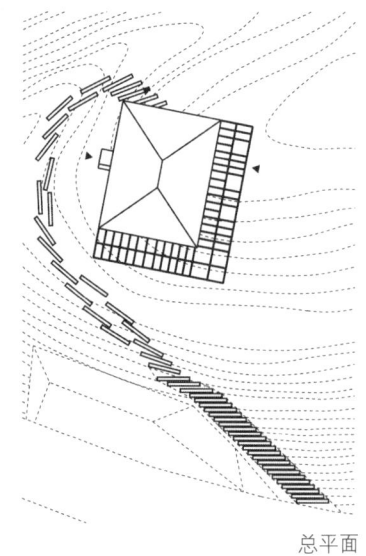

总平面

　　Hut T 是一栋木结构的周末别墅，位于山中湖村——一个距东京大约一小时车程的度假区，整个基地向东南方向偏转。业主要求一个可以承担大约十个人开音乐会或者睡觉的房子。这个紧凑的山间别墅，底层面积大约 38m²，夹层面积大约 22m²，楼梯间的垂直高度为 3.68m。整个室内由一个空间组成，一个简单的立方体内部，通高的主室直接面对其他底层和夹层的附室。底层高度大约 2m，夹层的梁下高度是1.5m——在夹层中，人们被迫蹲伏。混凝土的室外平台覆盖东、南两边，东边宽 1.8m、南边宽 1.6m。屋顶结构向外延伸形成屋檐，其出挑的距离相当于室外平台的宽度。

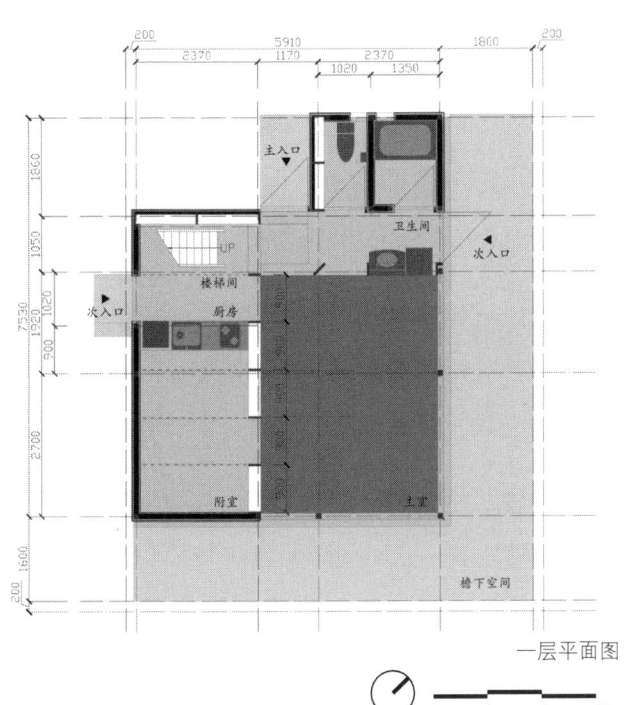

一层平面图

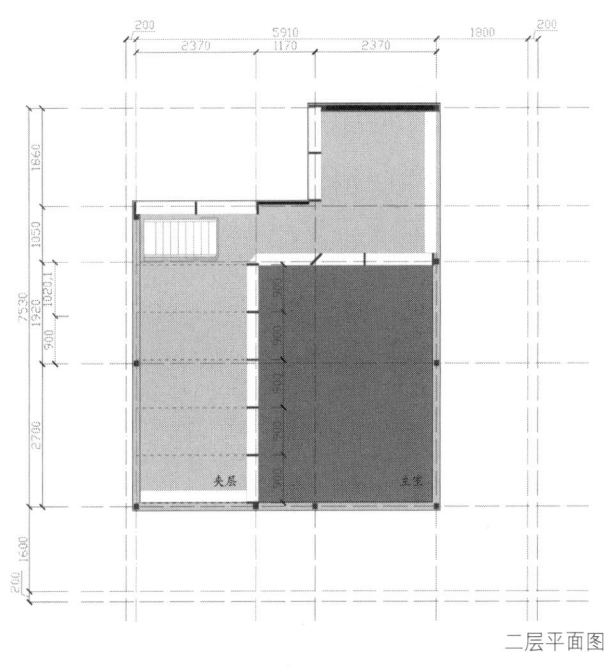

二层平面图

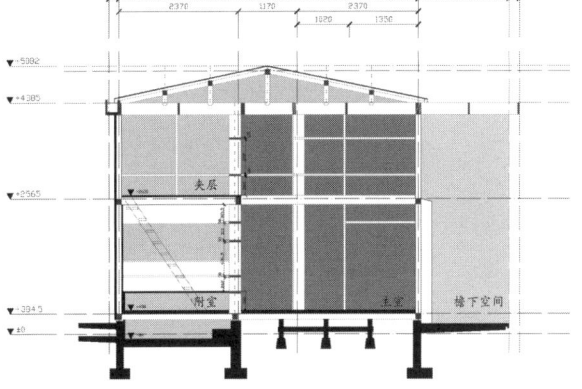

剖面图

这些尺寸表明内部的空间十分有限，但是，当你真的进入到室内，你会发现它是令人惊奇的大而宽敞。别墅的周围环绕着树木和其他的小村舍，事实上，基地的开放性和风景的引入是设计中的这种奢侈感觉的关键。

柱网

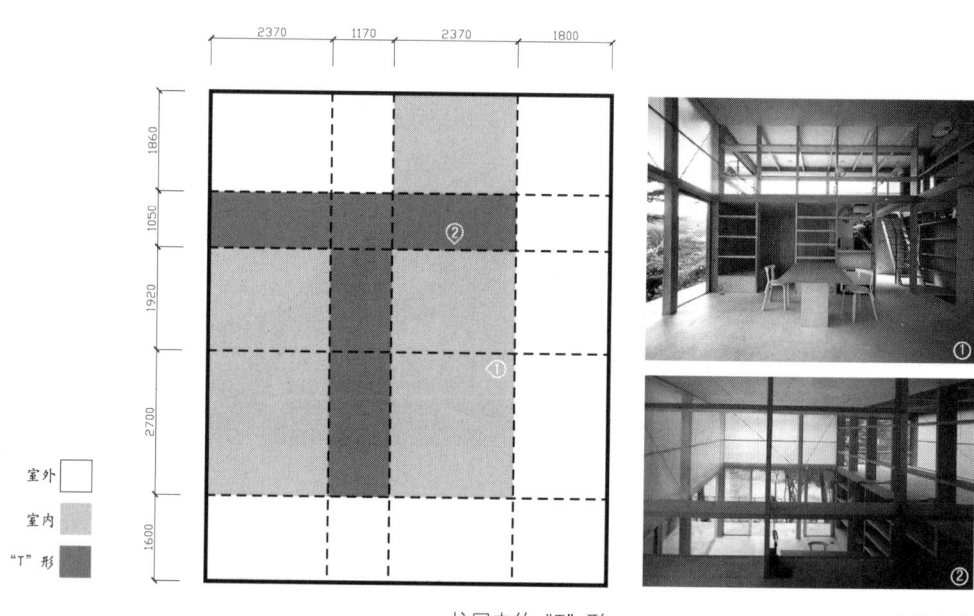

柱网中的"T"形　　　　　　　　　　　实景照片

Hut T柱网的确立由几个因素决定着——30mm的模数最小单位；平面上的"T形"布局；还有满足人体工程学的精准比例关系等方面。其中，平面上的"T形"布局是众多决定因素中的关键。Hut T的中文译作T形小屋，字母"T"应该就由此而来。

柱网纵向分为三份——两边各取2370mm，对称分布，中间留有1170mm；横向分为四份——分别为1860mm、1050mm、1920mm、2700mm。在柱网间距的收放中，我们看到纵向的1170mm和横向的1050mm两条带状跃然纸上，撑起了整个柱网。它们好像大写的"T"一样，端坐在平面中。

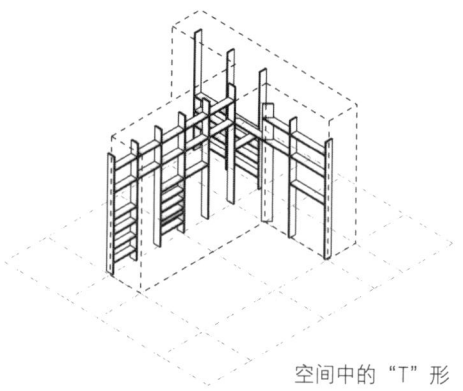

空间中的"T"形

结构体系

Hut T 是一个混凝土基础加木结构的小别墅。它的木结构是由横断面 38mm×235mm 的条状木板为元素形成的竖向承重墙和横向屋架，整个结构可以看作是一个单元体的衍生。

Hut T 中的"T"也是它的结构部分的暗示，木格栅承重墙排列在 T 形区域。这种位置关系在结构上最节省，在空间上最开放。结构上的节省表现在，承重墙的位置由边缘向中间偏移，承担起墙两侧的力矩，优化了结构、降低了成本；承重墙移到中间之后，建筑的边缘和角部从封闭中解放出来，空间更加地开放、通透和流动，室内外的界限模糊、联成整体，拉近了人与自然的距离。

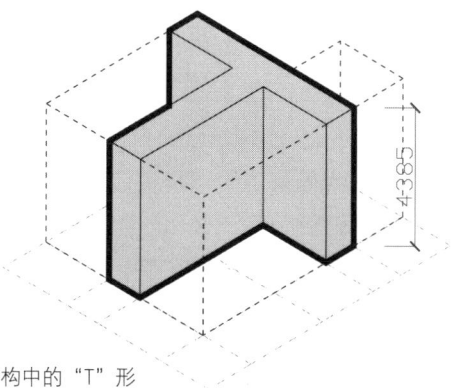

结构中的"T"形

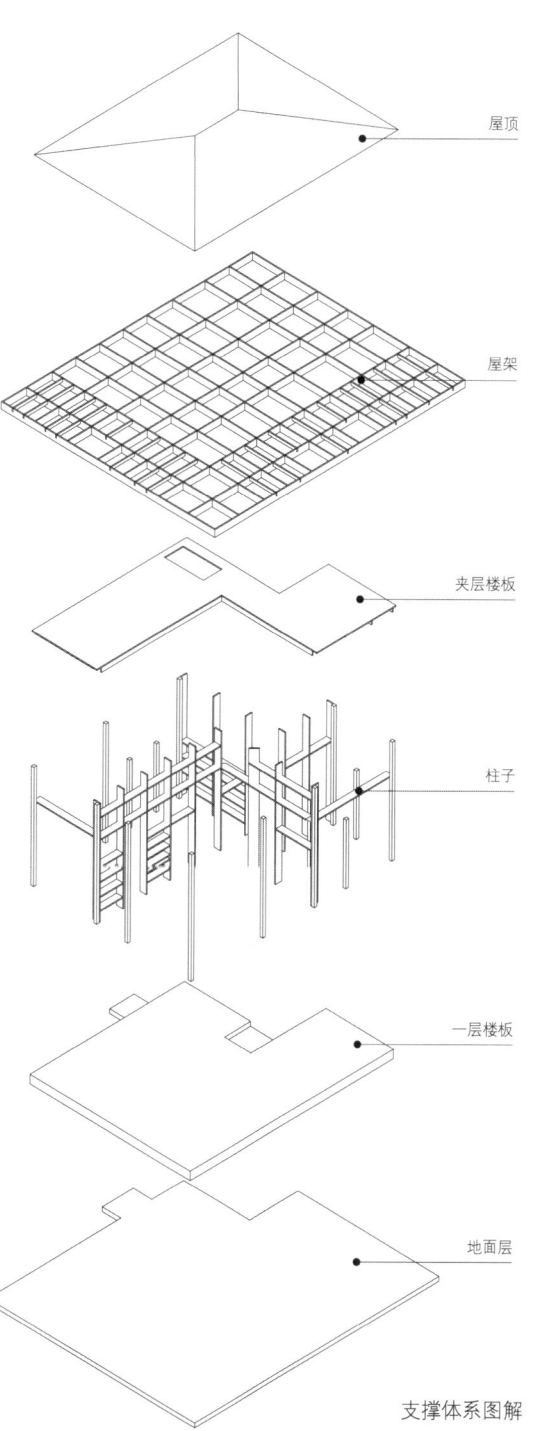

屋顶

屋架

夹层楼板

柱子

一层楼板

地面层

支撑体系图解

273

柱子的变异

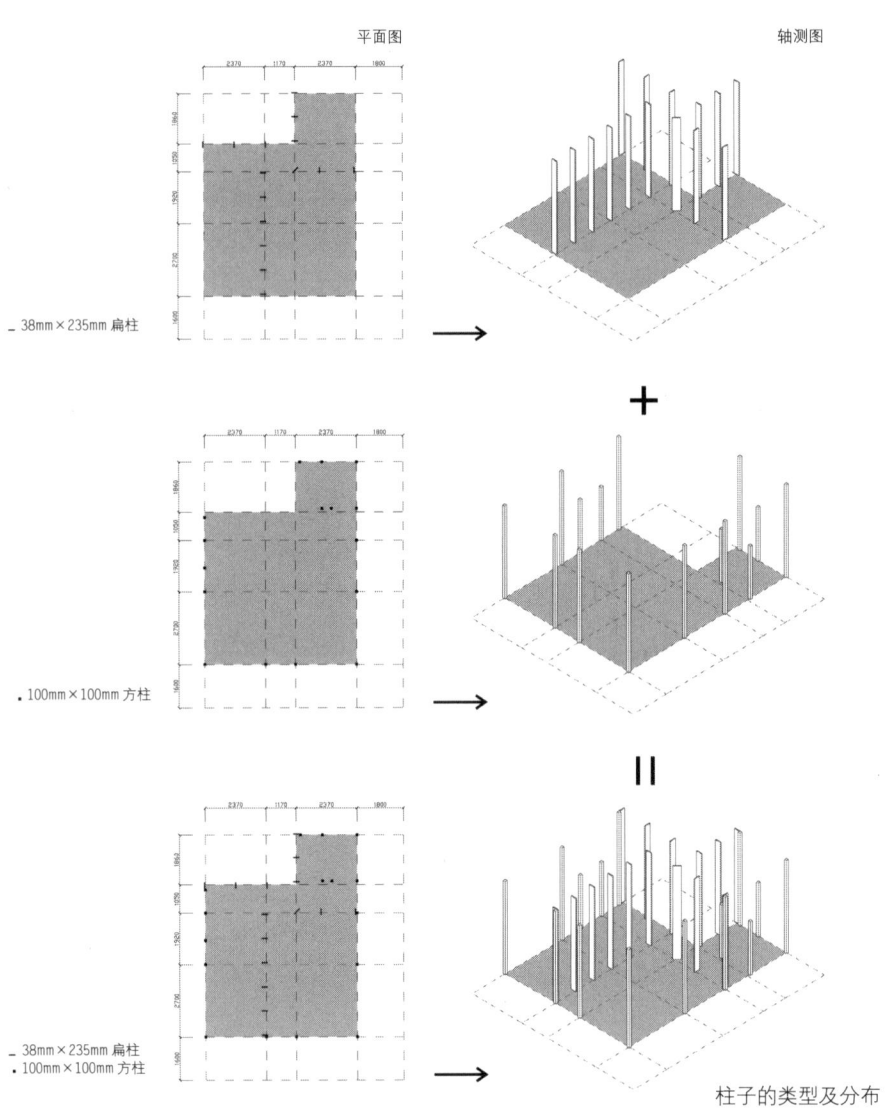

平面图

轴测图

_ 38mm×235mm 扁柱

+

. 100mm×100mm 方柱

=

_ 38mm×235mm 扁柱
. 100mm×100mm 方柱

柱子的类型及分布

坂本一成在 Hut T 中运用了两种横截面不同的柱子，100mm×100mm 的方柱、38mm×235mm 的扁柱。 柱子不再仅仅是结构中的承重构件，它们在需要的地方变成了合适的形状，并且与功能完美地结合在了一起。

100mm×100mm 的方柱与外围护结构成为一体，它以一个点的形象出现，不破坏其所在区域的完整性，其上可以加装滑动拉门，当把滑动拉门推向一侧，完全打开时，室外的景色流入了室内，室内的空间也延伸到了室外。

38mm×235mm 的扁柱与横向连接结合，与家具成为一体，它们时而是书架、时而是壁橱，时而又似一堵掏空了的墙，使得内部空间相互对望、隔而不断。

空间的主次关系

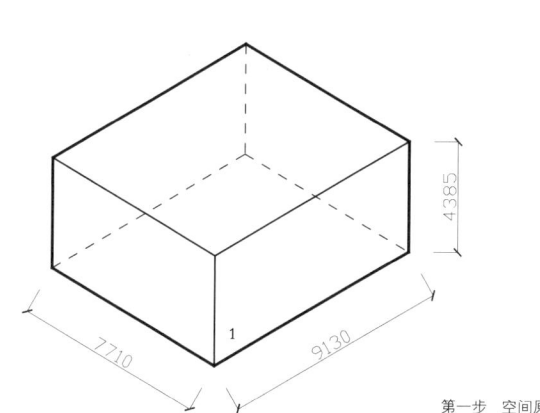

第一步 空间原形

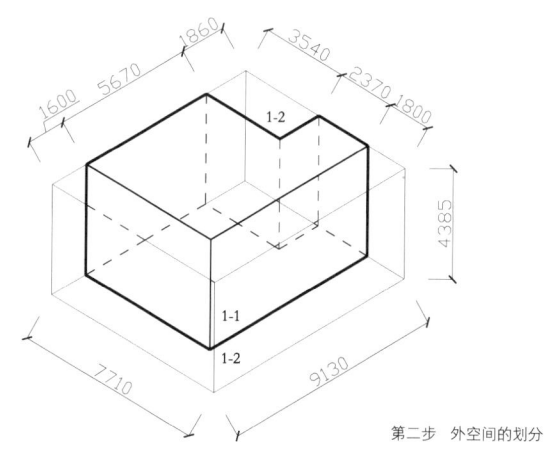

第二步 外空间的划分

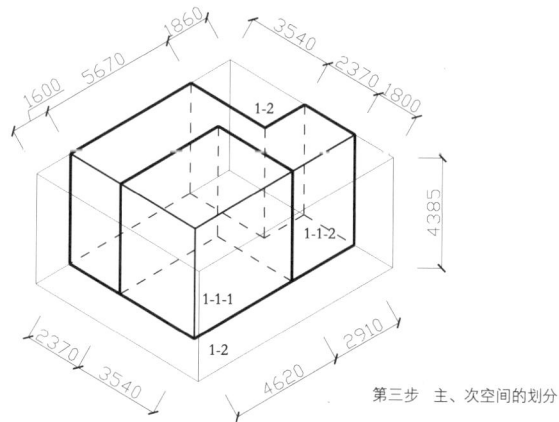

第三步 主、次空间的划分

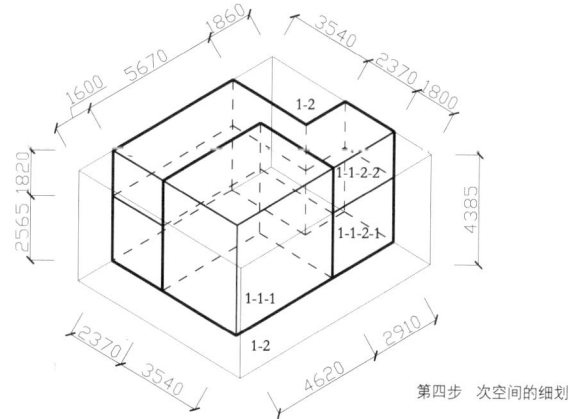

第四步 次空间的细划

Hut T 中空间的形成
1 空间原形

1–1	室内空间
1–2	室外空间
1–1–1	主空间
1–1–2	次空间
1–1–2–1	附室
1–1–2–2	夹层

Hut T 属于一室宅类型，内部空间的主次关系明确。占据建筑东南隅的两层通高的大空间是 Hut T 的核心空间——一室空间，次要空间围绕在西、北两边。

功能布局

功能流线分析图

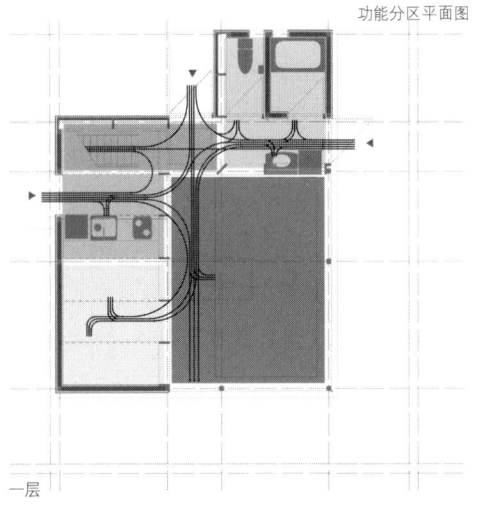

功能分区平面图

一层

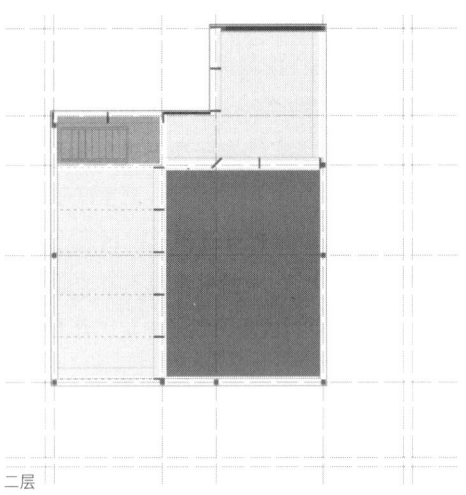

二层

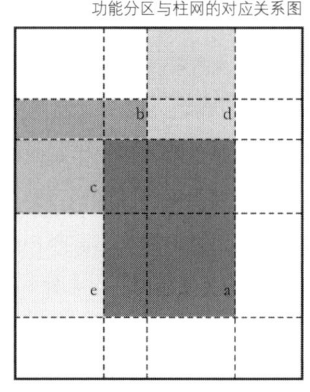

功能分区与柱网的对应关系图

- **a** 主室
- **b** 交通空间
- **c** 厨房
- **d** 卫生间
- **e** 附室（包含夹层）

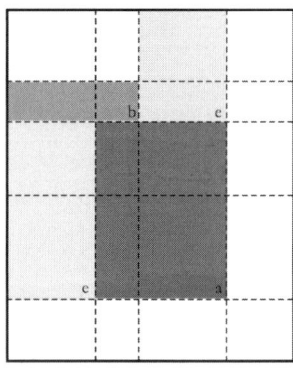

　　在 Hut T 中，功能与结构的紧密结合让人分不清是谁为谁而生。作为周末别墅，Hut T 中包含了必要的功能空间——卫生间、浴室、厨房，余下的空间没有明确的定义，可以归纳为两类——交通空间和驻留空间。

　　从功能平面图上可以看到，各个功能单元的组织和布局与"T"形的柱网还有结构十分地吻合。"T"形中的"l"与主空间融为一体；"T"形中的"－"偏移1050mm 后，形成"T"的格局，所有的交通空间——水平的、垂直的，都集中在这一带状的区域内，紧凑而又高效。

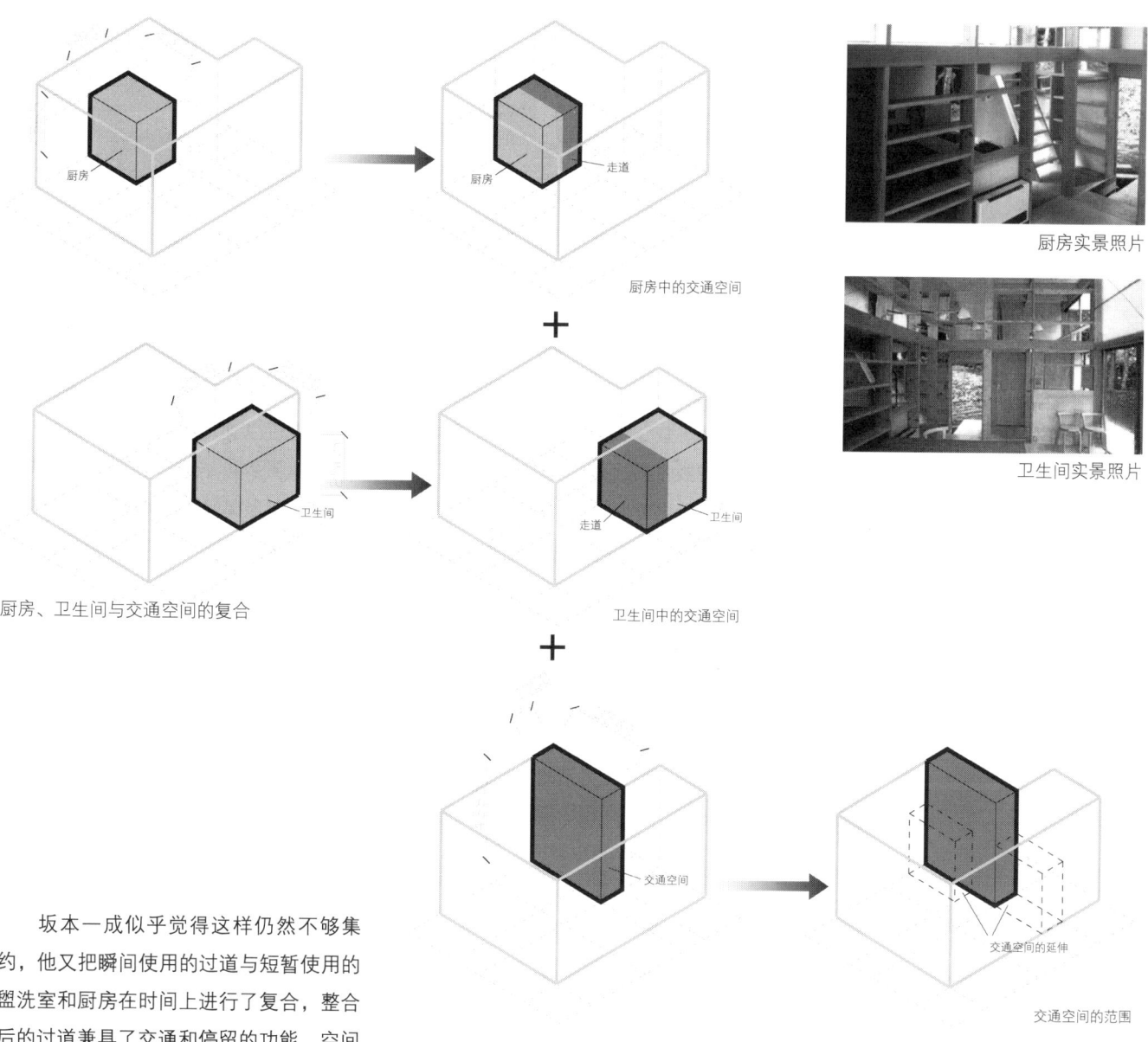

厨房 走道

厨房中的交通空间

厨房实景照片

+

卫生间

厨房、卫生间与交通空间的复合

走道 卫生间

卫生间中的交通空间

卫生间实景照片

+

交通空间

交通空间的延伸

坂本一成似乎觉得这样仍然不够集约，他又把瞬间使用的过道与短暂使用的盥洗室和厨房在时间上进行了复合，整合后的过道兼具了交通和停留的功能，空间的使用效率进一步提高了。

交通空间的范围

积极空间

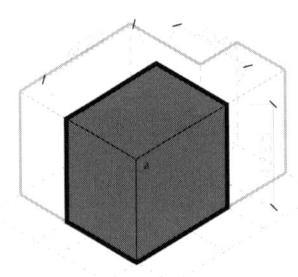

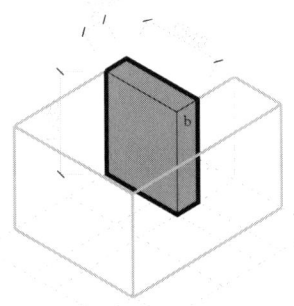

积极空间与各个空间单元的完整性

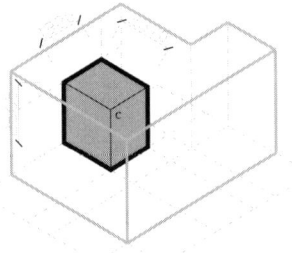

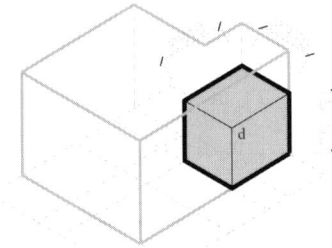

通过分离各个功能空间可以发现，Hut T中没有消极空间。即使它们的尺度大小不一，通过建筑师的组织和布局之后，每一个空间仍都保持着自己的完整性，每一个空间都是积极的、好用的，坂本一成没有牺牲掉任何一个空间的品质，它们彼此相处融洽，只有相互融入，而没有相互占据。

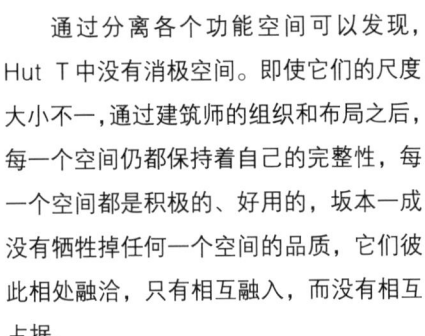

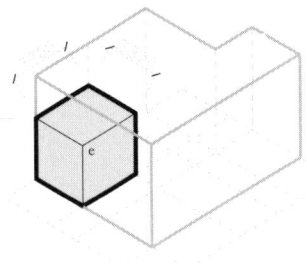

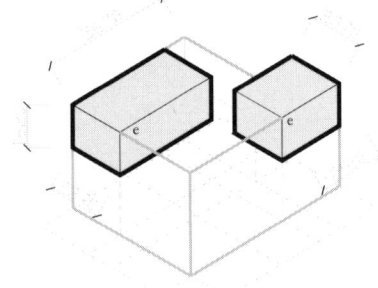

开放空间

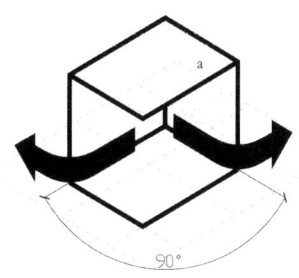

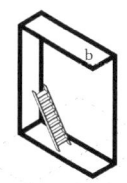

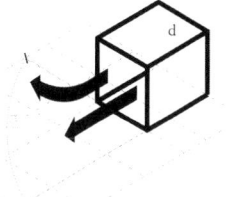

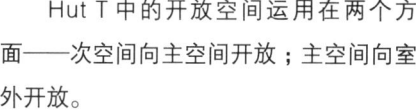

Hut T 中的开放空间运用在两个方面——次空间向主空间开放；主空间向室外开放。

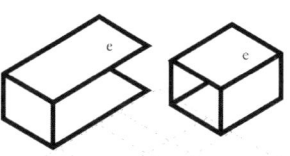

在内部，次空间不是一个个封闭的盒子，而是敞开的、渗透的空间。这种流动的空间通过相互"借用"扩大了人们在视觉和心理上对空间的感知。主空间的东、南两面全部打开，和半室外的檐下空间融为一体，与周围的自然环境亲密交流。

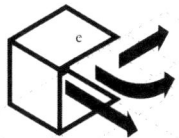

尺度

　　Hut T 中每一个构件的尺寸、位置都经过了一番精心地推敲，并且充分考虑到了人体工程学。

　　木格栅墙中，横向连接的木板高度的确定就结合了人们坐时身体各部分的尺度。如图，一个小孩儿坐在夹层的地面上，他的胳膊搭在距夹层地面 400mm 的横板上、双脚踩在距一层顶棚 360mm 的横板上，如此随意地吻合了蕴涵其中的尺度关系。

　　那根唯一不与轴线平行的柱子，处在三个入口的交汇点上，它的顺时针 45° 旋转刚好适应了行走路线。从另一个方面来看，旋转后的柱子的角度与指北针的方向不谋而合，这种暗示为在郊外的人们提供了辨别方向的依据。

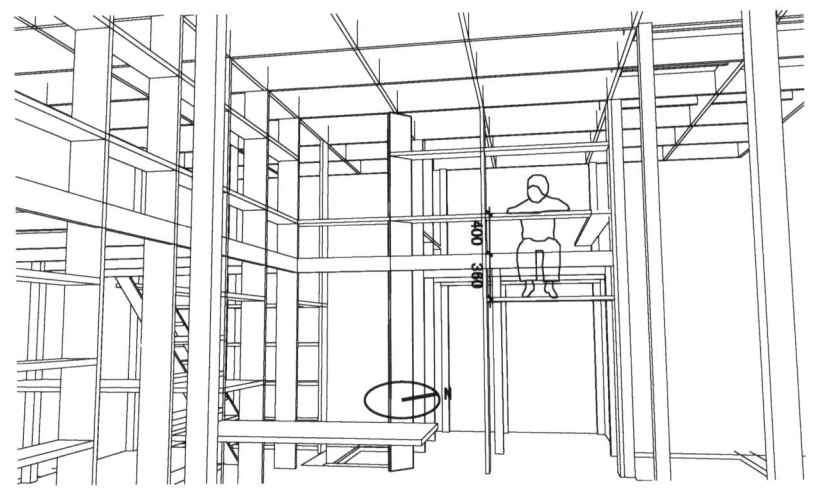

小结

Hut T 是一个小而精巧的木结构建筑，它的体量轻盈、造型简略，自身完全融入基地之中，仿佛是与山中湖村的美丽风景一同生长起来的。在自然、低调的外表下，Hut T 蕴含了深刻的建筑逻辑和建筑师坂本一成朴素、务实的建筑态度。"空间、结构、功能"这三个建筑学最基本的问题被诠释得理智而周全。空间上，坂本一成不仅在 Hut T 中创造出了丰富而流动的内部空间，还打开了围合空间的壁垒，建立起了与自然对话的开放空间体系，使得室内与室外、建筑与环境彼此交流成为可能；结构上，采取灵活的柱网排布方式，选择超薄的结构构件和多样的柱子类型，轻木结构在坂本一成地控制下，最小化了结构在空间中的占据，营造出了只见空间、不见柱墙的建筑；功能上，大小不一的功能单元布局紧凑高效而又各自完整独立，小的功能单元围绕着大的功能单元分布。Hut T 是建立在"空间、结构、功能"三位一体的有机统一之上的，它们之间的纽带即暗含其中的"T"形空间中的"T"是柱网中"T"形的拉伸；结构中的"T"是承重结构的主体；功能中的"T"集聚了所有的流线和交通。通过对 Hut T 的脉络分析，我们发现建筑形式只是逻辑的外化，当我们深入探讨建筑学所关注的基本问题的同时，即是在不经意地形成一种建筑的生成机制。这种机制的合理性是毋庸置疑和无可比拟的，其生成的建筑给人以一种赏心悦目的美和不可抗拒的力量，这种美和力量来自于不雕琢、不做作的浑然天成。这让我们又重新回到了原点，回归了建筑的本质，在建筑日渐沦为视觉消费品的今天，它给出了"建筑是什么"的答案。

参考文献

1. Kazunari Sakamoto. Everyday poetry – an interview with Kazunari Sakamoto[J]. DETAIL,2005,1/2：6–11
2. Kazunari Sakamoto Architectural Laboratory. Japanese Scene 7 Hut T 2001[J]. A+U,2001,10（373）：152
3. Kazunari Sakamoto. H?user/Houses [M]. Basel：Birkhouser, 2004.11
4. 坂本一成 . 建筑を思考するディメンション：坂本一成 との对话 [M]. 东京：TOTO 出版 ,2002.49–50
5. 东京工业大学阪本研究室 . Hut T 2001[J]. 新建筑 ,2001,76（9）：106–115,232
6. 马国馨 . 日本建筑文化浅析：吸收与创新 [D]. 北京：清华大学建筑学院 ,1991.45–47
7. 武云霞 . 日本建筑之道：民族性与时代性共生 [M]. 黑龙江：黑龙江美术出版社 ,1997.11–14
8. 日本建筑学会 . 新版简明建筑设计资料集成 [M]. 北京：中国建筑工业出版社 ,2003.118
9. 日本建筑家协会 . 住宅设计作品集 3：以形式分类 [M]. 北京：中国建筑工业出版社 ,2004.172

网上增值服务说明

为了给广大读者提供优质、持续的服务，我社针对本书提供网上免费增值服务。

增值服务的内容主要包括：

（1）相应章节中作品的三维动画演示。

（2）相应章节中作品文字图片形式的延伸阅读。

使用方法如下：

一、计算机用户

1. 访问中国建筑出版在线（www.cabplink.com），免费注册用户并登录。

2. 或在浏览器在地址栏输入网址"ltjc.cabplink.com"，按提示输入封面或封底的网上增值服务标涂层下的卡号（ID）及密码（SN）进行用户绑定，每一组号码只能绑定一个用户。

3. 在搜索框中输入资源编码即可阅读相应资源。

二、移动设备用户

1. 扫描书上网上增值服务标涂层下二维码，下载并安装我社"立体教材"应用。

2. 免费注册用户并登录，在"立体教材"应用中扫描封底的网上增值服务标涂层下二维码进行用户绑定。

3. 绑定成功后，在搜索框中输入每章节中相对应的资源编码即可阅读或观看网上资源。

如果扫描二维码或输入 ID 及 SN 号后无法通过验证，请及时与我社联系：

联系电话：4008-188-688；010-58934837（周一至周五工作时间）

为充分保护购买正版图书读者的权益，更好地打击盗版，本书网上增值服务内容只提供在线阅读，不限定阅读次数。

防盗版举报电话：010-58337026

网上增值服务如有不完善之处，敬请广大读者谅解并欢迎提出宝贵意见和建议，谢谢！

资源编码表

编号	章节名称	资源内容	资源编码
1	柯布西耶 – 萨伏伊别墅	三维动画	101
		文字及图片	201
2	卢斯 – 米勒别墅	三维动画	102
		文字及图片	202
3	密斯 – 吐根哈特别墅	三维动画	103
		文字及图片	203
4	特拉尼 – 柯默警察局办公楼	三维动画	104
		文字及图片	204
5	赖特 – 流水别墅	三维动画	105
		文字及图片	205
6	阿尔瓦·阿尔托 – 玛丽亚别墅	三维动画	106
		文字及图片	206
7	诺伊特拉 – 考夫曼沙漠别墅	三维动画	107
		文字及图片	207
8	路易斯·康 – 屈灵顿游泳池更衣室	三维动画	108
		文字及图片	208
9	巴拉干 – 自宅	三维动画	109
		文字及图片	209
10	安藤忠雄 – 光之教堂	三维动画	110
		文字及图片	210
11	卒姆托 – 奥地利伯瑞根茨美术馆	三维动画	111
		文字及图片	211
12	库哈斯 – 巴黎别墅	三维动画	112
		文字及图片	212
13	哈蒂德 – 维特拉家具工厂消防站	三维动画	113
		文字及图片	213
14	西扎 – 维埃拉·迪卡斯别墅	三维动画	114
		文字及图片	214
15	本·范·伯克尔 – 莫比乌斯住宅	三维动画	115
		文字及图片	215
16	坂本一成 – Hut T 别墅	三维动画	116
		文字及图片	216

图书在版编目（CIP）数据

大师作品分析　解读建筑（三维动画版）/王小红编著.—北京：中国建筑工业
出版社，2014.12（2022.2重印）
ISBN 978-7-112-17523-9

Ⅰ.①大…　Ⅱ.①王…　Ⅲ.①建筑艺术–艺术评论–世界　Ⅳ.①TU-861

中国版本图书馆CIP数据核字（2014）第264831号

总策划：初天斌　胡永旭
多媒体编辑：魏　枫　国旭文　汪　智
责任编辑：唐　旭　李东禧
责任校对：陈晶晶

大师作品分析
解读建筑
（三维动画版）
王小红　编著

＊
中国建筑工业出版社出版、发行（北京海淀三里河路9号）
各地新华书店、建筑书店经销
北京雅盈中佳图文设计公司制版
北京京华铭诚工贸有限公司印刷
＊
开本：880×1230毫米　　1/20　　印张：$14^1/_5$　字数：341千字
2014年12月第一版　　2022年2月第四次印刷
定价：69.00元
ISBN 978-7-112-17523-9
　　　　　（36191）